普通高等教育"十三五"规划教材

工程项目管理

（第二版）

主　编　赵永任　李一凡
副主编　周云川　罗　祥
　　　　胡建春　韩　越
　　　　高　波

中国水利水电出版社
www.waterpub.com.cn
·北京·

内 容 提 要

本书系统地介绍了工程项目管理的基本理论和知识，主要包括工程项目的组织管理、前期决策管理、目标控制、合同管理、生产要素管理、工程项目风险管理、信息管理、后期管理等内容，每章还编写一个案例供学习参考，体系完整。在编写时将国内外工程项目管理的最新研究成果及思想融入本书内容，增加了 BOT/PPP 等目前国内大力推行的工程承包模式、建筑信息模型技术（BIM）的应用等新内容，使学生能了解目前工程项目管理的一些前沿思想和发展趋势。

本书是高等学校"十三五"应用型本科规划教材之一，可作为应用型本科院校、继续教育本专科和高职院校等工程管理、工程造价及其他工程类专业学生教材，也可供工程项目管理人员学习参考。

图书在版编目（CIP）数据

工程项目管理 / 赵永任，李一凡主编. -- 2版. --
北京 ：中国水利水电出版社，2016.8(2021.6重印)
  普通高等教育"十三五"规划教材
  ISBN 978-7-5170-4511-3

Ⅰ．①工… Ⅱ．①赵… ②李… Ⅲ．①工程项目管理
－高等学校－教材 Ⅳ．①F284

中国版本图书馆CIP数据核字(2016)第204937号

书　　　名	普通高等教育"十三五"规划教材 **工程项目管理（第二版）** GONGCHENG XIANGMU GUANLI	
作　　　者	主编　赵永任　李一凡　副主编　周云川　罗祥　胡建春　韩越　高波	
出版发行	中国水利水电出版社 （北京市海淀区玉渊潭南路1号D座　100038） 网址：www.waterpub.com.cn E-mail：sales@waterpub.com.cn 电话：(010) 68367658（营销中心）	
经　　　售	北京科水图书销售中心（零售） 电话：(010) 88383994、63202643、68545874 全国各地新华书店和相关出版物销售网点	
排　　　版	中国水利水电出版社微机排版中心	
印　　　刷	天津嘉恒印务有限公司	
规　　　格	184mm×260mm　16开本　15.75印张　374千字	
版　　　次	2012年8月第1版第1次印刷 2016年8月第2版　2021年6月第4次印刷	
印　　　数	14001—19000册	
定　　　价	**45.00元**	

第二版前言

今天的中国，经济发展更快速，工程项目的规模越来越大，如何对各种项目实施有效的管理，确保项目按计划顺利实施，项目目标有效实现，提高工程项目的管理水平，培养更多高素质的管理人才是经济社会发展的必然要求。

我国的工程项目管理从学习、引进与应用，现在已经在管理的理念、本质、模式等方面都发生了一些变化。从前的项目管理热衷于学习、引进国外先进的管理理论，近年更注重应用。现在，我国的项目管理专家和项目管理技术人员已经在理论的创新、发展等方面取得很多的成果。

本书本着工程项目管理本科专业人才培养"培养有理论知识及技术、会管理、重实践、能创新"的目标进行编写，编写时突出新颖性、实用性、针对性，注重理论联系实际，把工程项目管理的基本理论、基本方法与工程项目建设紧密结合等特色，便于学习理解。并将项目管理的最新科研成果及思想融入本书内容，增加了 BOT/PPP 等工程承包模式、BIM 技术应用等新内容，使学生能了解目前工程项目管理的一些前沿思想和发展趋势。

本书内容以"工程项目管理"（三大目标控制）为核心、工程项目组织管理、工程项目合同管理、工程项目信息管理等课程传统内容，增加了工程项目生产要素管理、工程项目安全与现场管理、工程项目风险管理、工程项目后期管理等内容，实现课程教学内容的基础性、实用性与前沿性的结合。

本书是工程管理专业的主干专业课程教材，由长期从事工程项目管理教学及研究和工程项目管理实践的"双师型"教师编写，由赵永任、李一凡统稿、主编。编写分工为：云南农业大学赵永任编写第一章、第九章，山东农业大学李一凡编写第三章、第十章，昆明学院高波编写第二章，西昌学院胡建春编写第四章，云南农业大学罗祥编写第五章，云南农业大学周云川编写第六章、第八章，塔里木大学韩越编写第七章。

本书在编写中参考引用了相关规范、专著、文章、网页等资料，已尽量在书末集中——罗列，在此谨向各位作者表示衷心的感谢！由于编者水平有限，书中难免存在缺点和不足之处，敬请各位读者、同行批评指正。

编者

2016 年 3 月

第一版前言

今天的中国、经济发展更快速，工程项目的规模越来越大，如何对各种项目实施有效的管理，确保项目计划顺利实施，项目目标有效实现，提高工程项目的管理水平，培养更多高素质的管理人才是经济社会发展的必然要求。

我国的工程项目管理从学习、引进与应用，现在已经在管理的理念、本质、模式等都发生了一些变化。从前的项目管理热衷于学习、引进国外先进的管理理论，近年更注重应用。现在，我国的项目管理专家和项目管理技术人员已经在理论的创新、发展、甚至成为领军项目管理的地位指日可待。

本教材本着工程项目管理本科专业人才培养"培养有理论知识及技术、会管理、重实践、能创新"的目标进行编写，编写时突出新颖性、实用性、针对性，注重理论联系实际、把工程项目管理的基本理论、基本方法与工程项目建设紧密结合等特色，便于学习理解。并将项目管理的最新科研成果及思想融入教材内容，使学生能了解目前工程项目管理的一些前沿思想和发展趋势。

内容以"工程项目管理"（三大目标控制）为核心、包括工程项目组织管理、工程项目合同管理、工程项目信息管理等课程传统内容，还增加了工程项目生产要素管理、工程项目安全与环境管理、工程项目风险管理、工程项目后期管理等内容，实现课程教学内容的基础性、实用性与前沿性的结合。

本书是工程管理专业的主干专业课程教材，由长期从事工程项目管理教学及研究和工程项目管理实践的"双师型"教师编写，全书由赵永任、李一凡主编、统稿。编写分工为：云南农业大学赵永任编写第一章、第二章；山东农业大学李一凡编写第三章、第十章；西昌学院何茜、姚小波编写第四章；云南农业大学罗祥编写第五章；云南农业大学周云川编写第六章；塔里木大学韩越编写第七章；云南农业大学许学林编写第八章；塔里木大学张琴编写第九章。

由于编者水平有限，书中难免存在缺点和不足之处，敬请读者、同行批评指正。

编者

2012 年 2 月

目　录

第一章　工程项目管理概论

本章学习目标

通过本章的学习，读者应能：

(1) 理解和掌握项目、工程项目的概念和特点。

(2) 理解工程项目的全生命周期的概念。

(3) 掌握工程项目管理的概念和特点。

(4) 掌握工程项目管理的原则。

(5) 了解工程项管理的通用模式及主要内容。

第一节　工　程　项　目

一、项目的概念

（一）项目的概念

项目（Project）本指事物分成的门类。但"项目"一词已经被广泛地应用于社会经济建设活动的各个方面，项目的概念就有了新的扩展。

"项目"定义很多，许多管理专家、学者或相关组织都试图用简单而且通俗的语言对项目进行抽象性概括和描述，不同的组织、不同的行业、不同的专家对项目的定义和表述虽不完全相同，但基本含义是一致的：项目具有预定的目标；具有时间、费用、人力和其他约束限制条件；具有专门的组织。

项目是一个专业术语，有科学的定义，只有首先用科学的定义解释项目概念，掌握项目的特点和规律，才有可能对项目进行科学的管理，保证项目目标的最后实现。

项目是一系列复合工作的统称，是一项有待进行的活动，不是指完成工作后的最终成果，也不是组织本身。如某新产品、新技术的研发，项目指的是研发过程，不是研发者，也不是研发的新产品、新技术。

（二）项目的含义

项目的含义极为广泛，可以是建设一项工程、组织开展一次活动、修建一座水电站或一栋大楼；也可以是从事某项科研课题，或开发一项新技术，举办一次体育活动，海洋深海探索、太空探月工程等。但是否要作为项目来管理，还取决于项目的客观特征和管理目标。许多相对简单、不甚重要的一次性事务工作未必需要作为一个项目来管理。

项目各种各样，大小不一，大到载人航天飞船研制、中国高铁的建设、三峡水利电力枢纽；企业家精心策划的开发项目；高校和科研单位的科研课题；太湖、滇池的治理和保护行动，以及各种基础设施建设、房地产项目等都可以命名为一个项目。因此归纳起来项目主要包含三层含义：

（1）项目是一项有待完成的任务，有特定的环境与要求，即项目是指一个过程，而不是指过程终结后所形成的成果。

（2）在一定的组织机构内，利用有限的资源（人、财、物等）在规定的时间内完成任务，且质量、进度、费用是项目普遍存在的三个主要的约束条件。

（3）任务要满足一定性能、质量、数量、技术指标等要求，即必须达到事先规定的目标要求。

所以，项目可以归纳为项目是在特定的组织机构内、在限定的环境、资源条件下，在规定的时间内完成的、具有一定的质量和数量等技术指标要求的有待完成的任务。

（三）项目的特征

项目通常具有以下特征。

1. 项目的一次性

项目的一次性，也称项目的单件性，是项目的最主要特征。项目的一次性是指没有与这一项目完全相同的另一项目。项目的一次性主要表现在项目的功能、目标、环境、条件、过程、组织等各方面的差异。项目的一次性是对项目整体而言，并不排斥项目实施过程中存在重复性工作。

项目的一次性从客观上提示了项目总是互不相同、不断变化的，项目管理者不能用固定的组织模式和生产要素配置形式去管理每一个项目，而必须根据项目目标任务的具体条件和特殊要求，采取有针对性的措施来管理项目，以保证项目目标得以顺利实现。

2. 项目的目的性

项目是一种有着规定要求的最终产品的一次性活动，它的实施是一项社会经济活动，而任何社会经济活动都是有目的的，所以项目必须有明确的目标，即项目的功能性要求，它是完成项目的最终目的，是项目的产生、存在的依据。

3. 项目的生命周期

一个项目自始至终的整个过程构成了项目的生命周期。项目是一次性的任务，因而它有起点和终点。任何项目都会经历启动、规划、实施、结束的过程，通常就把这一过程称为项目的"生命周期"。

4. 项目的独特性

独特性又称唯一性，每个项目都有其独特的成分，无论在时间、空间，内部和外部环境，还是在自然、社会、资源条件上，没有两个项目是完全相同的，项目总是独一无二的。

5. 项目的依赖性与冲突性

项目依赖于特定的主体、组织而存在，项目常与组织中的其他项目、其他职能部门的工作相互作用，既有联系又有冲突，项目主管应清楚这些冲突并与有关部门保持紧密联系，协调和处理好各方面的矛盾，保证项目的顺利实施。

（四）项目的分类

（1）按项目的实体形态可将项目分为工程项目和非工程项目。前者如建筑工程、市政工程、水利工程等；后者如科技攻关、新产品开发、软件研发、文艺演出、技术改造等。

（2）按项目的规模，可分为大型项目、中型项目和小型项目。

（3）按行业领域，可分为工业项目、国防项目、水利项目、农业项目、环保项目等。

（4）按项目所属主体不同，可分为政府项目、企业项目、私人项目。

（5）按项目的生命周期，可分为长期项目、短期项目。

（6）按项目的复杂程度，可分为大型复杂项目、复杂项目、一般项目等。

二、工程项目的概念

（一）工程项目的定义及特征

1. 工程项目的定义

中国工程咨询协会编写的《工程项目管理导则》中称：工程项目是指为形成特定的生产能力或使用效能而进行投资建设，含有建筑安装工程和设备购置，并形成固定资产的各类项目。

工程项目是最为常见、最为典型的项目类型，它是一种既有投资行为又有建设行为的项目活动；是以建筑物或构筑物为目标产品的、有开工时间和竣工时间（即建设周期）的、相互关联的活动所组成的特定过程。

建设项目是工程项目中最重要的一类。一个建设项目就是一个固定资产投资项目，既有基本建设投资项目（新建、扩建），又有技术改造项目（以改进技术、增加产品品种、提高质量、治理"三废"、劳动安全、节约资源为主要目的的项目）。

工程项目是项目中数量最大的一类，凡是最终成果是"工程"的项目均可称为工程项目。按专业分为建筑工程、公路工程、水电工程项目等，又可按不同管理者划分为建设项目、设计项目、工程咨询项目和施工项目等。

2. 工程项目的特征

（1）具有特定的建设目标：一是要有合理的建设工期目标；二是要有一定的投资总量目标；三是应有预期的生产能力、技术水平或使用效益目标。

（2）工程项目的建设需要遵循必要的建设程序和经过特定的建设过程。即一个建设项目从提出建设的设想、建议、方案拟订、评估、决策、勘察、设计、施工一直到竣工、投产（或投入使用），是一个有序的全过程，即项目的生命周期。

（3）工程项目的投资总量大，建设周期长。如三峡水利水电工程项目，静态投资900亿元，动态投资2500亿元，总工期17年。

（4）工程项目按照特定的任务，表现为资金投入的一次性、建设地点的固定性、项目设计的单一性、施工的一次性、机械设备和施工人员的流动性。

（5）工程项目具有投资限额标准。只有达到一定限额投资的才作为建设项目，不满限额标准的称为低值易耗品，作为零星固定资产购置。

（6）建设项目不确定因素多，风险大。

（二）工程项目的分类

1. 按投资建设的性质分类

可分为基本建设项目、更新改造项目。

（1）基本建设项目。基本建设项目包括新建和扩建项目。

新建项目指从无到有、"平地起家"项目；扩建项目指企事业单位在原有的基础上投资扩大建设的项目，主要是扩大原有产品的生产能力、效益或为增加新产品的生产而增建的车间和生产线等。

（2）更新改造项目。包括改建、恢复重建、迁建项目。

改建项目指企事业单位对原有设施、工艺条件进行改造的项目；恢复项目指原有固定资产已经全部或部分报废，又投资重新建设的项目；迁建项目是由于改变生产布局、环境保护、安全生产以及其他需要，搬迁到另外地方进行建设的项目。按更新改造的对象分类，有自挖潜工程项目、节能工程项目、安全工程项目和环境工程项目。

2. 按建设阶段分类

可分为预备工程项目、筹建工程项目、实施工程项目、在建项目、续建项目、建成投产工程项目、收尾工程项目。

（1）预备工程项目。指按照中长期计划拟建而又未立项、只做初步可行性研究或提出设想方案供决策参考、不进行建设的实际准备工作。

（2）筹建工程项目。指经批准立项，正在进行建设前期准备工作而尚未正式开始施工的项目。

（3）实施工程项目。经批准立项，并已经完成前期准备工作进入实施阶段的项目。包括设计项目、施工项目（新开工项目、续建项目）。

（4）在建项目。正在建设中的项目。

（5）续建项目。由于种种原因停建后，重新启动、继续建设的项目。

（6）建成投产工程项目。包括建成投产项目、部分投产项目和建成投产单项工程项目。单项工程指在一个建设项目中具有独立的设计文件，可独立组织施工，建成竣工后可以独立发挥生产能力或工程效益的工程，它是建设项目的组成部分。

（7）收尾工程项目。指基本全部投产只剩少量不影响正常生产或使用的辅助工程项目。

3. 按建设用途分类

可分为：生产性工程项目、非生产性工程项目。

（1）生产性工程项目。包括工业工程项目和非工业工程项目，即用于物质产品生产的建设项目。

（2）非生产性工程项目。指满足人们物质文化生活需要的项目，可分为经营性项目和非经营性项目。

4. 按资金来源分类

可分为国家预算拨款项目（政府项目）、银行贷款项目、企业联合投资项目、企业自筹资金项目、利用外资项目、外资项目。

5. 按管理者分类

可分为建设项目、工程设计项目、工程监理项目、工程施工项目、开发工程项目等，它们的管理者分别是建设单位、设计单位、监理单位、施工单位、开发单位。

6. 按建设规模（设计生产能力或投资规模）分类

可分为大、中、小型项目。分类标准根据行业、部门不同而不同。一般情况下，工业项目按设计生产能力规模或总投资确定大、中、小型项目；非工业项目可分为大中型和小型两种，均按项目的经济效益或总投资额分类。

三、工程项目的生命周期和建设程序

1. 工程项目的生命周期

从项目概念的提出到竣工验收为止所经历的全部时间就是工程项目的生命周期。与所有项目一样，工程项目生命周期有四个阶段：概念阶段、规划设计阶段、实施阶段和结束阶段。

（1）概念阶段——提出并确定项目及论证是否可行。

（2）规划设计阶段——对可行项目做好开工前的人财物及一切软硬件准备。

（3）实施阶段——按计划启动实施项目工作。

（4）结束阶段——项目结束的有关工作。

2. 工程项目的建设程序

工程项目建设程序是指一项工程从构想、提出到决策，经过设计、施工直到投产使用的全部过程的各阶段、各环节以及各主要工作内容之间必须遵循的先后顺序。建设程序反映了建设工作客观的规律性，由国家制定法规予以规定。严格遵循和坚持按建设程序办事是提高经济效益的必要保证。

目前，我国大中型项目的建设过程大体上分为项目决策和项目实施两大阶段。项目决策阶段的主要工作是编制项目建议书，进行可行性研究和编制可行性研究报告。以可行性研究报告得到批准作为一个节点，通常称为批准立项。立项后，建设项目进入实施阶段，主要工作是项目设计、建设准备、施工安装和使用前准备、竣工验收等。

（1）项目建议书。项目建议书是建设单位向国家提出的要求建设某一建设项目的建议文件，是对建设项目的轮廓设想。投资者对拟兴建的项目要论证兴建的必要性、可行性以及兴建的目的、要求、计划、条件等内容，写成报告，建议批准。

（2）可行性研究。项目建议书批准后，应着手进行可行性研究。可行性研究是对建设项目技术上和经济上是否可行而进行科学的分析和论证，为项目决策提供科学依据。

可行性研究的主要任务是通过多方案比较，提出评价意见，推荐最佳方案。其内容可概括为市场研究、技术研究和经济研究。在可行性研究的基础上编写可行性研究报告。

（3）报批可行性研究报告。可行性研究报告是确定建设项目、编制设计文件的主要依据，在建设程序中处于主导地位，一方面是把国民经济发展计划落实到建设项目上，另一方面使项目建设或建成投产后所需的人、财、物有可靠保证，因此一定要认真组织编报可行性研究报告。批准后的可行性研究报告是初步设计的依据，不得随意修改或变更。

（4）编制设计文件。可行性研究报告经批准后，建设单位可委托设计单位，按可行性研究报告中的有关要求，编制设计文件。设计文件是安排建设项目和组织工程施工的主要依据。一般建设项目进行两阶段设计，即初步设计和施工图设计。技术上比较复杂而又缺乏设计经验的建设项目，进行三阶段设计，即初步设计、技术设计和施工图设计。

初步设计是为了阐明在指定地点、时间和投产限额内，拟建项目在技术上的可行性、经济上的合理性，并对建设项目作出基本技术经济规定，编制建设项目总概算。

技术设计是进一步解决初步设计的重大技术问题，如工艺流程、建筑结构、设备选型及数量确定等，同时对初步设计进行补充和修正，然后编制修正总概算。

施工图设计在初步设计或技术设计的基础上进行，需完整地表现建筑物外形、各种空

间尺寸、结构体系、构造状况以及建筑群的组成和周围环境的配合，还包括各种运输、通信、管道系统、建筑设备的设计。施工图设计完成后应编制施工图预算。国家规定，施工图设计文件应当经有关部门审查。

（5）建设前期准备工作。为了保证施工顺利进行，必须做好各项建设准备工作。建设前期准备工作主要包括征地、拆迁和场地平整，完成施工用水、电、路等工程，组织设备，材料订货等。

（6）编制建设计划和建设年度计划。根据批准的总概算和建设工期，合理地编制建设项目的建设计划和建设年度计划，计划内容要与投资、材料预定、设备采购订货相适应；配套项目要同时安排，相互衔接。

（7）建设实施。在建设年度计划得到批准后，便可以依法进行招标发包工作，落实施工单位，签订施工合同。在具备开工条件并领取建设项目施工许可证后方可开工。

（8）项目投产前的准备工作。项目投产前要进行生产准备，这是建设单位进行的一项重要工作，包括建立生产经营管理机构、指定有关制度和规定、招收培训生产人员、组织生产人员参加设备的安装、调试设备和工程验收、签订原材料、协作产品、燃料、水、电等供应及运输协议，进行工具、器具、备品、备件的制造或订货，进行其他必需的准备。

（9）竣工验收。当建设项目按设计文件内容全部施工完毕后，应组织竣工验收。这是建设程序的最后一步，是投资成果转入生产或服务的标志，对促进建设项目及时投产、发挥投资效益及总结建设经验都有重要意义。

第二节　工程项目管理

一、工程项目管理的概念

1. 工程项目管理的概念

工程项目管理是以工程项目为对象，在有限的资源约束条件下，为实现工程项目目标和达到规定的工程质量标准，根据工程建设的规律性，运用科学的管理理论与方法，对工程项目从策划到竣工交付使用全过程进行计划、组织、协调和控制等系统化管理的过程。

工程项目全过程管理思想最早出现于 19 世纪 70 年代后期，到了 19 世纪 90 年代它已普遍应用于众多的工业领域。例如，苹果公司在新产品开发时，从一开始就召集来自市场、设计、生产、质检以及其他相关部门的专家参与到项目研发的各个阶段，这使得其产品不仅更受消费者青睐、更有竞争力、更具可持续性。

对全过程项目管理的理解是将项目管理贯穿于工程项目的整个过程，在原有概念的基础上将管理价值链向项目的上下游延伸，目的是确保工程具备更好的可持续发展能力。工程项目管理模式正在逐步地由单一的专业性管理，向整合各个阶段管理的全过程项目管理模式发展。这样做能更有效的利用资源、提高效率。

工程项目的全过程的集成化管理，其管理的重点是确保工程项目的可持续发展，基于的是全社会已形成的可持续发展观。集成的内涵包括项目管理过程的集成和项目管理职能（人员）的集成，这时集成管理的目标是经济性、资源最少、以人为本、社会进步的多目标，核心是社会和谐。

2. 工程项目管理的特征

(1) 工程项目管理的复杂性。工程项目一般投资规模较大，项目组成复杂，建设周期长、阶段多，且工程项目生产工艺技术和建造技术具有专业特殊性，这些特点决定了项目管理工作内容的复杂性。

(2) 工程项目管理主体是多方面的。工程项目建设过程涉及建设单位、监理单位、设计单位、施工单位、材料设备供应商、出资者以及其他相关者等，他们站在各自立场上，出于不同目的对同一项目进行管理，既有冲突又有统一，增加了项目协调和沟通的难度。

(3) 工程项目管理具有科学性。系统理论是现代项目管理的指导思想和理论基础，计算机技术、信息论、控制论等现代化技术是工程项目管理的主要手段和方法。

(4) 目标管理是工程项目管理的核心。工程项目管理的基本目标就是有效利用有限资源，在确保工程质量标准的前提下，用尽可能少的费用和资源和尽可能快的速度建成项目，实现项目的预定功能。因此，工程项目管理目标可以概括为质量、工期和费用三大目标，它们是实现项目"功能"目标的基础和保证；项目管理目标互相联系，互相影响，某一目标的变化必然引起其他目标的变化。工程项目管理必须保证三者之间结构关系的均衡性和合理性，任何单一强调最短工期、最高质量或最低费用都是片面的。所以工程项目管理的核心内容是工程项目目标管理。

(5) 合同管理是工程项目管理的纽带。工程项目建设参与者众多，他们的目的既对立又统一，为实现项目总目标，各主体及当事人都要通过签订合同来明确自己的责任和义务。严格履行合同是确保项目顺利实施的主要措施之一。

(6) 社会经济环境是工程项目管理的组织保证。社会制度、经济环境、法律法规体系等决定了工程项目的管理模式、程序及制度，对项目管理效率有着直接的影响。

二、工程项目管理的分类

1. 按管理职能和特点分类

从管理职能和工程项目特点看，工程项目管理主要有以下工作内容：

(1) 工程项目组织管理及人力资源管理。

(2) 工程项目范围管理。

(3) 工程项目进度管理。

(4) 工程项目费用管理。

(5) 工程项目质量管理。

(6) 工程项目信息管理。

(7) 工程项目风险管理。

(8) 工程项目招投标与合同管理。

(9) 工程项目环境保护管理。

2. 按管理过程分类

从管理过程看，工程项目管理可概括为决策、计划、控制、结束与评价等过程。

3. 按建设阶段分类

(1) 工程项目策划与决策阶段的管理。

(2) 工程项目勘察设计阶段的管理。

（3）工程项目施工招投标阶段的管理。

（4）工程项目施工阶段的管理。

（5）工程项目竣工验收阶段的管理。

4．按管理主体分类

（1）业主方的项目管理。

（2）承包方的项目管理。

（3）咨询监理方的项目管理。

（4）政府对工程项目的管理。

（5）银行对项目工程的管理。

三、工程项目管理体系和内容

按建设工程项目不同参与方的工作性质和组织特征划分，建设工程项目管理可分为建设方的项目管理、设计方的项目管理、施工方的项目管理、供货方的项目管理及总承包方的项目管理，构成了工程项目管理体系。

1．建设方（也称业主方或甲方）的项目管理

其贯穿工程建设的全过程，即项目决策、项目设计、项目施工、项目竣工验收及项目保修五个阶段。

建设方项目管理的目标是认真做好项目的投资机会研究，并做出正确的决策；按设计、施工等合同的要求组织和协调建设各方的关系，完成合同规定的进度、质量、投资三大目标；同时协调好与建设工程有关的外部组织的关系，办理建设所需的各种业务。建设方的项目管理工作涉及项目实施阶段的全过程，其工程项目管理主要内容有组织协调、合同管理、信息管理、安全管理、投资管理、质量管理和进度管理等方面的内容。

2．设计方的项目管理

设计单位受项目建设单位委托承担工程项目的设计任务。以设计合同规定的工作内容及其责任义务作为该工程项目设计管理的内容和条件，通常称为设计方项目管理。设计方项目管理的目标包括设计的成本目标、进度目标、质量目标及建设投资总目标。

设计方的项目管理工作主要在项目设计阶段进行，但是也涉及项目施工阶段、项目竣工验收阶段。因为在施工阶段，设计单位应根据施工过程中发现的问题，及时修改和变更设计；在竣工验收阶段需配合业主和施工单位进行项目的验收工作。

3．施工方的项目管理

指施工单位通过工程项目施工投标取得工程项目施工承包合同，并以施工合同规定的工程范围和内容组织的项目管理。

施工方项目管理的目标包括施工的成本目标、进度目标和质量目标。施工方的项目管理工作主要在项目施工阶段进行，但还涉及项目的竣工验收和项目的保修阶段。施工方项目管理的任务包括施工进度管理、质量管理、安全管理、成本管理、合同管理、信息管理、采购管理、资源管理、风险管理和项目结束阶段的管理以及与施工有关的组织与协调。

4．供货方的项目管理

供货方的项目管理工作主要在施工阶段进行，但也涉及项目设计阶段和项目保修阶

段。其目标包括供货的成本目标、供货的进度目标和质量目标。供货方项目管理的任务包括供货的进度管理、质量管理、安全管理、成本管理、合同管理、信息管理以及与供货有关的组织与协调。

5. 总承包方的项目管理

指建设单位在项目决策之后，将设计和施工任务通过招投标方式选定一家总承包单位来承包完成，最终交付使用后功能和质量标准符合合同文件规定的要求。因此，总承包方的项目管理是贯穿于项目实施全过程的管理，既包括设计阶段也包括施工及安装阶段。其性质是全面履行工程总承包合同，以实现其企业承建工程的经营方针和目标，以取得预期经营效益为动力而进行的工程项目自主管理。

总承包方项目管理的主要目标包括项目的总投资目标和总承包方的成本目标、项目的进度目标和项目的质量目标。建设项目总承包方项目管理工作涉及项目实施阶段的全过程，即项目设计阶段、项目施工阶段、项目竣工验收和保修阶段。总承包方项目管理的任务包括施工进度管理、质量管理、安全管理、成本管理、合同管理、信息管理、采购管理、资源管理、风险管理和项目结束阶段的管理以及与施工有关的组织与协调。

6. 银行对工程项目的管理

为项目提供资金贷款的金融机构，统称为银行。银行对工程项目管理的目的是保证资金的安全性、流动性和投入的效益性。银行对工程项目的管理分为贷前管理和贷后管理两个阶段。

7. 政府对工程项目的管理

以维护社会公共利益，保证社会经济能够健康、有序和稳步发展，保证国家建设的顺利进行为目的的管理。

政府对工程项目管理的主要内容如下：

（1）工程项目建设前期主要工作。包括审查工程项目建设的可行性和必要性；确定工程建设项目的具体位置，用地面积的范围。

（2）工程项目设计和施工准备阶段主要工作。包括审查工程项目的设计是否符合有关建设用地、城市规划、环境保护的要求；审查工程项目是否符合建筑技术性法规、设计标准的规定；工程项目施工招投标过程的监管。

（3）工程项目施工阶段主要工作。包括开工条件审核、施工阶段定期非定期检查以及竣工检查等。

四、我国现行的工程项目管理制度

我国现行的工程项目管理制度有四项：项目法人责任制、工程招标投标制、建设工程监理制和合同管理制。这些制度相互关联、相互支持，共同构成了工程项目管理制度体系。

1. 项目法人责任制

工程项目法人责任制是我国从 1996 年开始实行的一项工程建设管理制度。按照原国家计委《关于实行建设项目法人责暂行规定》的要求，为了建立投资约束机制，规范建设单位的行为，工程项目应当按照政企分开的原则组建项目法人，实行项目法人责任制，即由项目法人对项目的策划、资金筹措、建设实施、生产经营、债务偿还、资产的保值增值，实行全过程负责的制度。项目法人可按《中华人民共和国公司法》的规定设立有限责任公司等。项目法人责任制是实行建设工程监理制的必要条件，建设工程监理制是实行项目法人责任制的基本保障。

2. 工程招标投标制

为了在工程建设领域引入竞争机制，择优选定勘察、设计、施工单位以及材料设备供应商，工程项目凡满足规定要求的，必须进行招标。这是工程建设成败的关键，也是建设工程监理工作成败的关键。有关行政管理部门对招标投标活动及其当事人依法实施监督，依法查处招标投标活动的违法行为。《中华人民共和国招标投标法》中规定了一系列的禁止行为。

3. 建设工程监理制

按照有关法令的规定，工程项目在一定范围内实行强制监理。工程监理的主要任务是控制工程项目的投资、工期、质量，进行工程项目的安全施工合同、信息等方面的管理，协调参加工程项目有关各单位间的工作关系。

建设单位一般通过招标投标等方式择优选定工程监理单位，双方应当签订书面的委托监理合同。监理企业组建项目监理机构进驻施工现场。项目监理实行总监理工程师负责制。项目监理机构在总监理工程师的领导下，遵循"守法、诚信、公正、科学"的基本准则，按照《建设工程监理规范》中规定的程序开展监理工作。

在委托监理的工程项目中，建设单位与监理单位是委托与被委托的合同关系，监理单位与承包单位是监理与被监理的关系。承包单位应当按照与建设单位签订的有关建设工程合同及法律法规的相关规定接受监理。

4. 合同管理制

为使勘察、设计、施工、材料设备供应单位和工程监理单位依法履行各自的责任和义务，在工程建设中必须实行合同管理制度。合同管理制的基本内容是：工程项目的勘察、设计、施工、材料设备采购和工程监理都要依法订立合同。各类合同都要有明确的质量要求、合同价款和完成合同内容的确切日期，以及履约担保和违约处罚条例。违约方要承担相应的法律责任。合同管理制的实施为工程监理开展合同管理工作提供了法律上的支持。

第三节 工程项目管理的原则与模式

一、工程项目管理的基本原则

参照 2010 年中国工程咨询协会编写出版的《工程项目管理导则》中指出，工程项目管理应遵循以下基本原则：

（1）科学化原则。践行科学发展观，采用系统理论和方法，促进可持续发展、绿色发展。

（2）专业化原则。遵守国家有关法律、法规和规章，执行规定的建设程序、标准和规范，接受行业自律性管理，恪守职业道德，诚信守约。

（3）效能化原则。提高项目管理效率，努力做到节能减排、降耗减污，确保项目管理质量，按期完成项目管理任务。

二、工程项目通用管理模式有以下几类

1. 建设单位自行组织建设

这种模式的特点是在工程项目的全生命周期内一切管理工作都由建设单位临时组建的管理班子自行完成。这是一种小生产方式，只有一次教训，没有二次经验。

2. 工程指挥部

这种模式将军事指挥方式引进到生产管理中。它代表行政领导，用行政手段管理生产，故难以全面符合生产规律和经济规律的要求。

3. 设计—招标—建造模式

这是国际上最为通用的模式，世行、FIDIC 施工合同条件，我国的工程项目法人责任制等都采用这种模式。这种模式的特点是建设单位进行工程项目的全过程管理，将设计和施工过程通过招标发包给设计单位和施工单位完成，通过竣工验收交付给建设单位工程项目产品。这种模式具有长期积累的丰富管理经验，有利于合同管理、风险管理和节约投资。

4. 建筑工程管理（CM）模式

CM（Construction Management）模式是一种新型管理模式，不同于设计完成后进行施工发包的模式，而是进行边设计边发包的阶段性发包方式，故可加快建设速度。它有两种类型：第一种是代理型，在这种模式下，业主、业主委托的 CM 经理、建筑师组成联合小组，共同负责组织和管理工程的规划、设计和施工，CM 经理对规划设计起协调作用，完成部分设计后即进行施工发包，由业主与承包人签订合同，CM 经理在实施中负责监督和管理，CM 经理与业主是合同关系，与承包人是监督、管理与协调关系；第二种是非代理型，CM 单位以承包人的身份参与工程项目实施，并根据自己承包的范围进行分包的发包，直接与分包人签订合同。

5. 管理承包（MC）模式

MC（Management Contracting）模式是业主直接找一家公司进行管理承包，并签订合同。设计承包人负责设计；施工承包人负责施工、采购与对分包人进行管理。设计承包人和施工承包人与管理承包人签订合同，而不与业主签订合同。这种方式加强了业主的管理，并使施工与设计做到良好结合，可缩短建设周期。

6. 建造—移交（BT）模式

BT 模式是 Build-Transfer 模式的缩写，是建造—移交的模式。它是最近几年由 BOT 模式演变出来的项目管理模式，由于一些政府公益性工程项目，企业无法独立实现经济运营，取得投资收益，所以将"BOT"中的"O"去掉、即排除企业运营过程，由 BOT 模式变为 BT 模式。

BT 模式是指业主授权 BT 承包商对项目通过融资建设，建成后整体移交给业主，业主用建设期间以及工程完成后所筹集的资金偿付给企业的融资本金和利息的一种新型项目管理模式。BT 模式对工程总承包企业来说具有投融资的性质，工程总承包企业与银行（或融资机构）作为项目的合作伙伴，在项目中是利益共享、风险共担。

BT 模式在北京、上海、广东全国很多省市都有多个项目采用。如北京奥运地铁支线项目、刚建成投入使用的昆明 7204 市政道路等项目建设。

它主要用于建成后无法直接向公众提供产品服务、并收取费用的公共市政基础设施建设项目，主要涉及非经营性的公路、桥梁，以及无法经营的学校、公园等基础性设施建设项目。

优点是：可降低管理成本和建设期风险；可降低项目建设成本；有利于业主控制项目的总造价，节省投资。但也存在缺乏相应管理体制还不规范和缺乏工程总体筹划能力以及人员总体素质不高等一些问题。

7. 建造—运营—移交（BOT）模式

（1）BOT的概念：BOT即Build Operate Transfer的英文缩写，一般称为建造（融资、设计、建造）、经营、移交模式。

在国外BOT实质上是基础设施投资、建设和经营的一种方式，以政府和私人机构（投资人）之间达成协议为前提，由政府向私人机构颁布特许，允许其在一定时期内筹集资金建设某一基础设施并管理和经营该设施及其相应的产品与服务。政府对该机构提供的公共产品或服务的数量和价格可以有所限制，但保证私人资本具有获取利润的机会。整个过程中的风险由政府和私人机构分担。当特许期限结束时，私人机构按约定将该设施移交给政府部门，转由政府指定部门经营和管理。

"建设—经营—移交"是基础设施建设领域中的一种特殊投资方式，是以政府特许权换取非公共机构融资建设经营公共基础设施的一种投资方式。具体地说，由政府向民营企业颁布特许，允许其在一定时期内筹集资金建设某一基础设施并管理和经营该设施及其相应的产品与服务。在中国基础设施领域，BOT模式曾经在一些项目实施中获得成功，但随着基础设施融资规模和项目复杂性日益增长，这种模式存在着出资人承担风险过大、项目融资前期工作周期过长及投资各方利益冲突大等缺点。

（2）BOT的特点。BOT具有市场机制和政府干预相结合的混合经济的特色。

一方面，BOT能够保持市场机制发挥作用。BOT项目的大部分经济行为都在市场上进行，政府以招标方式确定项目公司的做法本身也包含了竞争机制。作为可靠的市场主体的私人机构是BOT模式的行为主体，在特许期内对所建工程项目具有完备的产权。这样，承担BOT项目的私人机构在BOT项目的实施过程中的行为完全符合经济人假设。

另一方面，BOT为政府干预提供了有效的途径，这就是和私人机构达成的有关BOT的协议。尽管BOT协议的执行全部由项目公司负责，但政府自始至终都拥有对该项目的控制权。在立项、招标、谈判三个阶段，政府的意愿起着决定性的作用。在履约阶段，政府又具有监督检查的权力，项目经营中价格的制订也受到政府的约束，政府还可以通过通用的BOT法来约束BOT项目公司的行为。

（3）BOT的应用项目。我国第一个BOT基础设施项目是1984年由香港合和实业公司和中国发展投资公司等作为承包商在深圳建设的沙头角B电厂。之后，我国广东、福建、四川、上海、湖北、广西等地也出现了一批BOT项目，如广深珠高速公路、重庆地铁、上海延安东路隧道复线、武汉地铁、北海油田开发等。

8. 建造—经营—移交（PPP）模式

PPP即Public Private Partnership的英文缩写，一般称为建造（融资、设计、建造）、经营、移交模式。

广义的PPP泛指公共部门与私人部门为提供公共产品或服务而建立的各种合作关系。

美国把 PPP 认定为公共部门和私营部门伙伴之间的一种合同协议，协议包含一个政府机构和一个私营公司达成修复、建造、经营、维护和管理一个设施或系统。

欧盟把 PPP 定义为公共部门和私营部门之间的一种合作关系，双方根据各自的优劣势共同承担风险和责任，以提供传统上由公共部门负责的公共项目和服务。

加拿大将 PPP 定义为公共部门和私营部门基于各自的经验建立的一种合伙经营关系，通过适当的资源分配、风险分担和利益分享，以满足公共需求。

我国专家认为，PPP 本质上是公共部门和私营部门关于基础设施和公用事业而达成的长期合作关系，公共部门由在传统方式下公共设施和服务的提供者，变为规则者、合作者、购买者和监管者。

2014 年 9 月江苏"政府和社会资本合作"试点项目推介会在江苏南京召开。首批 15 个 PPP 试点项目包括连云港新机场，徐州、南通的城市轻轨，南京、盐城、常州污水处理厂和养老院等，总投资额约 875 亿元，吸引了世界银行、国际金融公司、港铁集团、光大国际、葛洲坝集团等 50 多家境内外投资商前来参会。专家说"这些项目都以基础设施和民生项目为主，投资期限长，收益稳定，符合 PPP 模式特征要求"。江苏推出的这批项目带有"吃螃蟹"性质，是落实十八届三中全会关于"大幅度减少政府对资源的直接配置"的重要举措，让社会资本通过特许经营等方式参与城市基础投资和运营，对开辟多元融资渠道、激活社会资本参与公共事业投资意义重大。

江西推出 2015 年首批 80 个政府和社会资本合作（PPP）项目，总投资额达 1065.17 亿元。此次发布的 80 个 PPP 项目回报方式有三种：①对有明确的收费基础或经营收费能完全覆盖投资成本的经营项目，主要通过政府授予特许经营权及物业、广告等经营收益作为投资回报；②对政府核定的经营收费价格不足以覆盖投资成本的准经营性项目，主要通过政府授予特许经营权附加部分财政补贴或投资参股等作为投资回报；③对缺乏"使用者付费"基础的非经营性项目，主要通过财政补贴、政府购买服务等方式作为投资回报。

2015 年由国家发改委、财政部、交通运输部、住建部、水利部和央行六部委联合制定并经国务院同意发布《基础设施和公用事业特许经营管理办法》（2015 年第 25 号）出台，并于 6 月 1 日正式施行。

该模式突破了引入私人企业参与公共基础设施项目组织机构的多种限制，为转换政府职能、实现投资主体多元化；发挥政府公共机构和民营机构各自的优势；同时由于政府分担一部分风险，使风险分配更合理，减少了承建商与投资商风险，从而降低了融资难度，提高了项目融资成功的可能性；政府在分担风险的同时也拥有一定的控制权，可以以最有效的成本为公众提供高质量的服务。可适用于各类市政公用事业及道路、铁路、机场、医院、学校等项目建设。

第四节　工程项目管理的发展趋势

一、工程项目管理的发展背景

项目管理是在漫长的历史进程中从实践通过不断地总结提炼上升到科学的过程，从潜意识的项目管理至现代项目管理，整个历程大致经历四个阶段：

（1）早期的项目管理。从古代至 20 世纪 30 年代以前，是按照项目的形式来组织实施和管理的。

如我国古代的万里长城、都江堰、京杭大运河，古埃及的金字塔等都是人类祖先项目管理的初始实践活动。但直至 20 世纪 30 年代，所谓的项目管理还没有像现在那么有计划、有方法，更谈不上科学管理。

（2）传统项目管理。20 世纪 30—50 年代是传统项目管理锥形的形成阶段，其特征是开始使用横道图来进行项目的规划和控制。

（3）近代项目管理阶段。20 世纪 50—70 年代项目管理开始广泛的传播和现代化，其重要特征是开发并推广应用网络计划技术。

（4）现代项目管理的发展。20 世纪 70 年代至现在，其特征主要是项目管理范围的扩大，以及与其他学科的交叉渗透和相互促进。计算机技术、价值工程和行为科学在项目管理中的应用，极大地丰富和推动了项目管理的发展，使项目管理逐渐发展成为一门具有完整理论和方法的科学体系。

二、工程项目管理发展的趋势

（一）我国项目管理的发展历程

我国现代项目管理发展相对较晚，20 世纪 60 年代著名数学家华罗庚教授倡议推广统筹法，80 年代统筹法在建筑领域得到了较广泛的应用。

1982 年，在我国利用世界银行贷款建设的鲁布革水电站引水导流工程中，日本大成公司中标并运用项目管理方法进行有效的管理，取得了很好的效果，这对我国建筑行业产生了重大影响。

1983 年 5 月，国家计委提出"大中型项目前期项目经理负责制"的规定。

1984 年，企业进行组织整顿，任命建筑企业项目经理。

1987 年，国家计委、建设部发出通知，在一批试点企业推行项目法施工。

1988 年，开始推行建设工程监理制度。

1991 年，建设部要求建筑业全面推广工程项目管理。

1991 年 6 月，中国项目管理研究委员会正式成立，这是一个跨行业的项目管理专业组织。

1995 年，建设部颁发了建筑施工企业项目经理资质管理办法，推行项目经理负责制。

2003 年，建设部发出关于建筑业企业项目经理资质管理制度向建造师执业资格制度过渡有关问题的通知，推行注册建造师制度。

建设部《关于培育发展工程总承包和工程项目管理企业的指导意见》（建市〔2003〕30 号）"鼓励具有工程勘察、设计、施工、监理资质的企业，通过建立与工程项目管理业务相适应的组织机构、项目管理体系，充实项目管理专业人员，按照有关资质管理规定在其资质等级许可的工程项目范围内开展相应的工程项目管理业务。"

为了适应投资建设项目管理的需要，经人事部、国家发展和改革委员会研究决定，对投资建设项目高层专业管理人员实行投资建设项目管理师职业水平认证制度，并于 2004 年 12 月颁布了有关文件。

（二）项目管理的发展趋势

1. 当前我国的项目管理的变化

（1）理念的变化有三个方面：一是可持续发展观。要建设具有更低周期成本、节约资源、有利于环境的建筑；建筑业要用新的、环保、清洁的材料和技术，以更高效的管理来取代传统的生产方式。二是以人为本。从建筑产品而言，注重为使用者提供更舒适、更健康、更安全、更绿色的生产和生活场所；从管理角度而言，人越来越成为工程管理中最基本的要素。三是新的价值观的变化：将安全、健康、公平和廉洁的理念运用到建筑工程。

（2）本质的变化体现在：从前的项目管理热衷于学习、引进国外先进的管理理论，到近年更注重应用，现在，我国的项目管理专家和项目管理技术人员已经在理论的创新、发展，甚至成为领军项目管理的地位指日可待。

（3）模式的变化：工程项目管理模式正在逐步由单一的专业性管理，向整合各个阶段管理的全过程项目管理模式发展，即工程项目管理从以现场施工阶段为主的管理进入了以工程项目全寿命（过程）周期管理、由不同主体的单项施工承包进入了以工程总承包（EPC）主流模式的发展。这些发展和变化都将影响和改变今后我国工程项目管理模式及管理的效益，能更有效地利用资源，提高效率。

2. 工程项目管理的发展趋势。

工程项目管理已经由过去单一的管理向全过程的集成化管理发展。集成的内涵包括项目管理过程的集成和项目管理职能（人员）的集成。集成管理的目标是实现经济效益的提升，使资源消耗最少，建造舒适、健康、环保、安全的生产和生活场所。

（1）设计与施工管理的整合。近年来已经出现将工程项目管理的范围向前延伸到设计、向后延伸到运维管理；出现了将设计—施工进行整合，打破传统的设计—招标—建设模式，开始将部分施工图设计任务委托给承包商而不是设计者完成。例如，对于 BOT 合同项目，承包商涉及的项目管理可能就包括设计、施工和使用等阶段的管理。

（2）建筑信息模型、设计图纸数据库共享平台。多年来，图纸是工程师的语言，图纸文件（平面图、立面图、剖面图以及详图）和其他补充文件（施工质量要求、施工合同等），是设计人员向项目决策者和业主表述构思、设计意图及最终成品的载体，今后的管理将整合设计，使各专业的协作在设计开始就"自然"地通过中心数据库实现，无需再打印大量的设计图纸和各种文件、设计、施工中所需的图纸均通过数据库和网络（云平台）来实现。

今后，建筑设计采用数据化的模型，而不再是传统的图纸，以模拟的方式表示现实的物体和情景，能最便捷地进行沟通、发现问题；业主决策者都可以通过"真实的建筑"了解建筑，设计者实现可视化设计、设计分析和优化；通过数字模型更直接、更快速、更有效、更便宜，降低沟通交流成本、改变人们认识建筑的方式和手段；基于数字化模型可以对设计进行：设计—检查—协调修改—再设计的循环过程，直至在施工之前解决所有设计问题，进而消除设计错误和设计忽略，减少施工中的返工成本。

（3）虚拟施工，先试后建。设计者、业主、管理者通过"真实的建筑"了解建筑，对建筑可视化设计分析和优化、可以模拟施工工艺和全过程。通过模拟施工，再现施工过程，可以帮助施工者事先研究如何在现场进行构件的安装和控制，构件吊装路径和危险区域，真正起到预防和确保施工安全；反复模拟车辆进出现场状况，确定最佳行车路径，避免冲突；模拟运行整个施工过程，项目管理和计划人员可以了解每一步施工活动，如果发现问题，施工计划人员可以提出新的方法，并对新的方法进行模拟来验证其是否可行，它能够做到在施工前绝大多数施工风险和问题能被识别、并有效的解决，提高施工效率。

昆明长水国际机场的代表性建筑结构为航站楼中央大厅里的 7 条形似彩带的钢箱梁，它支撑着航站楼的屋面系统。这 7 条彩带状的钢箱梁连同 188 根锥形钢管柱、738 根幕墙柱及 12 根 T 形柱组成了昆明长水国际机场航站楼主体钢结构工程，用钢量约 2.9 万 t。7 根彩带寓意象征"七彩云南"。弯扭箱形钢彩带不仅是航站楼重要的装饰构件，而且是屋面网架的结构。其主体钢结构施工组织设计、机场机电设备安装时就采用了 BIM 技术，对钢结构、机电设备安装的施工方案进行多次的模拟优化，确定最佳方案。结果证明 BIM 技术的应用使施工管理取得了圆满的成功。

（4）3D 打印、大数据、云平台、人工智能等现代技术在建设工程项目管理、项目实施、项目运维阶段等的应用将越来越多，从精益建造到智慧建造、采用现代化网络及信息技术提高工程项目管理水平，对项目管理及实施具有现实意义；有利于提高项目前期策划的质量和水平；有利于工程项目参与各方的交流沟通，降低交流成本；有利于提高数据处理的准确性和处理效率；保证传输的真实性、可靠性、保密性；有利于提高工程实施的质量、成本、进度等目标的实现；有利于工程项目管理文档的保管和查阅。工程项目管理已经开始由传统管理模式转向运用信息技术，有利于高效、节能降耗、降低成本；有利于降低运维成本，实现以现代项目管理促进企业转型升级并将产生巨大的经济和社会效益。

案例：鲁布革水电站工程项目管理——中国实施工程项目管理的第一个实例

鲁布革水电站位于云南省曲靖市罗平县与贵州省兴义县交界处的黄泥河，是我国第一个利用世行贷款，并按世行规定第一次依据 FIDIC 组织推荐的程序进行国际公开招标的工程，中国、日本、挪威、意大利、美国、德国、南斯拉夫、法国等 8 个国家的承包商参加竞争投标，日本大成公司以低于中国和其他外国公司 3600 万美元的价格竞争中标，并进行全过程项目管理。工程项目于 1982 年 11 月开工，1991 年 6 月机组全部并网发电，1992 年 12 月工程竣工，通过国家验收。水电站共安装 15 万 kW 水轮发电机 4 台，总装机容量 60 万 kW，年发电量 28.2 亿 kW·h，总投资 8.9 亿美元。

一、鲁布革工程介绍

鲁布革水电站位于云南罗平和贵州兴义交界的黄泥河下游，整个工程由首部枢纽拦河大坝、引水系统和厂房枢纽三部分组成。

首部枢纽拦河大坝最大坝高 103.5m；引水系统由电站进水口、引水隧洞、调压井、高压钢管四部分组成，引水隧洞总长 9.38km，开挖直径 8.8m，调压井内径 13m，井深 63m，两条长 469m、内径 4.6m、倾角 48°的高压钢管；厂房枢纽包括地下厂房及其配套的 40 个地下洞室群。厂房总长 125m，宽 18m，最大高度 39.4m，安装 15 万 kW 的水轮发电机 4 台，总容量 60 万 kW，年发电量 28.2 亿 kW·h。

早在 20 世纪 50 年代，国家有关部门就开始安排了对黄泥河的踏勘。昆明水电勘测设计院承担项目的设计。水电部在 1977 年着手进行鲁布革电站的建设，水电十四局开始修路，进行施工准备。但由于资金缺乏，准备工程进展缓慢，前后拖延 7 年之久。1981 年 6 月经国家批准，鲁布革电站列为重点建设工程，总投资 8.9 亿美元，总工期 53 个月，要求 1990 年全部建成。

二、鲁布革工程经验

1. 工程采购实行公开竞争性招标

因为鲁布革工程项目建设利用世界银行贷款 1.454 亿美元，按世界银行规定，引水系统工程的施工实行新中国成立以来第一次按照 FIDIC 组织推荐的程序进行的国际公开（竞争性）招标。招标工作由水电部委托中国进出口公司进行。

1982 年 9 月，刊登招标公告、编制招标文件，编制标底。引水系统工程原设计概算 1.8 亿元，标底 14958 万元。

1982 年 9 月至 1983 年 6 月，资格预审。

1983 年 6 月 15 日，发售招标文件（标书）。15 家取得投标资格的中外承包商购买了招标文件。

经过 5 个月的投标准备，1983 年 11 月 8 日，开标大会在北京正式举行。

1983 年 11 月至 1984 年 4 月，评标、定标。经各方专家多次评议讨论，日本大成公司中标。

2. 工程招标采用严格资格预审条件下的低价中标原则

总共 8 家公司投标，其中前联邦德国霍克蒂夫公司未按照招标文件要求投送投标文件，而成为废标。从投标报价（根据当日的官方汇率，将外币换算成人民币）可以看出，最高价法国 SBTP 公司（17939 万元），与最低价日本大成公司（8463 万元）相比，报价竟相差 1 倍之多，前几标的标价之低，使中外厂商大吃一惊，在国内外引起震动不小。各投标人的折算报价见表 1-1。

表 1-1　　　　　　　　鲁布革水电站引水系统投标报价一览表

投　标　人	折算报价/万元	投　标　人	折算报价/万元
日本大成公司	8463.059097	南斯拉夫能源工程公司	13223.414630
日本前田公司	8796.486429	法国 SBTP 公司	17939.371920
意美合资英波吉洛联营公司	9282.066050	中国闽昆、挪威 FHS 联营公司	12132.742530
中国贵华、前联邦德国霍兹曼联营公司	11994.748960	德国霍克蒂夫公司	不符合投标要求，废标

4 月 13 日评标工作结束。经各方专家多次评议讨论，最后取标价最低的日本大成公司中标，与之签订合同，合同价 8463 万元，合同工期 1597 天，比标底低 43.4%。

3. 出资人、融资机构对招标过程乃至项目管理过程实行监督审查

世界银行对于由其贷款的项目有一整套完善的评估体系和监督审查制度。由于世行贷款的大部资金都是花费在项目采购上，因而要对借款人的采购程序、文件、评标、授标建议以及合同进行审查，以确保采购过程是按照双方同意的程序进行的。

根据世界银行的规定，1984 年 4 月 17 日，我国有关部门正式将定标结果通知世界银行，世界银行于 6 月 9 日回复无异议，完成了对授标结果的审查。此外，世界银行除推荐澳大利亚 SMEC 公司和挪威 AGN 公司作为咨询单位，分别对首部枢纽工程、引水系统工程和厂房工程提供咨询服务外，还两次委派特别咨询团对鲁布革工程进展情况进行现场

检查。

4. 大成公司按照现代项目管理方法实施项目

从项目的实施方式上，日本大成公司采取了与当时我国项目建设完全不同的项目组织建设管理模式，实际上就是今天被人们熟知的"项目管理"。主要体现如下：

（1）管理层与作业层分离，总包与分包管理相结合。大成公司从对鲁布革水电站引水系统提出投标意向之后，立即着手选配工程项目领导班子，他们首先指定了项目经理（日本人叫所长），由项目经理根据工程项目的工作划分和实际需要，向各职能部门提出所需要的各类人员的数量、比例、时间、条件，各职能部门推荐备选人名单，磋商后，初选的人员集中培训两个月，考试合格者选聘为工程项目领导班子的成员，统交项目经理安排作为管理层。大成公司采用施工总承包制，在现场的日本管理及技术人员仅 30 人左右，雇用我国的公司分包，而作业层则主要从中国水电十四局雇用。

（2）项目矩阵制组织与资源动态配置。鲁布革大成事务所与本部海外部的组织关系是矩阵式的，在横向，大成事务所班子的所有成员在鲁布革项目中统归项目经理领导；在纵向，每个人还要以原所在部门为后盾，服从原部门领导的业务指导和调遣，横纵向的密切配合，既保证了项目的急需，又提高了人员的效率，显示出矩阵制高效的优势。

（3）科学管理与关键线路控制方法。大成公司采用网络进度计划控制项目进展，并根据项目最终效益制定独到的奖励制度。

5. 设计施工一体化

日本公司通过施工图设计和施工组织设计的结合，进行方案优化。比如引水隧道开挖，当时国内一般是采用马蹄形开挖，直径 8m 的洞，下面至少要挖平 7m 直径宽，以便于汽车的进出，主要是为了解决汽车出渣问题。日本大成公司通过优化施工方案，改变了施工图设计出来的马蹄形断面开挖，采用圆形断面一次开挖成形的方法，计算下来，日本公司要比我们传统的方式少挖 6 万 m^3，同时就减少了 6 万 m^3 的混凝土回填量。

6. 项目法人制度与"工程师"监理制度

为了适应外资项目管理的需要，经贸部与水电部组成协调小组作为项目的决策单位，下设水电总局为工作机构，水电部组建了鲁布革工程管理局承担项目业主代表和工程师（监理）的建设管理职能，对外资承包单位按 FIDIC 合同条款执行，管理局的总工程师执行总监职责。鲁布革工程管理局代表投资方对工程的投资计划、财务、质量、进度、设备采购等实行包干统一管理。

7. 合同管理制度

当时，中国的工程建设管理还处在计划经济体制的环境下，对市场管理手段和经济手段还比较陌生，在鲁布革工程里面第一次使用了国际性的合同管理制度，由鲁布革工程管理局与日本大成公司签订承发包合同。

复 习 思 考 题

1. 何谓项目？项目的特征有哪些？如何对项目进行分类？

2. 何谓工程项目？特点有哪些？如何进行分类？

3. 何谓工程项目的生命周期？

4. 何谓工程项目管理？其特点有哪些？

5. 工程项目管理的基本原则是什么？

6. 工程项目管理的通用模式有哪些？

第二章　工程项目的组织管理

本章学习目标

通过本章的学习，读者应能：

（1）理解和掌握工程项目组织的含义及特点。

（2）掌握工程项目组织的设计原则与程序与步骤。

（3）理解工程项目的组织形式。

（4）理解和掌握项目经理的地位、作用及对其的素质要求。

（5）了解项目经理部的设置应考虑的因素。

第一节　工程项目组织管理概述

一、工程项目组织的含义及特点

1. 工程项目组织的含义

工程项目组织是指为了完成工程项目任务而建立起来的，从事项目管理工作的组织系统。组织是管理的一项重要职能，它有如下含义：

（1）组织必须有目标，目标是组织存在的前提。

（2）组织内部必须有不同的层次与相应的责任制度，其成员在各自岗位上为实现共同目标而分工合作。

（3）组织具有一定层次的权利和责任制度。组织既指静态的社会实体单位，又指动态的组织活动过程。因此，现代组织学研究分两大部分内容：一是组织结构学，研究组织原则、组织形式、组织效应等，着重于结构合理、精干高效；二是组织行为学，研究组织对其成员心理状态及人际关系的影响，追求群体内个人心情舒畅、彼此和睦融洽。

工程项目组织是指为了完成工程项目管理任务而建立起来的，从事具体工程项目管理工作的组织。它是随着工程项目的开始而组建的也将随着工程项目的结束而结束。工程项目建设完成后，其管理工作就由业主主持开展生产或经营等活动，已经不是工程项目管理的范畴，所以，绝大部分工程项目管理组织都会随着工程项目建设工作的结束而结束。

2. 工程项目组织的特点

工程项目的特点决定了项目组织的特殊性。工程项目组织的特点有以下方面：

（1）项目组织具有临时组合性特点，是一次性的，暂时性的。项目组织的寿命与它所承担的过程任务时间长短有关，即使项目管理班子人员未变，但项目的改变也可以认为这个组织是一次性的，这是有别于企业组织的一大特点。

（2）项目目标和任务是决定项目组织结构和运行的最重要因素。由于项目管理主体来自不同的单位和部门，各自有独立的经济利益和责任，所以必须在保证项目总目标的前提下，按项目合同和项目计划进行工作，完成各自的任务。

（3）项目的组织管理既要研究项目参与单位之间的相互关系，又要研究某一单位内部的项目组织形式。这是项目组织有别于企业组织的又一大特点。

（4）项目组织较企业组织更具弹性和可变性。这不仅表现为项目组织成员随项目的进展而不断地调整其工作内容和职责，甚至变换角色，而且当采用不同的项目管理模式时，则表现为不同的项目组织形式。

（5）项目组织管理较一般企业组织管理困难和复杂。由于项目组织的一次性和可变性，以及参与单位的多样化，很难构成较为统一的行为方式、价值观和项目组织文化。

3. 工程项目管理组织的构成要素

组织由管理层次、管理跨度、管理部门、管理职能四大因素组成，构成上小下大的形式，各因素密切相关、相互制约。

（1）管理层次。指从组织的最高管理者到最基层的实际工作人员的等级层次的数量。工程项目管理组织的管理层次可分为决策层、中间控制层（协调层和执行层）、操作层三个层次。这三个层次的职能和要求不同，具有不同的职责权限，从最高层到最底层，人数逐层递增，权责递减。

（2）管理跨度。指一名上级管理人员所直接管理的下级人数。在组织中，某级管理人员的管理跨度的大小取决于这一级管理人员所需要协调的工作量。管理跨度越大，领导者需要协调的工作量越大，管理的难度也越大。一般情况，管理层次越多，跨度会越小；反之，管理层次越少，跨度会越大。确定管理跨度应根据管理者的素质、工作的难易程度、相似程度、工作制度和程序等客观因素，确定适当的管理跨度，并在实践中进行必要的调整，使组织能够高效有序地运行。

（3）管理部门。指组成整体的部分或单位。组织中各部门的合理划分对发挥组织效应是十分重要的。如果部门划分不合理，会造成控制与协调困难，也会造成人浮于事，浪费人力、财力、物力。管理部门的划分要根据组织目标与工作内容确定，形成既分工明确又有相互配合的组织机构。

（4）管理职能。指管理过程中各项行为的内容的概括，是人们对管理工作应有的一般过程和基本内容所作的理论概括。工程项目组织机构设计确定各部门的职能，应使纵向的领导、检查指挥灵活，达到指令传递快、信息反馈及时；使横向各部门间相互联系、协调一致；使各部门职责分明、尽职尽责。

二、工程项目组织的设计原则

为了有效地实现工程项目组织目标，设计和建立合理的工程项目组织结构，并根据工程项目组织外部环境的变化适时地调整项目组织结构，工程项目组织结构在工程项目组织工作乃至整个管理工作中的作用，随着工程项目组织规模的扩大和业务关系的复杂而日益重要。

工程项目组织设计是对项目组织机构和项目组织活动的设计过程，组织机构设计的任务是能简单而明确地指出各岗位的工作内容、职责、权利以及与组织中其他部门和岗位的关系，明确担任该岗位的工作者所必须具备的基本素质、基础知识、工作经验、处理问题的能力等条件。因此组织结构设计时既要考虑组织的内部因素，又要考虑组织的外部因素，一般应遵循以下原则。

1．目的性原则

施工项目组织机构设置的根本目的，是为了施工项目管理的总目标，从这一目的出发，就定机构、定编制，设岗位、定人员，明确职责权利。

2．分工协作原则

分工就是按照提高管理专业化程度和工作效率的要求，把组织的任务目标分解成各级、各部门以至各个职位的任务和目标，明确干什么和怎么干。

有分工就必须有协作。协作是包括部门之间和部门内部的协调及配合，因此必须明确各部门之间的相互关系，工作中的沟通、联系、衔接和配合方式，找出容易引起冲突的地方，加以协调。协调不好，再合理的分工也不会产生整体的最佳效益。

一般来说，分工越细，专业化水平越高，责任越明确，效率也越高。但随之而来的是机构增多，协作困难，协调工作量加大。分工太粗，则机构虽可减少，协调工作量减少，但对人员的素质要求高。两者各有千秋，具体确定时，应根据行业特征和企业的实际情况，做到一看需要，二看可能。

3．命令统一原则

命令统一原则可表述为：命令从上到下逐级传达，上级不能越级指挥下级，但可以越级检查工作；下级只接受一个上级的命令和指挥，只向一个上级汇报并向他负责；下级必须服从直接上级的命令和指挥，如有不同意见，可以越级上诉。这样，上下级之间就形成了一个"指挥链"，在这个指挥链上，上级能了解下级情况，下级也容易理解领会上级的意图。

命令统一就是在管理工作中实行统一领导，建立起严格的责任制，保证政令畅通，消除多头领导、政出多门和无人负责的现象，提高管理工作的有效性。

4．管理幅度与管理层次统一的原则

（1）管理幅度。也叫管理跨度，是指一个领导者有效地指挥、管理其下属的人数。管理幅度的数值取决于多方面的因素，例如行业类型、职位的复杂性、指导与控制的工作量等。

（2）管理层次。指从最高管理者到实际作业人员的等级层次的数目。层次越多，用于管理的非直接生产费用就越多；同时，最高层与最低层之间的距离过长，按直线向下传达的指示就越容易发生遗漏和偏差，自上而下和自下而上的信息沟通就越复杂。层次太少，则上级负担过重，容易成为决策的"瓶颈"，有失控的危险。

管理幅度的大小，影响和决定着组织的管理层次。换言之，超过了管理幅度时，就必须增加一个管理层次。管理幅度与管理层次成反比例关系，即如管理幅度增加，则管理层次可适当减少；如管理幅度减小，则管理层次必然增加。

5．集权与分权相结合的原则

集权就是把权力相对集中于最高管理层。分权与集权恰好相反，将部分权力交给下级掌握。

为了保证有效的管理，必须实行集权与分权相结合的领导体制。该集中的权力集中起来，该下放的权力就应该分给下级。这样，才能使高层管理者从繁琐的事务性工作中解放出来，集中精力思考组织的有关战略性、方向性的大问题。高层管理者将给予与下属所承担的职责相应的权力，使他们有职、有责、有权、有利，可以充分发挥才干，发挥他们的积极性和创造性，以保证提高管理效率。

6. 责权利对应原则

有了分工，就意味着明确了职务（岗位），承担了责任，就要有与职责相应的权利，并享有相应的利益。同等的岗位职务赋予同等的权利，享受同样的待遇。在组织结构设计时，应当注意，同一层次人员之间在工作量、职责、职权、待遇等方面应大致平衡，不宜偏多或偏少。苦乐不均、忙闲不均等都会影响工作效率和工作积极性。

7. 精干高效原则

精干高效既是组织结构设计的原则，又是组织联系和运转的要求。任何一种组织结构形式，都必须将高效放在重要地位。精干，不等于越少越好，是在能够保证需要的前提下的最少。效能，包括工作效率和工作质量。队伍精干是提高效能的前提。

精干高效原则即是在保证完成由组织的任务目标所确定的"事"的需要的前提下，力争减少管理层次，精简机构和人员，充分发挥成员的积极性，提高管理效率，更好地实现组织目标，做到精干高效。一个组织办事效率高不高，是衡量其组织结构是否合理的主要标准之一。

8. 稳定性与适应性相结合的原则

组织要进行实现目标的有效活动，就必须处于一种相对稳定的状态。因为组织结构的变动，必然引起分工、职责、协调、人员等各方面的变动，对人员的工作方法、工作习惯带来影响，需要一个适应的过程，给组织的正常运行带来损害。

任何组织都是一个开放的社会系统，在其活动过程中，都与外部环境发生一定的相互联系和相互影响，并连续不断地接受外部的"投入"而转换为"产出"。组织赖以生存的外部环境是在不断变化的，当组织结构相对地呈现僵化，组织内部效率低下，无法适应外部的变化或危机时，组织结构的调整与变革就是不可避免的。一个一成不变的组织，是个僵化的组织；一个经常变化的组织，则是创造不出业绩的组织。应该是在保持相当稳定的基础上加强和提高组织结构的适应性。具有能适应环境变化及能应付新的偶发事件的能力是检验组织结构是否有效的重要标准。

三、工程项目组织的设计程序与步骤

由于工程项目组织的上述特点使得其组织机构的建立既有与一般组织机构相同之处，又有其不同点。这主要表现在：首先必须考虑工程项目建设各参与单位之间的相互组织关系，即项目组织模式；其次才是各参与单位内部针对具体项目所采用的项目组织形式，即通常意义上的组织机构形式。所以，从工程项目管理学角度看，工程项目组织的建立可以按以下程序和步骤进行设置，如图 2-1 所示。

具体步骤如下。

1. 确定工程项目管理模式

根据现阶段我国合同法、招投标法等相关法律法规，以及建设项目法人责任制和建设监理制度等的规定，基本上已决定了项目建设各参与单位之间的相互关系。此外，还可借鉴国际上项目管理的一些新模式，如 BOT、EPC 等。

2. 项目建设各参与单位根据项目特点和合同关系建立本单位的项目组织

（1）确定项目管理目标。项目管理目标是项目组织存在和设立的前提，也是确定项目组织形式和工作内容的基础。项目管理目标对承担工程建设项目不同任务的单位而言是有区别的，如设计承包商不用考虑施工承包商的项目目标。建立项目组织时应该明确本组织的项目管理目标。

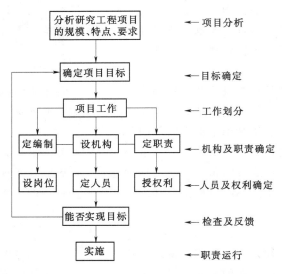

图2-1　施工项目组织机构设置程序示意图

（2）确定项目管理工作内容。明确项目组织工作内容，一方面是项目目标的细化和落实，另一方面也是项目组织的根本任务和确定项目组织机构形式的基础。

（3）确定项目组织结构形式。不同的组织结构形式有不同的优缺点，应根据项目管理目标和工作内容选择合适的项目组织形式。

（4）确定项目组织结构管理层次和跨度。管理层次和管理跨度构成了项目组织结构的基本框架，是影响项目组织效益的主要因素，应根据项目具体情况确定相互统一、协调一致的管理层次和跨度。

（5）确定工作岗位和职责，配置工作人员。以事设岗、以岗定人是项目组织机构设置的一项重要原则。根据项目工作内容划分工作岗位，根据工作岗位安排不同层次、不同特长的人，并确定相应工作岗位职责，做到权责一致。

（6）确定工作流程和信息流程。组织形式确定后，项目组织大致的工作流程基本已经明确，但具体的工作流程和信息流程要在工作岗位和职责明确后才能确定下来。合理的工作流程和信息流程是保证项目管理工作科学有序进行的基础，是确定工作岗位考核标准的依据，使工作人员人尽其责的主要手段。

（7）制定考核标准，规范化开展工作。为保证项目目标的最终实现和项目工作内容的完成，必须对各工作岗位制定考核标准，包括考核内容、考核时间、考核形式等，以保证规范化的开展各项工作。

第二节　工程项目的组织结构

一、项目管理组织

为了有效地实现工程项目目标就必须建立项目组织，工程项目管理组织就是指参与建设项目的各方组织；包括建设、设计、施工以及其他相关单位的项目管理组织。项目管理的组织一个明显的特征就是其特殊性，表现在以下几个方面：

（1）有了"项目组织"的概念。项目管理的突出特点是项目本身作为一个组织单元，围绕项目来组织资源。

（2）项目管理的组织是临时性的。由于项目是一次性的，而项目的组织是为项目的建设服务的，项目终结了，其组织的使命也就完成了。

（3）项目管理的组织是柔性的。所谓柔性即是可变的。项目的组织打破了传统的固定建制的组织形式，而是根据项目生命周期各个阶段的具体需要适时地调整组织的配置，以保障组织的高效、经济运行。

（4）项目管理的组织强调其协调控制职能。项目管理是一个综合管理过程，其组织结构的设计必须充分考虑到有利于组织各部分的协调与控制，以保证项目总体目标的实现。

二、工程项目管理的组织形式

工程项目的组织形式要根据项目的管理主体、项目的承包形式、组织的自身情况等来确定。项目管理单位在履行委托项目管理合同时，需要根据所委托项目的特点、规模及业主要求等建立项目管理机构。

由于组织目标、资源和环境的差异，为所有的组织找出一个理想的结构是非常困难的。实际上，甚至可能不存在一个理想结构。没有什么好的或坏的组织结构，而只有适合的或不适合的组织结构。组织在战略规模、技术、环境、行业类型、发展阶段及当前发展趋势等方面各不相同，需要有不同的结构。

组织形式是组织结构的类型，关键是以什么样的组织结构有利于处理层次、跨度、部门和上下层组织之间的关系。常用的工程项目的组织形式有以下几种。

1. 项目式

（1）组织特征：设项目经理，由项目经理在企业内部聘用职能人员组成项目经理部，独立进行工程项目管理。项目组织成员在项目生命周期内与原所在部门脱离领导与被领导关系。项目完成后项目组织撤销，所有员工仍返回原部门。组织结构示意如图2-2所示。

（2）适用范围：比较适用于大中型、工期要求紧、要求多工种密切配合的工程项目。

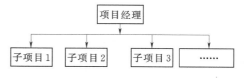

图2-2　项目式管理组织结构示意图

优点：①项目经理是项目的真正负责人，权力集中、命令一致，因此有足够的权利强化项目管理，有利于发挥项目经理的积极性，管理效率高，解决问题快；②项目管理相对简单，项目团队成员工作目标比较单一，组织简单灵活，易于操作；③项目内部容易沟通；项目经理可以集中精力做好外部的协调工作，保证项目班子高效运转。

缺点：①容易出现人员、设备等的重复配置、造成资源浪费；②项目经理对子项目的消息的掌握难以做到全面和及时，有可能出现对子项目的管理失控。③项目团队依赖于项目而存在，项目式组织对项目成员来说，缺乏一种事业的连续性和保障性，使企业的不稳定性因素增加。

2. 职能式工程项目管理组织

（1）组织特征：把项目按专业分工进行管理，把管理职能作为划分为部门的基础，项目的管理任务随之分配给相应的部门，职能部门经理全权负责本部门的专业技术工作的管理。职能式工程项目管理组织的结构示意如图2-3所示。

（2）适用范围：小型的、专业技术性要求不强的工程项目。

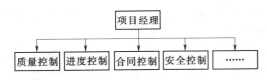

图 2-3　职能式管理组织结构示意图

（3）优点：①可以充分发挥管理人员的管理才能，也有利于企业技术水平的提高；职能式项目管理组织是以管理职能来划分部门的，同一部门的人员在专业技术工作中同时学习研究和交流、积累经验可以提高专业技术水平；②资源利用具有较大的灵活性；③有利于从整体协调企业活动；由于职能部门主管只向企业领导负责，企业领导可以从企业全局出发协调各部门的工作。

（4）缺点：①由于没有统一指挥，各职能部门的多重领导，可能出现相互矛盾的指令，容易造成管理混乱，管理效率较低；②各管理部门只负责项目的一部分，技术复杂的项目通常需要多个职能部门的共同合作，跨部门之间的交流沟通较困难；③由于项目成员来自各职能部门，甚至还承担部门工作，对项目工作的责任、精力投入均不可能是最大化，使得项目责任难以落实。

3. 矩阵式工程项目管理组织

矩阵形组织结构是项目式和职能式组织结构的混合组织结构模式。它既有项目式组织结构注重项目和客户的特点，也保留了职能式组织结构的职能特点。项目经理对项目的结果负责，职能经理负责提供所需资源。在矩阵式组织结构中，明确项目经理和职能经理任务和管理职能分工很重要。项目经理是公司与客户之间的媒介，确定做什么（工作内容、何时完成、进度计划）、费用等问题。职能经理的职责是决定如何完成分配的任务，每项任务由谁负责。

矩阵式项目管理组织是将按职能划分的部门和按项目划分的部门结合起来组成一个矩阵，使同一名员工既同原职能部门保持组织与业务上的联系，又参加子项目管理组的工作。其特点是：打破了传统的"一个员工只有一个领导"的命令统一原则，使一个员工属于两个甚至两个以上的部门。矩阵式项目管理组织形式如图 2-4 所示。

矩阵式组织结构是一种较新型的组织结构模式，在矩阵式组织结构最高指挥者（部门）下设纵向和横向两种不同类型的工作部门。纵向工作部门有人、财、物、产、供、销的职能管理部门，横向工作部门有生产车间等。一个施工企业，如采用矩阵式组织结构模式，则纵向工作部门可以是计划管理、技术管理、合同管理、财务管理和人事管理部门等，而横向工作部门可以是项目部。

（1）矩阵式组织形式的特征：项目组织

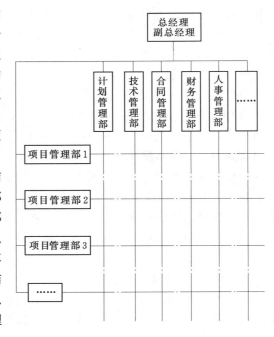

图 2-4　矩阵式组织结构示意图

与职能部门数相同，其结合部成矩阵型排列；职能管理与对象管理结合，形成双向加强型；员工属职能部门管理；项目组织是一次性的。

（2）矩阵式组织的适用范围：大项目；一个企业有多个大项目要同时进行项目管理时；管理能力强、人员素质高的企业进行项目管理。

（3）矩阵式组织形式的优点：①项目团队的工作目标与任务明确，有专门的项目经理负责项目的工作；②矩阵式项目组织是将项目组织建立在职能部门之上的，可以分享各部门的技术人才资源储备，部门可以根据任务来调整、安排资源力量，提高了资源的利用率；③项目组成员来自职能部门，当项目结束后成员大都可以返回职能部门，无后顾之忧；④相对于职能式组织来说，由于减少了工作层次和决策环节，对客户和公司组织内部的要求都能快速作出反应，提高了工作效率与反应速度；⑤可以平衡资源以保证各个项目都能完成各自的进度及质量要求。

（4）矩阵式组织形式的缺点。容易形成多头领导；职能人员往往难以处理多项目管理的优先顺序；由于结合部多，使沟通渠道复杂化。①在矩阵式组织中结合部较多，由于资源分配、人际关系、业务关系等可能导致项目经理与职能经理之间产生意见分歧甚至冲突而难以统一，有时需要上级领导出面协调；②在矩阵式组织中项目成员可能要接受部门领导、项目经理的双重领导，当领导之间的意见有出入时，项目成员将会感到左右为难，无所适从，可能造成项目管理出现混乱；③对项目经理与职能经理的协调要求较高，容易引起职能组织与项目组织间权力的失衡。

某大型工程项目采用矩阵组织结构模式如图2-5所示，纵向工作部门可以是投资控制、进度控制、质量控制、合同管理、信息管理、人事管理、财务管理和物资管理等部门，而横向工作部门可以是各子项目的项目管理部。矩阵式组织结构适宜用于大的组织系统，2012年建设投入使用的昆明长水国际机场建设项目管理时曾采用了矩阵式组织结构模式。

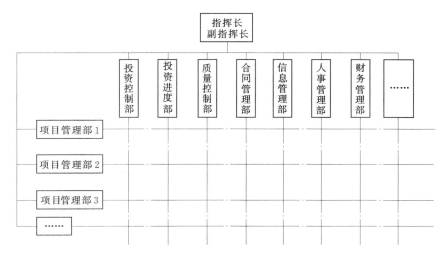

图2-5　某大型工程项目采用矩阵式组织结构示例

在矩阵式组织结构中，每一项纵向和横向交汇的工作（如图2-5中的项目管理部1

涉及的投资问题），指令来自于纵向和横向两个工作部门，因此其指令源为两个。当纵向和横向工作部门的指令发生矛盾时，由该组织系统的最高指挥者（部门），即图中的 A 进行协调或决策。

在矩阵式组织结构中为避免纵向和横向工作部门指令矛盾对工作的影响，可以采用以纵向工作部门指令为主或以横向工作部门指令为主的矩阵式组织结构模式，这样也可减轻该组织系统最高指挥者（部门）的协调工作量。

第三节　工程项目经理

一、项目经理的地位和作用

1. 项目经理的地位

项目经理负责制自 1941 年在美国产生以来，已在部分工业发达国家得到普遍推广。我国于 1984 年在建筑企业试行项目经理责任制，至今已推广到建设领域的各个方面。这是加强项目管理所采取的一项有力的组织措施。

工程项目管理的组织特征是严格的项目经理责任制。项目经理是由法定代表人任命的一个项目管理班子的负责人，项目经理是一个管理岗位，他的任务仅限于从事某个项目的管理工作，项目经理的管理权限由其上级决定。

项目经理组织则是指以项目负责人为首的项目管理工作班子。项目经理是项目管理的核心，在项目管理中起着关键作用，是项目组织的灵魂，是决定项目成功与否的关键。项目经理的组织能力、管理素质、知识结构水平、经验、领导艺术等都对项目管理的成败有决定性的影响。

项目经理包括业主的项目经理、咨询监理单位的项目经理、设计单位的项目经理和施工单位的项目经理。业主的项目经理是项目法人委派的领导和组织一个完整工程项目建设的总负责人。咨询监理单位的项目经理即为咨询监理单位派出的项目管理总负责人即总监理工程师。设计单位的项目经理是指设计单位领导和组织一个工程项目设计的总负责人。施工单位的项目经理是指受施工企业法人的委托对工程项目施工过程全面负责的项目管理者，是施工单位法人在工程项目上的代表人，是施工单位在施工现场的最高责任者和组织者。

2. 项目经理的作用

在工程项目管理过程中，项目经理在总体上全面负责，控制工程项目建设的全过程。项目经理的地位和作用主要表现有以下四个方面：

（1）项目经理是企业法定代表人在施工项目上负责管理和合同履约的一次性授权代理人，是项目管理的第一责任人。从企业内部看，项目经理是施工项目实施过程中所有工作的总负责人。从对外方面看，项目经理代表企业法人在授权范围内对建设单位直接负责。因此，项目经理是项目目标的全面实现者，既要对建设单位的成果性目标负责，又要对企业效益性目标负责。因此，他们必须是工程项目管理活动的最高决策者、管理者、组织者、协调者和责任者，只有这样，才能保证工程项目建设按照客观规律和统一意志、高效地实现项目预期目标。

（2）项目经理是协调各方关系，使之相互协作、紧密配合的桥梁和纽带。一个工程项目的组织实施涉及多个部门和单位，而项目经理就是工程项目有关各方协调配合的桥梁和纽带，是组织工作的协调中心。工程项目管理又是一个动态的管理过程，在工程实施过程中有众多的结合部、复杂的人际关系，必然会产生各种矛盾、冲突和纠纷，而负责沟通、协商、解决这些矛盾的关键人物就是项目经理。项目经理对项目管理目标的实现承担全部责任，要组织和领导各方共同承担履行合同的责任，有权处理合同纠纷，并受法律的约束和保护。

（3）项目经理对项目实施进行控制，是各种信息的集散中心，通过各方的信息收集和运用达到控制的目的，使项目取得成功。工程项目的管理过程是获取和交换各方信息并作出决策的过程。为了有效地进行信息沟通，实施对工程项目的控制，项目经理既是信息中心，又是控制中心，他是工程项目实施过程中各种重要信息、指令、目标、计划、办法的发起者和控制者，在工程项目实施过程中，对于工程项目外部，如业主、政府、承包商、当地社会环境、国内外市场等有关重要信息，均要通过项目经理汇总、沟通，得以实现；对于工程项目内部，项目经理则是工程项目各种重要目标、决策、计划、措施和制度的决策人和制定者。同时项目经理又要依据目标管理原则来具体实施，在实施过程中，依据信息反馈，不断地对工程项目过程进行调整与控制。

（4）项目经理是施工项目责、权、利的主体、是项目总体的组织管理者，即是项目中所有生产要素的组织管理人。项目经理首先必须是项目实施阶段的责任主体，是项目目标的最高责任者。责任构成了项目经理的压力，也是确定项目经理权力和利益的依据；其次项目经理必须是项目权力的主体，权力是确保项目经理能够承担起责任的条件与手段，如果没有权力，项目经理就无法对工作负责。项目经理还应是项目利益的主体，利益是项目经理工作的动力，是由于项目经理负有相应的责任而得到应有的报酬，如果没有一定的利益，项目经理就难以处理各方的利益关系，也就不会使用相应的权力搞好项目管理。

二、项目经理的素质与能力要求

大量工程项目管理的实践证明，作为项目管理的第一责任人，要求项目经理具备相应的专业素质与能力才能保证项目任务的完成，一个合格的项目经理应该具备良好道德素质、身体素质、系统全面的专业理论知识、较高的项目管理水平、具有不断创新的思维模式和良好的处理和解决问题的经验和能力等。

1. 项目经理应具有的素质

（1）良好的道德素质。有良好的社会道德品质，对社会的安全、文明、进步和发展负有道德责任，有高度的事业心和责任感。对工程项目建设具有献身精神。既要考虑项目的经济利益，也要考虑对社会利益的影响。

个人行为的道德责任主要是廉洁奉公、不以权谋私。要求项目经理有高尚的品德和职业道德，要尊重知识、尊重人才，联系群众，善于听取各方面的意见，善于与人共事、团结合作，讲究诚信。

懂得有关经济政策和法律、法规，并能模范地执行。

（2）技术业务素质。项目经理应熟悉工程项目建设的客观规律及基本建设程序，应掌握基本建设的方针、政策，应具备相应的专业技术知识。其专业特长应和工程项目专业技术相"对口"，特别是大型复杂工程项目，工艺、技术、设备专业性很强，作为工程项目实施的最高决策人，不懂技术就无法按照工程项目的工艺逻辑、施工逻辑来组织实施，更难以鉴别工程项目工艺设计、设备选型、安装调试及施工技术方案的优劣，往往会导致工程项目的失败。

（3）经营管理素质。项目经理必须懂经营、会管理。管理作为综合性的软科学，具有交叉渗透、覆盖面宽等特点。项目经理的主要职能是经营管理专家的角色，而不是技术专家的角色。对于项目经理来说，管理比技术更重要，只精通技术而不懂管理的人，不宜担当项目经理。项目经理必须在管理理论和管理技术（管理方法和手段）上，训练有素，并且能灵活地加以运用。项目经理的管理知识，应要求有一定的深度和广度。

（4）实际经验及创新素质。项目经理不仅要懂技术，而且还要会管理，他更需要的是丰富的实践阅历和解决实际问题的技能。光懂管理理论和专业技术知识是当不好项目经理的。由于科学技术日新月异，新工艺、新材料等不断涌现，建筑产品的用户会不断地提出新要求。项目经理只有解放思想，开拓创新，与时俱进地开展工作，才能实现项目的总目标。

（5）身体素质。项目经理的身体素质应能适应项目建设工作的需要。项目经理工作负担沉重，压力较大，工作条件艰苦，往往工作作息时间没有规律，如果没有良好的身体素质和心理素质，无法承担工作的重任。

2. 项目经理应具备的能力

（1）决策应变能力。工程项目实施过程情况多变，及时决断和灵活应变就可以抓住战机，优柔寡断、瞻前顾后就会贻误战机，特别是在投标报价、合同谈判、纠纷处理、方案选择、突发事件等重大问题的处理上，项目经理的决策应变水平就显得格外重要。

（2）组织指挥能力。项目经理作为工程项目的责任者和指令的发出者，每天都要行使行政组织指挥权。他必须统筹全局、指挥若定、忙而不乱、决策及时准确。这种素质的形成需要阅历的积累和实践的磨炼。这种才能的发挥需要以合理的指挥、等级链的建立，以及正确而充分的授权为前提。在工作中，注意统筹全局，抓关键、全局性的大事，如果事必躬亲，必将陷入琐碎的日常事务当中，忘掉了全局，而自己也苦不堪言，疲于奔命，工作反而没有做好。

（3）协调控制能力。协调是管理的本质，一个大型工程项目有众多的结合部，有时间上和空间上的配合，有人力、物力、资金的合理配置，有各种人际关系的处理，项目经理在实施计划、组织、控制职能时，各项职能及各职能之间，都需要协调，通过协调才能达到管理的目的。同样的，为了实现工程项目的目标，就必须通过组织的保证，对工程项目活动实施有效的控制和监督，以便纠正偏差、排除干扰，实现工程项目的目标。所以，作为一个项目经理，必须有良好的组织协调能力和控制技巧。而建立科学的信息沟通渠道，及时、准确地获得信息反馈，是协调和控制的前提条件。

（4）用人的艺术。依据管理的能级原理，要使各种人才形成动态稳定的结构，如高、中、初级人才以宝塔形结构较为合理，而且，要使不同人才位于相应的能级上，做到合理用人，即做到优化组合。为此，作为项目经理，就应该做到：用人所长、容人之短；疑人不用，用人不疑；职责明确，充分授权；及时指导，客观评价。

（5）会议的管理能力。会议是项目经理下达指令、沟通情报、协调矛盾、反馈信息、制定决策的重要手段，是项目经理对工程项目进行有效管理的重要工具，因此，如何高效率地召开会议，掌握组织会议的技巧，也是项目经理的基本功之一。

三、项目经理的责任及职权

（一）项目经理的责任

建设部的相关文件规定，项目经理应承担施工安全和质量的责任；对施工承担全面管理的责任。工程项目施工应建立以项目经理为首的生产经营管理系统，实行项目经理负责制。项目经理在工程施工中处于中心地位，对项目施工有负全面管理的责任。项目经理由于主观原因，或由于工作失误有可能承担法律责任和经济责任。政府主管部门将追究的主要是其法律责任，企业将追究的主要是其经济责任，但是，如果由于项目经理的违法行为而导致企业的损失，企业也有可能追究其法律责任。

1. 保证工程项目目标的实现和保证用户满意

对于项目经理，确保工程项目目标的实现，与上级组织及工程项目总体目标相一致、保证用户（即业主）满意是项目经理的任务和最基本的职责，也是衡量项目管理成败、管理水平高低的基本标志。

2. 主持对工程项目进行全面系统的管理

（1）项目经理在明确工程项目总目标后，要将总体目标进行逐级分解为子目标和阶段性目标系统。

（2）在上述基础上划分主要工作范围、工作内容和工作量；确定工程项目进展时间表，确定需要投入的人员数量、比例及对人选的基本要求，组织招聘人员、组建项目团队，建立工程项目组织机构。

建立科学的、高效的组织机构是工程项目成功的组织保证，也是项目经理的重要职责。组织机构的建立包括组织设计和人员的选配。

（3）建立信息沟通渠道。工程项目活动是在复杂多变的环境中进行的，每时每刻都有大量的指令、信息、资源的交换。而项目部是各种信息的汇集中心，因此，建立信息流通渠道并保持该渠道的畅通是项目经理的重要职责之一。保持信息流通渠道的畅通关系到项目经理决策能否及时、正确，关系到工程项目管理能否高效率，甚至关系到工程项目的成败。在信息沟通中，最重要的是项目经理与用户（业主）、本工程项目主管领导和职能部门及承包（或分包）商之间的信息沟通。

（4）领导项目团队执行项目各分项计划，落实项目计划的设施，跟踪项目进展、对项目进行控制；组织项目检查考评与项目报告；协调与项目有关各方的关系，及时将项目进展成本、质量等向上级汇报。

3. 认真履行项目合同

项目经理是合同的法定代表人，工程项目各方是由合同联系在一起的，是为实现工程项目目标而共同工作的。因此，项目经理既有按合同控制工程项目各方的权利，又有按合同履约和承担义务的责任。

（二）项目经理的职权

1. 授予项目经理职权的基本依据

对项目经理授权的主要依据是项目经理担负的职责和任务，并考虑个人的水平与实际工作能力，授予项目经理相应的职权及其范围。

具体授权应根据工程项目的不同具体情况，予以区别对待。

（1）根据项目特点授权。工程项目目标要求严格时，应给予项目经理较大权力。如工程项目工期要求相当紧迫时，项目经理可以集中一切必要权力，以确保工期。同样，当工程项目属于大型项目、交钥匙工程项目时，也应授予项目经理较大的权力。反之，如是简单小型的工程项目，则无须授予项目经理过大的权力。应该指出的是，授权太小，还应考虑工程项目的风险大小。风险越大，承担风险一方的项目经理应被授予较大的权力。

（2）按合同类型授权。当合同承包范围较大时，授权也大。如对工程项目进行设计、采购、施工总承包时，应授予项目经理全过程的控制权力。同时，当合同付款方式不同时，甲、乙双方的权力也不同。如总价合同，乙方对工程项目控制权就较大，而甲方不能过多地干涉；反之，当合同为实报实销方式时，甲方控制权就较大，乙方应听命于甲方。

（3）根据项目经理水平高低和领导能力授权。显然，项目经理水平高、能力强时，可以授予其较大权力；反之，则应限制授权范围。

2. 授予项目经理职权的原则

（1）根据项目目标授权的原则。即按确定的目标及编制的计划所要收到的预期成果，对实施各相应计划的下属授权的原则。所谓下属，即为符合计划与目标而设置的必要职位。

（2）职能界限的原则。职能界限的原则即按职务和部门的预期成果，对从事这些部门工作的各职务，授予与其职能界限相适应的权利的原则。显然职权和信息交流越是有明确的界限，个人的责任就越是能充分地促进工程项目目标的实现。这即是授权的原则，也是部门划分的原则。

（3）等级原则。等级原则即从项目经理到基层，必须形成一个指挥等级链，从上到下的职权系统越是明确，则决策和组织联络就越是有成效。

（4）职权—管理层次原则。职权—管理层次原则即职能界限原则加上等级原则构成的原则。在某一个组织层次上的职权的存在，是为了在其职权范围内做出某种决策。主管人员在其个人职权权限的范围内，应做出决策，而不要提交给组织机构中的上一级。换句话说，各级经理及主管人员应该按照所授予的职权做出他那一级的决策；只有职权界限限制他做出决策时，才可以提交给上级。

（5）统一指挥的原则。统一指挥原则即按线性系统领导的原则，越是单线领导，在发布指示中互相冲突的问题就越少，个人对成果的责任感就越强。因为职责在实质上总是对个人而言的，由两名以上的上级给一名下属授权，很可能产生职权与职责两者的矛盾，统一指挥的原则有利于澄清职权与职责的关系。

（6）职责绝对性原则。由于职责作为一种应该承担的义务是不可能授予别人的，即职权可以授予，但职责却不能授予。所以，即使上级通过授权，也不可能逃避他对下属的业务工作授权与委派任务的职责。同样，下属对上级负责也是绝对的，一旦他们接受了委派，就有义务去贯彻执行。而上级也不能逃避领导下属业务工作的职责。

3. 项目经理的职权

项目经理个人负责制是现代工程项目管理的突出特点。对项目经理充分授权是项目经理正常履行职责的前提，也是工程项目管理取得成功的基本保证。实践证明，凡是失败的工程项目，往往是因为对项目经理的授权不够充分，缺乏强有力的授权保证体系而造成的。只有对项目经理授予合适的权力，才能保证工程项目顺利实施。

（1）人事权。项目经理必须在其管辖范围内具有人事权，这是最重要的权力。它包括工程项目管理班子组建时的人员选择、考核和聘任权；对重要高级人才调入的建议和选择权；对班子内成员的任职、考核、升迁、分配、奖励、处罚、调配、指挥、监督及辞退权等。

（2）财权。项目经理必须拥有承包范围内的财务决策权，在财务制度允许的范围内，项目经理有权做出有关决定。

（3）技术决策权。技术决策是工程项目实施的重大决策，项目经理应有决策控制权。项目经理并不需要亲自处理具体技术问题，他的职责主要在于审查和批准重大技术措施和技术方案，以防止决策失误，造成重大损失。

（4）设备、物资、材料的采购控制权。项目经理主要是对不同采购方案、采购目标、到货要求进行决策把关，而不是干涉具体采购业务。

（5）进度计划控制权。项目经理不是要参与和干涉具体进度计划的编排，而是根据工程项目总目标，将其进度与阶段性目标、资源平衡与优化、工期压缩与造价控制进行统筹判断，针对网络计划反映出来的拖延或超前信息，对整个工程项目的人力、设备、资源进行统一调配，以便对整个工程项目进行有效的控制。

四、项目经理部的设置、运作

1. 项目经理部的作用

项目经理部是项目管理的工作班子，置于项目经理的领导之下。其作用有以下几方面：

（1）项目经理部负责施工项目从开始到竣工的全过程施工生产经营的管理，对作业层负有管理与服务的双重职能，作业层工作的质量取决于项目经理的工作质量。

（2）项目经理部为项目经理决策提供信息依据，当好参谋，同时又要执行项目经理的决策意图，对项目经理全面负责。

（3）项目经理部作为组织体，应完成企业所赋予的基本任务——项目管理任务，凝聚管理人员的力量，调动其积极性，促进管理人员的合作，树立为事业献身的精神，协调部门之间、管理人员之间的关系，发挥每个人的岗位作用，为共同目标进行工作，影响和改变管理人员的观念和行为，使个人的思想、行为变为组织文化的积极因素，实行责任制，搞好管理，沟通部门之间、项目经理部与作业队之间、与公司之间、与环境之间的关系。

（4）项目经理部是代表企业履行工程承包合同的主体，对项目产品和建设单位全面、全过程负责，使每个施工项目经理部成为市场竞争的主体成员。

2. 项目经理部的设置

（1）《建设工程项目管理规范》（以下简称《规范》）5.1.1 规定，项目管理组织的建立应遵循下列原则：①组织结构科学合理；②有明确的管理目标和责任制度；③组织成员具备相应的职业资格；④保持相对稳定，并根据实际需要进行调整。

（2）《规范》5.2.1 条规定项目经理部应按下列步骤设立：①根据企业批准的"项目管理规划大纲"，确定项目经理部的管理任务和组织形式；②确定项目经理部的层次，立职能部门与工作岗位；③确定人员，职责，权限；④由项目经理根据"项目管理目标责任书"进行目标分解；⑤组织有关人员制定规章制度的目标责任考核，奖惩制度。

（3）设立规模　根据企业推行施工项目管理的实践经验，一般按项目的使用性质和规模设置。通常企业将项目经理部分为三个级别：①一级施工项目经理部：建筑面积为 15万 m² 以上的群体工程；面积为 10 万 m² 以上的（含 10 万 m²）的单体工程；投资在 8000万元以上的（含 8000 万元）的各类施工项目。相应的项目经理应持有国家注册一级建造师执业资格证书；②二级施工项目经理部：建筑面积为 15 万 m² 以下、10 万 m²（含 10万 m²）以上的群体工程；面积为 10 万 m² 以下、5 万 m² 以上的（含 5 万 m²）的单体工程；投资在 8000 万元以下、3000 万元以上的（含 3000 万元）的各类施工项目。相应的项目经理应持有国家注册一级或二级建造师执业资格证书；③三级施工项目经理部：建筑面积为 10 万 m² 以下、2 万 m²（含 2 万 m²）以上的群体工程；面积为 5 万 m² 以下、1 万 m² 以上的（含 1 万 m²）的单体工程；投资在 3000 万元以下、500 万元以上的（含500 万元）的各类施工项目。相应的项目经理应持建筑行业颁发的二级建造师职执业资格证书。

（4）组织形式。《规范》5.2.5 条规定"项目经理部的组织结构应根据项目的规模、结构、复杂程度、专业特点、人员素质和地域范围确定"。

《规范》5.2.6 条规定"项目经理部所制订的规章制度，应报上一级组织管理层批准"。常用的项目经理部的组织形式有以下三种组织结构形式：①工作队（专业队式）组织：属职能组织结构形式，适用于工期要求紧迫的项目、要求多工种多部门密切配合的项目；②部门控制式项目组织：属直线式组织结构形式，比较适合小型的、专业性较强的、不需涉及众多部门配合的施工项目；③矩阵式项目组织：属矩阵式组织结构形式，用于同时担任多个需要进行项目管理工程的企业，大型、复杂的施工项目。

3. 项目经理部的运行体系

（1）运行机制。项目经理部的运行应实行岗位责任制，明确各成员的责、权、利，设立岗位考核指标。各成员包括项目部管理层、作业队及分包人。项目经理部是管理机制有效运行的核心，应做好协调工作，并能够严格检查和考核责任制目标的实施状况，有效调动全员积极性。

（2）工作内容。①在项目经理领导下制定"项目管理实施规划"及项目管理的各项规章制度；②对进入项目的资源和生产要素进行优化配置和动态管理；③有效控制项目工期、质量、成本和安全等目标；④协调企业内部、项目内部及项目与外部各系统之间的关系，增进项目有关各部门之间的沟通，提高工作效率；⑤对施工项目目标和管理行为进行分析、考核和评价，并对各类责任制度执行结果实施奖罚。

五、注册建造师制度

2002 年 12 月 5 日，人事部、建设部联合下发了《关于印发〈建造师执业资格制度暂行规定〉的通知》，明确规定在我国对从事建设工程项目总承包及施工管理的专业技术人员实行注册建造师执业资格制度。建造师是国家对专业技术人员的一种执业资格管理。它是专业技术人员从事某种专业技术工作学识、技术和能力的必备条件。所以要取得建造师执业资格，需参加全国建造师执业资格统一考试合格后，并经建设行政主管部门注册，才能单独从事工程项目的承包和建设活动，并依法承担法律责任，它是对专业技术人员市场准入的一种执业行为。

1. 建造师的级别

国家注册建造师分为一级注册建造师和二级注册建造师，这主要是从我国的国情和工程实际的特点出发，因此，各地的经济发展和管理水平不同，大中小型工程项目对管理的要求差异也很大，为此，在施工管理中，一级注册建造师可以担任《建筑业企业资质等级标准》中规定的特级、一级企业资质建设工程项目施工的项目经理，二级注册建造师只能担任二级及二级以下企业资质建设工程项目施工的项目经理。此规定，有利于保证一级注册建造师具有较高的专业素质和管理水平，以逐步取得国际认证；而设立二级注册建造师，则可以满足我国量大面广的工程项目施工管理的实际需求。

2. 建造师资格考试

对于拟取得建造师执业资格的人员，应通过国家建造师执业资格的统一考试。一级建造师执业资格的考试，实行全国统一考试大纲，统一命题，统一组织的考试制度，由人力资源部，住建部共同组织实施，原则上每年举行一次；二级建造师执业资格的考试，实行全国统一考试大纲，由各省、自治区、直辖市负责命题并组织实施，考试内容分为综合知识与能力和专业知识与能力两大部分。一级建造师执业资格考试考建设工程经济、建设工程法规及相关知识、建设工程项目管理和专业工程管理与实务四个科目；二级建造师执业资格考试考建设工程施工管理、建设工程法规及相关知识、专业管理与实务三个科目。

报考人员须满足有关规定的相应条件，对于一级、二级考试合格的人员，将分别获得一级、二级建造师执业资格证书，一级建造师执业资格证书在全国范围内有效，二级建造师执业资格证书在其所发证所在省、自治区、直辖市范围内有效。

3. 建造师的执业范围

注册建造师有权以建造师的名义担任建设工程项目施工的项目经理，从事其他施工活动的管理，从事国家法律法规或国务院行政主管部门规定的其他业务。

注册建造师以担任建设工程项目施工的项目经理为主，我国现在是实行"一师一岗"，即取得注册建造师执业资格的人员，可以受聘担任建设工程总承包或施工的项目经理，可以受聘担任质量监督工程师，同时鼓励和提倡注册建造师"一师多岗"，可以从事其他施工管理以及法律法规规定的有关其他业务。

4. 建造师的专业

不同类型、不同性质的建设工程项目，有着各自的专业性和技术特点，对项目经理的专业要求也有很大不同，建造师实行分专业管理，就是为了适应各类工程项目对建造师专业技术的要求，也为了与现行建设管理体制相衔接，充分发挥各有关专业部门的作用，建造师共划分为14个专业：房屋建筑工程、公路工程、铁路工程、民航机场工程、港口与航道工程、水利水电工程、电力工程、矿山工程、冶炼工程、石油化工工程、市政公用与城市轨道工程、通信与广电工程，机电安装工程、装饰装修工程。

5. 建造师的注册

凡取得建造师执业资格证书并满足有关注册规定的人员，经注册管理机构注册后方可用建造师的名义执业，准予注册的申请人员，将分别获得一级建造师注册证书、二级建造师注册证书，已通过注册的建造师必须接受继续教育，不断提高业务水平，建造师注册有效期一般为3年，期满前三个月要办理再次注册手续。

案例：

[背景材料]

某市政工程分为四个施工标段。某监理单位承担了该工程施工阶段的监理任务，一、二标段工程先行开工，项目监理机构组织形式如图2-6所示。

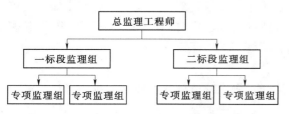

图2-6 一、二标段工程项目监理组织机构组织形式

一、二标段工程开工半年后，三、四标段工程相继准备开工，为适应整个项目监理工作的需要，总监理工程师决定修改监理规划；调整项目监理机构组织形式，按四个标段分别设置监理组，增设投资控制部、进度控制部、质量控制部和合同管理部四个职能部门，以加强各职能部门的横向联系，使上下、左右集权与分权实行最优的结合。

总监理工程师调整了项目监理机构组织形式后，安排总监理工程师代表按新的组织形式调配相应的监理人员，主持修改项目监理规划，审批项目监理实施细则。

[问题]

1. 图2-6所示项目监理机构属何种组织形式？说明其主要优点。

2. 调整后的项目监理机构属何种组织形式？画出该组织结构示意图，并说明其主要缺点。

[案例解析]

问题1：

图2-6所示项目监理机构属于项目式组织形式。项目主要优点：机构简单，权力集中（或命令统一），职责分明，决策迅速，隶属关系明确。

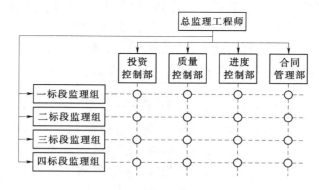

图2-7 项目监理机构组织形式图

问题2：

调整后的项目监理机构属矩阵制组织形式。

该项目监理组织机构主要缺点：纵横协调工作量大；矛盾指令处理不当会产生扯皮现象。

复 习 思 考 题

1. 简述建设工程项目组织的设计原则与程序。
2. 不同的建设工程项目组织形式有何优势和不足？
3. 如何选择建设工程项目的组织形式？
4. 简述项目经理的地位、作用及对其的素质要求。
5. 项目经理部的设置应考虑哪些因素？
6. 收集一个建设工程项目组织的案例，分析属于哪一种组织结构形式。

第三章 工程项目前期决策管理

本章学习目标

通过本章的学习，读者应能：

（1）掌握项目前期策划的原则和内容。

（2）掌握项目建议书的审批权限；了解城市基础设施项目建议书格式。

（3）了解可行性研究的作用；熟悉可行性研究的阶段；掌握工程项目可行性研究报告的内容。

（4）掌握项目评估的基本原则、主要内容和基本程序，了解项目评估的评估方法。

（5）掌握项目管理策划的主要内容。

（6）掌握招标投标的概念，掌握项目招标的范围、方式和一般程序。

第一节 工程项目前期策划

一、项目前期策划的概念

国际上权威的工程管理学术组织对于工程项目管理都有着较为一致的定义，例如英国皇家特许建造师学会（CIOB）将其表述为从项目的开始至项目完成，通过项目策划（project planning）和项目控制（project control），以使项目的费用目标、进度目标和质量目标得以实现。

从上述定义中可以看出项目策划和项目控制是工程项目管理的两个基本要素，正是两者在工作中各有倚重却又有机融合，工程项目管理才能得以充分、完整地发挥其应有的效用。

项目前期策划，是在项目建设前期，通过调查研究和收集资料，在充分占有信息的基础上，针对项目的决策和实施，或决策和实施的某个问题，进行组织、管理、经济和技术等方面的科学分析和论证，这将使项目建设者的工作有正确的方向和明确的目的，也使建设项目设计工作有明确的方向并充分体现业主的建设目的。

前期策划的根本目的是为项目建设的决策和实施增值。增值可以反映在人类生活和工作的环境保护、建筑环境美化、项目的使用功能和建设质量提高、建设成本和经营成本降低、社会效益和经济效益提高、建设周期缩短、建设过程的组织和协调强化等方面。

项目前期策划是工程项目管理的一个重要组成部分。国内外许多建设项目的经验或教训证明，建设项目前期的策划是项目建设成功的前提。在项目建设前期进行系统策划，就是要提前为项目建设形成良好的工作基础、创造完善的条件，使项目建设在技术上趋于合理，在资金和经济方面周密安排，在组织管理方面灵活计划关在一定的弹性，从而保证建设项目具有充分的可行性，能适应现代化的项目建设过程的需要。

二、项目前期策划的原则

1. 科学性原则

它是一系列前期策划原则的综合体现，包括策划思想科学化、程序科学化、方法科学化和体系科学化。决策需要建立在定量和定性分析的基础上，以科学的方法、系统的思维模式，对项目进行全面的、专业的评价，最终得出科学准确的结论。决策以科学性为原则，避免盲目的凭借个人的意识感觉和简单的社会现象对项目作出判断。

2. 系统性原则

项目本身是一个复杂的系统工程，策划不是一个人能够完成的，也不是一件单独事件，需要策划者遵循全局性、长期性和层次性的原则。要求决策者对整个系统进行分析和判断，如工业项目必须就市场需求、生产工艺设备、原材料供应、工厂建设、基础状况、投资规模、经济效益等，以及社会状况、政治制度和人文环境等进行系统的研究，无论以上系统中哪个方面出现问题或被忽视，都将直接影响项目的成败，面临着不同程度的投资风险。因此项目决策必须遵循系统性原则。

3. 客观性原则

所谓客观性原则是指在策划运作过程中，策划者通过各种努力，使自己的主观意志自学能动地符合客观实际情况。要深入调查客观现实，排除各种干扰，保证据实策划。策划中没有了客观性就没有了科学性，策划也就不会成功。

4. 可行性原则

可行性是指策划方案切实可行，即具有良好的可操作性，项目确定的内容符合实际。项目的决策不能建立在理想状态和环境中，必须充分预计到在项目的实际运行中可能遇到的风险，在决策之初就应该知道项目的承受风险能力，这是符合社会发展和经济规律的。这一原则是对策划活动基本要求。因为只有可操作性的策划方案才是可行的，才会被建设单位和主管部门采纳，否则，只不过是纸上谈兵，没有任何的意义。

5. 合理性原则

在项目生产设备、建设标准、辅助设施的选用和工程建设中，不能完全追求最好最先进的装备和最高的建筑标准，在关键工艺设备造型中可以考虑使用最先进的技术装备，而在一般装备和辅助设备选用上只要能够充分满足生产和使用需要即可。如果全部用最先进的装备和最高的建筑标准，势必造成项目投资大幅度的增加，投资成本过大必然会降低投资收益，甚至引起项目难以收回建设投资问题，这样的项目是不可行的。

此外，前期策划还要遵循慎重性、时效性、专业性等原则。

以上这些原则都是指导决策活动的基本原则，而不是决策过程中某个环节或个别决策类型的具体原则。只有认真掌握这些原则的基本精神，并紧密联系工作实践，才能不断提高前期策划水平。

三、项目前期策划的内容

工程项目的前期策划工作，包括项目的构思、市场调查、目标定义、提出目标因素、建立目标系统、目标系统优化、项目定义、项目建议书、可靠性研究和项目决策等。项目前期策划阶段包括了项目投资机会选择、项目建议书的编制与审批、可行性研究报告的编制与审批。项目前期策划过程中，搜集加工整理信息、拟订目标的多种备选方案、分析比较各种方案，实际上也是一个投资机会研究的过程。

1. 投资机会选择

投资机会研究又称投资机会鉴别，主要任务是提出工程项目投资取向的建议，即在一个确定的地区和部门内，根据自然资源、市场需求、国家产业政策及国际贸易等情况，通过调查、预测和分析研究，选择项目，识别最有利的投资机会。投资机会研究的主要工作是进行市场调查，发现新的需求，确定投资方向，构思投资项目，选择投资方式，制订项目实施初步方案，估算所需投资和预期可能达到的目标。

2. 项目建议书的编制与审批

项目建议书是由建设单位根据规划发展要求，结合自身投资意愿和各项资源条件，向上级主管部门提出的具体项目建设的轮廓设想的书面文件。项目建议书由上级主管部门审查、批准通过后，项目可进入下一阶段工作——可行性研究。

3. 可行性研究报告的编制与审批

可行性研究是根据批准的项目建议书的进一步深化，收集资料对项目进行进一步论证和定位，综合评选。多方案经比较后最终确定项目建设方案，编制可行性研究报告，上报上级主管部门。可行性研究报告需要得到行业专家的论证和主管部门的批准。可行性研究报告方投资者和决策者提供可靠的决策依据，并作为下一步工作开展的基础和依据。

四、工程项目建议书

（一）项目建议书定义

项目建议书又称立项报告，是项目建设筹建单位或项目法人，根据国民经济的发展、国家和地方中长期规划、产业政策、生产力布局、国内外市场、所在地的内外部条件，提出的某一具体项目的建议文件，是对拟建项目提出的框架性的总体设想。往往是在项目早期，由于项目条件还不够成熟，仅有规划意见书，对项目的具体建设方案还不明晰，市政、环保、交通等专业咨询意见尚未办理。项目建议书主要论证项目建设的必要性，建设方案和投资估算也比较粗，投资误差为±30%左右。

项目建议书是由项目投资方向其主管部门上报的文件，目前广泛应用于项目的国家立项审批工作中。它要从宏观上论述项目设立的必要性和可能性，把项目投资的设想变为概略的投资建议。项目建议书的呈报可以供项目审批机关做出初步决策。它可以减少项目选择的盲目性，为下一步可行性研究打下基础。

对于大中型项目和一些工艺技术复杂、涉及面广、协调量大的项目，还要编制可行性研究报告。项目建议书是项目发展周期的初始阶段基本情况的汇总，是国家选择和审批项目的依据，也是制作可行性研究报告的依据。涉及利用外资的项目，只有在项目建议书批准后，才可以开展对外工作。

（二）编制项目建议书的目的

（1）机会研究或规划设想的效益前途是否可信，是否可以在此阶段阐明的资料基础上做出投资建议的决策。

（2）建设项目是否需要和值得进行可行性研究的详尽分析。

（3）项目研究中有哪些关键问题，是否需要作专题研究。

（4）所有可能的项目方案是否均已审查甄选过。

（5）在已获资料基础上，是否可以决定项目有无足够吸引力和可行度。

（三）项目建议书审批权限

目前，项目建议书要按现行的管理体制、隶属关系，分级审批。原则上，按隶属关系，经主管部门提出意见，再由主管部门上报，或与综合部门联合上报，或分别上报。

（1）大中型基本建设项目、限额以上更新改造项目，委托有资格的工程咨询、设计单位初评后，经省、自治区、直辖市、计划单列市计委及行业归口主管部门初审后，报国家计委审批，其中特大型项目（总投资4亿元以上的交通、能源、原材料项目，2亿元以上的其他项目），由国家计委审核后报国务院审批。总投资在限额以上的外商投资项目，项目建议书分别由省计委、行业主管部门初审后，报国家计委会同外经贸部等有关部门审批；超过1亿美元的重大项目，上报国务院审批。

（2）小型基本建设项目，限额以下更新改造项目由地方或国务院有关部门审批：

1）小型项目中总投资1000万元以上的内资项目、总投资500万美元以上的生产性外资项目、300万美元以上的非生产性利用外资项目，项目建议书由地方或国务院有关部门审批。

2）总投资1000万元以下的内资项目、总投资500万美元以下的非生产性利用外资项目，本着简化程序的原则，若项目建设内容比较简单，也可直接编报可行性研究报告。

一个项目要获得政府有关扶持，首先必须先有项目建议书，项目建议书通过筛选通过后，再进行项目的可行性研究，可行性研究报告经专家论证后，才最后审定。这实际上也是一种常见的审批程序，是列入备选项目和建设前期工作计划决策的依据。项目建议书和初步可行性研究报告经批准后，才可进行以可行性研究为中心的各项工作。

（四）城市基础设施项目建议书格式

1. 总论

（1）项目名称。

（2）承办单位概况（新建项目指筹建单位情况，技术改造项目指原企业情况）。

（3）拟建地点。

（4）建设规模。

（5）建设年限。

（6）概算投资。

（7）效益分析。

2. 市场预测

（1）供应现状（本系统现有设施规模、能力及问题）。

（2）供应预测（本系统在建的和规划建设的设施规模、能力）。

（3）需求预测（根据当前城市社会经济发展对系统设施需求情况，预测城市社会经济发展对系统设施需求量分析）。

3. 建设规模

（1）建设规模与方案比选。

（2）推荐建设规模及理由。

4. 项目选址

（1）场址现状（地点与地理位置、土地可能性类别及占地面积等）。

（2）场址建设条件（地质、气候、交通、公用设施、政策、资源、法律法规征地拆迁工作、施工等）。

5. 技术方案、设备方案和工程方案

（1）技术方案。

1）技术方案选择。

2）主要工艺流程图，主要技术经济指标表。

（2）主要设备方案。

（3）工程方案。

1）建、构筑物的建筑特征、结构方案（附总平面图、规划图）。

2）建筑安装工程量及"三材"用量估算。

3）主要建、构筑物工程一览表。

6. 投资估算及资金筹措

（1）投资估算。

1）建设投资估算（先总述总投资，后分述建筑工程费、设备购置安装费等）。

2）流动资金估算。

3）投资估算表（总资金估算表、单项工程投资估算表）。

（2）资金筹措。

1）自筹资金。

2）其他来源。

7. 效益分析。

（1）经济效益。

1）基础数据与参数选取。

2）成本费用估算（编制总成本费用表和分项成本估算表）。

3）财务分析。

（2）社会效益。

1）项目对社会的影响分析。

2）项目与所在地互适性分析（不同利益群体对项目的态度及参与程度；各级组织对项目的态度及支持程度）。

3）社会风险分析。

4）社会评价结论。

8. 结论

第二节　工程项目可行性研究

项目的可行性研究是对拟建工程在技术和经济上是否可行进行的分析、论证和评价。经过对项目在技术上是否先进、适用、可靠，规模上是否合理，经济上是否能得到预期效益等各方面进行系统的分析、论证，通过多方案比较，提出评价意见。通过可行性研究报告，向政府和项目建设单位推荐最佳方案。

一、可行性研究的目的

可行性研究的根本目的是通过对拟建项目的市场需求状况、建设规模、产品方案、生产工艺、设备造型、工程方案、技术统计、投资估算、融资方案、财务和经济效益、环境和社会影响以及可能产生的风险等方案进行全面深入的调查、研究和充分的分析、比较、论证，从而得出该项目是否值得投资、建设方案是否合理的研究结论，为项目的决策提供科学、可靠的依据。

二、可行性研究的作用

可行性研究是投资前期工作的一个关键环节，也是后续工作的重要依据。其作用如下：

（1）可行性研究是建设项目投资决策和编制设计任务书的依据。

（2）可行性研究是项目建设单位筹集资金的重要依据。

（3）可行性研究是建设单位与各有关部门签订各种协议和合同的依据。

（4）可行性研究是建设项目进行工程设计、施工、设备购置的重要依据。

（5）可行性研究是向当地政府、规划部门和环境保护部门申请有关建设许可文件的依据。

（6）可行性研究是国家各级计划综合部门对固定资产投资实行调控管理、编制发展计划、固定资产投资、技术改造投资的重要依据。

（7）可行性研究是项目考核和后评估的重要依据。

三、可行性研究的阶段

工程项目投资前期的可行性研究工作分为机会研究、初步可行性研究、可行性研究、评估与决策四个阶段。

1. 机会研究

机会研究的主要任务是捕捉投资机会，为拟建工程项目的投资方向提出轮廓性建议。它又可分为一般机会研究和工程项目机会研究。

一般机会研究是指以某个地区、某个行业或部门、某种资源为基础所进行的投资机会研究。工程项目机会研究是在一般机会研究基础上以工程项目为对象进行的机会研究，通过工程项目机会研究将项目设想落实到工程项目投资建议，以吸引投资者的注意和增大投资者的兴趣，并引导其确定投资意向。

这一阶段的工作内容相对比较粗略、简单，一般可根据同类或类似工程项目的投资额及营运成本来估算拟议工程项目的投资额与营运成本，初步分析投资效果。如果投资者对该项目设想或机会感兴趣，则可转入下一步的可行性研究工作；否则，就停止研究工作。

机会研究通常是比较粗略的，其投资估算的误差一般要求在±30%左右。

2. 初步可行性研究

一般地，对要求较高或比较复杂的工程项目，仅靠机会研究尚不能决定项目的取舍，还需要进行初步可行性研究，以进一步判断工程项目的生命力。初步可行性研究是介于机会研究和可行性研究的中间阶段，是在机会研究的基础上进一步弄清拟建项目的规模、选址、工艺设备、资源、组织机构和建设进度等情况，以判断其是否有可能和有必要进行下一步的可行性研究工作。其研究内容与详细可行性研究的内容基本相同，只是深度和广度略低。

这一阶段的主要工作是：①分析投资机会研究的结论；②对关键性问题进行专题的辅助性研究；③论证项目的初步可行性，判定有无必要继续进行研究；④编制初步可行性研究报告。

初步可行性研究阶段对工程项目投资的估算一般可采用生产能力指数法、因素法和比例法等估算方法。估算精度一般控制在±20％以内，所需时间为4～6个月，所需费用约占投资额的0.25％。

3. 可行性研究

这阶段的可行性研究亦称详细可行性研究，它是对工程项目进行详细、深入的技术经济论证阶段，是工程项目决策研究的关键环节。其研究内容主要有以下几个方面：

（1）实施要点，即简单说明研究的结论和建议。

（2）工程项目背景和历史。

（3）工程项目的市场研究及项目的生产能力，列举市场预测的数据、估算的成本、价格、收入及利润等。

（4）工程项目所需投入的资源情况。

（5）工程项目拟建的地点。

（6）工程项目设计，旨在说明工程项目设计最优方案的选择、工程项目的总体设计、建筑物的布置、材料及劳动力的需要量、建筑物和工程设施的投资估算等。

（7）工程项目的管理费用。

（8）人员编制。根据工程项目生产能力的大小及难易程度，得出所需劳动力的构成、数量及工资支出等。

（9）工程项目实施设计，说明工程项目建设的期限和建设进度。

（10）工程项目的财务评价和经济评价。

4. 评估与决策

工程项目评估是在可行性研究报告的基础上进行的，其主要任务是综合评价工程项目建设的必要性、可行性和合理性，并对拟建工程项目的可行性研究报告提出评价意见，最终决策工程项目投资是否可行并选择满意的投资方案。

四、工程项目可行性研究报告的内容

项目可行性研究报告一般包括如下基本内容：

（1）项目兴建的理由与目标。

（2）市场分析与预测。

（3）资源条件评价。

（4）建设规模与产品方案。

（5）场（厂）址选择。

（6）技术方案、设备方案和工程方案。

（7）原材料燃料供应。

（8）总图运输和公用与辅助工程。

（9）环境影响评价。

（10）劳动安全卫生与消防。

（11）组织机构与人力资源配置。

（12）项目实施进度。

（13）投资估算。

（14）融资方案。

（15）财务评价。

（16）国民经济评价。

（17）社会评价。

（18）风险分析。

（19）研究结论与建议。

第三节　工程项目评估

项目评估（project evaluation）就是在直接投资活动中，在对投资项目进行可行性研究的基础上，从企业整体的角度对拟投资建设项目的计划、设计、实施方案进行全面的技术经济论证和评价，从而确定投资项目未来发展的前景。

一、定义

项目评估，论证和评价从正反两方面提出意见，为决策者选择项目及实施方案提供多方面的告诫，并力求客观、准确地将与项目执行有关的资源、技术、市场、财务、经济、社会等方面的数据资料和实况真实、完整地汇集、呈现于决策者面前，使其能够处于比较有利的地位，实事求是地做出正确、合适的决策，同时也为投资项目的执行和全面检查奠定基础。

项目评估一般指投资项目评估，是在可行性研究的基础上，根据有关法律、法规、政策、方法和参数、由贷款银行或有关责任机构对拟投资建设项目的规划方案所进行的全面技术经济论证和再评估，其目的是判断项目方案的可行性或比较不同投资方案的优劣。

二、项目评估的基本原则

项目评估的基本原则有以下几个：

（1）客观、科学、公正的原则。

（2）综合评价、比较择优的原则。

（3）项目之间的可比性原则。

（4）定量分析与定性分析相结合的原则。

（5）技术分析和经济分析相结合的原则。

（6）微观效益分析与宏观效益分析相结合的原则。

三、项目评估的主要内容

1. 投资必要性的评估

项目是否符合行业规划；通过市场调查和预测，对产品市场供需情况及产品竞争力进行分析比较；对投资项目在企业发展中的作用进行评估；拟投资规模经济性分析。

2. 建设条件评估

资源是否清楚，以矿产资源为原料的项目，是否具备相关机构批准的资源储量、品位、开采价值的报告；工程地质、水文地质是否适合投资建厂；原材料、燃料、动力等供应是否有可靠来源，是否有供货协议；交通运输是否有保证，运距是否经济合理；协作配套项目是否落实；环境保护是否有治理方案；购进成套项目是否经过多方案比较，是否选择最优方案；投资厂址选择是否合理。

3. 技术评估

投资建设项目采用的工艺、技术、设备在经济合理条件下是否先进、适用，是否符合相关国家的技术发展政策，是否注意节约能源和原材料以获得最大效益；购进的技术和设备是否符合投资实际，是否配套并进行多方案比较；投资项目所采用的新工艺、新技术、新设备是否经过科学的试验和鉴定，检验原材料和测试产品质量的各种手段是否完备；产品方案和资源利用是否合理，产品生产纲领和工艺、设备选择是否协调；技术方案的综合评价。

4. 项目经济数据的评估

（1）生产规模及产品方案数据。

（2）各项技术经济指标。

（3）产品生产成本估算。

（4）销售收入及税金估算。

（5）利润预测。

（6）财务效益评估：主要包括投资回收期分析，借款偿还期分析，项目运营期内资金流动性分析。在投资回期分析中把握静态投资回收期的计算方法，优缺点和动态投资回收期分析的方法，优缺点。在借款偿还期分析中掌握等本偿还，等额偿还，最大可能还款的涵义，计算方法，在什么情况采用。项目运营期内资金流动性分析要掌握反映资金流动比率的主要指标，包括资产负债率，流动比率和速动比率的含义，作用，计算方法。财务效益评估是项目评估中最主要的部分，它是根据项目财务与建设基础数据，对整个寿命期内的财务成本与收益情况进行评估，从而论证项目是否具有经济上的可行性。一般而言，财务效益评估是决定项目可行与否，银行是否提供贷款的基本依据。

5. 投资项目财务评价

财务盈利能力分析。主要计算分析全部投资回收期、投资利润率、投资利税率、资本金利率、财务净现值、财务净现值率、财务内部收益率等评价指标；项目清偿能力分析。主要计算分析借款偿还期、资产负债率、流动比率、速动比率等评价指标；财务外汇效果分析。主要计算分析财务外汇净现值、财务换汇成本等评价指标。

6. 国民经济效益评价

国民经济盈利能力分析，即对经济内部收益率、经济净现值等指标进行计算分析；经济外汇效果分析，即对经济外汇净现值、经济换汇成本等指标进行分析；辅助经济效益分析，主要计算分析投资项目的就业效果和节能效果以及相关项目的经济效益；对环境保护作一般评估。

国民经济效益评估又称经济评估，是根据国民经济长远发展目标和社会需要，采用费用与效益分析的方法，运用影子价格，影子汇率，影子工资和社会折现率等经济参数，计算分析项目需要国民经济为其付出的代价和它对国民经济的贡献，评估项目投资行为在宏观经济上的合理性。它的作用有：①国民经济效益评估是在宏观经济层次上合理配置国家有限资源的需要；②国民经济效益评估是真实反映项目对国民经济净贡献的需要；③国民经济效益评估是投资决策科学化的需要。

四、项目评估的基本程序

1. 组织安排

组织安排是项目评估工作的第一步，即组织力量、制定计划。

2. 收集资料

为直接投资提供咨询服务的投资银行机构应收集这些资料数据，加以查证核实，并作进一步的分析研究；投资银行还应根据评估内容和分析要求，通过企业调查和项目调查，进一步收集必要的数据和资料；根据查证发现的问题和疑问，通过调查，进一步核实清楚；根据收集的大量资料，加工整理，汇总归类，以供评估中审查分析以及编制各种调查表和编写文字说明之用。

3. 审查分析

审查分析是在收集到必要的资料以后开始的，主要包括基本情况审查和财务分析两个方面。具体内容包括：企业和项目概况审查；市场和规模分析；技术和设计分析；财务预测；财务效益分析；经济效益分析。

4. 编写报告

根据调查和分析结果，编写投资评估报告。评估报告要对可行性研究中提出的多种方案，加以比较评估，肯定一种最优方案，并提出对投资项目的评估结论。评估报告要按规定程序送交企业最高投资决策机构审批。

五、项目评估的评估方法

1. 费用效益分析法

主要是比较为项目所支出的社会费用（即国家和社会为项目所付出的代价）和项目对社会所提供的效益，评估项目建成后将对社会做出的程度。最重要的原则是项目的总收入必须超过总费用，即效益与费用之比必须大于1。

2. 成本效用分析法

效用包括效能、质量、使用价值、受益等，这些标准常常无法用数量衡评，且不具可比性，因此，评价效用的标准很难用绝对值表示。通常采用移动率、利用率、保养率和可靠程度等相对值来表示。成本效用分析法主要是分析效用的单位成本，即为获得一定的效用而必需耗费的成本，以及节约的成本，即分析净效益。若有功能或效益相同的多项方案，自然应选用单位成本最低者。

成本效用分析有三种情况：

（1）当成本相同时，应选择效用高的方案。

（2）当效用相同时，应选择成本低的方案。

（3）当效用提高而成本成加大时，应选择增效的单位追加成本低的方案。

3. 多目标系统分析法

若项目具有多种用途，很难将其按用途分解单独分析，这种情况下应采用多目标系统分析法，即从整体角度分析项目的效用与成本，效益与费用，计算出净收益和成本效用比。

第四节 工程项目管理规划

工程项目管理内涵是"自项目开始至项目完成，通过项目策划和项目管理控制，以使项目的费用目标、进度目标和质量目标得以实现"，由此可见工程的项目策划与实施后的有效管理是项目建设成功的前提。

一、工程项目管理的策划分析

传统的工程管理往往不重视管理策划，以致在综合性大型项目的管理中经常会出现组织重叠、职责分工不明、计划制定针对性不强、工作内容不具体、信息不通畅、工程进度拖延等问题。工程项目管理策划可以在项目开始前通过策划文件的形式很好地解决这些问题。

二、项目管理策划的主要内容

1. 确定组织架构

组织架构是指一个项目内各组成要素以及它们之间的相互关系，主要涉及项目的各单位构成、职能设置和权责关系等，所以说组织架构是整个项目实施的灵魂所在。组织架构可以用组织架构图来描述，通常线性组织架构是建设项目管理的一种常用模式，这种模式避免了由于指令矛盾而影响项目的运行。

按项目建设的过程考虑，在项目实施中有工程项目策划和决策阶段、工程项目前期阶段（主要为报建、报批工作）、工程项目设计阶段、工程项目招标阶段、工程项目施工阶段、工程项目竣工验收和总结评价阶段。按照该工作阶段划分，应设立专门的管理部门对相关单位进行管理。

2. 项目管理目标分解

项目分解是工程项目管理的核心内容。在项目管理策划中应制定项目的总控目标，包括投资、进度、质量、安全等控制目标，然后在将这些整体目标进行分解，分解成各个可具体执行的组成部分，通过各种有针对性的技术、经济、组织和管理措施，保证各个分解目标的实现，进而实现项目的整体目标。

3. 项目合同分解

工程项目管理是在市场条件下进行的特殊交易活动的管理，交易活动持续于工程项目管理的全过程，且在综合大型项目中合同种类多、数量大，因此必须进行合同的分解，在合同分解后监督合同履行、配合项目实施、处理合同变更等。

4. 项目管理工作内容分解

（1）前期及报建（批）管理。主要管理工作内容为：对项目进行详细的环境调查，分析其规划情况；编写可行性研究报告，进行可性研究分析和策划；编制项目报建总体构思报告，明确报建事项及确定报批工作计划，确定对各报建事项人员分工。

（2）设计管理。主要管理工作内容为：确定整个项目的建筑风格和规划方案，对设计中选方案进行优化；制定勘察、设计进度控制计划，明确设计指责；跟踪、检查报建设计进展；参与分析和评估建筑物使用功能、面积分配、建筑设计标准等；审核各设计阶段的设计文件；控制设计变更，检查设计变更的合理性、经济性。

（3）招标（采购）管理。主要管理工作内容为：初步确定整个项目的合同结构、策划项目的发包方式；按确定的合同结构、发包方式编制项目招标（采购）进度规划，明确相关各方职责；起草需甲供的主要材料、设备清单；委托招标代理单位审核不同专业工程招标文件，在招标过程中制订风险管理策略；审核最高限价预算；组织合同谈判，签订合同。

（4）施工管理。主要管理工作内容为：编制项目施工进度规划，确定施工进度总目标，明确相关各方职责；组织设计交底、检查施工准备工作落实情况；审查施工组织设计、人员、设备、材料到位情况；办理开工所需的政府审批事项；审核和检测进场材料、成品、半成品及设备的质量；审核监理组织架构、监理规划；编制施工阶段各年度、季度、月度资金使用计划并控制其执行；检查施工单位安全文明生产措施是否符合国家及地方要求。

（5）竣工验收和结算管理。主要管理工作内容为：编制项目竣工验收和结算规划，确定各单位工程验收、移交及结算总目标，明确相关各方职责；总结合同执行情况、竣工资料整理情况；组织编制重要设施、设备的清单及使用维护手册给使用部门，组织对项目运行、维护人员的培训。

（6）全过程投资控制管理。主要管理工作内容为：对项目总投资进行分解，分析总投资目标实现的风险，编制投资风险管理的方案、编制各种投资控制报表，明确相关各方职责；编制设计任务书有关投资控制的内容及各阶段资金使用计划并控制其执行；根据投资计划控制指标进行限额设计管理；评审项目初步设计概算及施工图预算，采用价值工程方法，挖掘节约投资的潜力；进行投资计划值和实际值的动态跟踪比较。

5. 总控计划的编制

在国内大中型项目建设中，进度往往是主要矛盾。要解决这个矛盾，必须做好进度总控。项目进度总控的计划是对项目进度的总体策划，是保证项目按预期总体目标展开的纲领性文件。在编制总控计划时建议使用网络计划技术进行编制，这样可以掌握和控制项目进度关键线路、关键工作，及时发现偏差并采取措施进行整改，实施纠偏。总精度控制时标网络计划从项目前期及报建（批）工作开始至本项目结算完成为止，按照建设程序和各项工作的逻辑关系进行编制，涵盖项目建设全过程，这样很好地实现了计划的总控。

6. 沟通程序制度的建立

项目有不同管理层次和不同单位，如何有效地沟通关系到项目管理是否能顺利进行，有时甚至关系到项目成功与否。项目沟通管理包括保证及时与恰当地产生、搜集、传播、储存与最终处置项目信息所需的过程。它在人、思想与信息之间提供取得成功所必需的关键联系。每个参与项目的人都必须准备发送与接受沟通，并且要了解他们所参与的沟通对项目整体有何影响。因此必须建立一套有效的沟通机制标准，便于项目各方沟通。沟通方式有多种，比如：月例会制度、月报制度、专题会、信息管理共享平台系统及各种发文、函件等。

建筑工程项目管理本身就是一个复杂的系统工程，需要全方位、全过程进行资源的有效配制、整合和管理，因此加强项目管理的前期策划有其必要性，项目管理策划涵盖了项目管理的方方面面，在一定程度上使项目实施各阶段管理和局部管理衔接紧密，系统资源分配合理，更好地保证了工程项目实施与进行；而良好的管理实施效果除了有效保证工程微观上的目标如造价、质量、进度等目标的实现外，也从另一方面促进管理策划更加的科学合理，其相互间作用所积累的管理实践所形成的项目管理经验可为本次或以后同类工程管理策划与实施提供重要的参考和借鉴。

第五节　工程项目的招投标管理

一、招标投标的概念与特征

招标投标是一种因招标人的要约，引发投标者的承诺，经过招标人的择优选定，最终形成协议和合同关系的平等主体之间的经济活动过程，是"法人"之间诺成有偿的、具有约束力的法律行为。

招标投标是商品经济发展到一定阶段的产物，是一种特殊的商品交易方式。招标方与投标方相交易的商品统称为"标的"。在工程项目建设中，这种"标的"指的是项目的工程设计、土建施工、成套设备、安装调试等内容的标明。

招标投标具有下述基本特征：

（1）平等性，招标投标的平等性。招标投标是独立法人之间的经济活动，按照平等、自愿、互利的原则和规范的程序进行，双方享有同等的权利和义务，受到法律的保护和监督。招标方应为所有投标者提供同等条件，让他们展开公平竞争。

（2）竞争性。招投标的核心是竞争，按规定每一次招标必须有三家以上投标，这就形成了投标者之间的竞争，他们以各自的实力、信誉、服务、报价等优势，战胜其他的投标者。此外，在招标人与投标者之间也展开了竞争，招标人可以在投标者中间"择优选择"，有选择就有竞争。

（3）开放性。正规的招投标活动，必须在公开发行的报刊杂志上刊登招标公告，打破行业、部门、地区、甚至国别的界限，打破所有制的封锁、干扰和垄断，在最大限度的范围内让所有符合条件的投标者前来投标，进行自由的竞争。

二、招标范围及有关规定

依据《招投标法》有关规定，在中华人民共和国境内进行下列工程建设项目，包括项目的勘察、设计、施工、监理以及与工程建设有关的重要设备、材料等的采购，必须进行招标：

（1）关系社会公共利益、公众安全的大型基础设施项目。包括：煤炭、石油、天然气、电力、新能源等能源项目；铁路、公路、管道、水运、航空以及其他交通运输业等交通运输项目；邮政、电信枢纽、通信、信息网络等邮电通信项目；防洪、灌溉、排涝、引

（供）水、滩涂治理、水土保持、水利枢纽等水利项目；道路、桥梁、地铁和轻轨交通、污水排放及处理、垃圾处理、地下管道、公共停车场等城市设施项目；生态环境保护项目；其他基础设施项目。

（2）关系社会公共利益、公众安全的公用事业项目。包括：供水、供电、供气、供热等市政工程项目；科技、教育、文化等项目；体育、旅游等项目；卫生、社会福利等项目；商品住宅，包括经济适用住房；其他公用事业项目。

（3）全部或者部分使用国有资金投资的项目。包括：使用各级财政预算资金的项目；使用纳入财政管理的各种政府性专项建设基金的项目；使用国有企业事业单位自有资金，并且国有资产投资者实际拥有控制权的项目。

（4）国家融资的项目。包括：使用国家发行债券所筹资金的项目；使用国家对外借款或者担保所筹资金的项目；使用国家政策性贷款的项目；国家授权投资主体融资的项目；国家特许的融资项目。

（5）使用国际组织或者外国政府贷款、援助资金的项目。包括：使用世界银行、亚洲开发银行等国际组织贷款资金的项目；使用外国政府及其机构贷款资金的项目；使用国际组织或者外国政府援助资金的项目。

上述范围内的各类工程建设项目，包括项目的勘察、设计、施工、监理以及与工程建设有关的重要设备、材料等的采购，达到下列标准之一的，必须进行招标：

1）施工单项合同估算价在 200 万元人民币以上的。

2）重要设备、材料等货物的采购，单项合同估算价在 100 万元人民币以上的。

3）勘察、设计、监理等服务的采购，单项合同估算价在 50 万元人民币以上的。

4）单项合同估算价低于前 3 项规定的标准，但项目总投资额在 3000 万元人民币以上的。

涉及国家安全、国家秘密、抢险救灾或者属于利用扶贫资金实行以工代赈、需要使用农民工等特殊情况，不适宜进行招标的项目，按照国家有关规定可以不进行招标。

三、招标的方式

目前国内外采用的招标方式有以下五种：

（1）公开招标，公开招标是由招标单位通过报刊、广播、电视等宣传工具发布招标公告，凡对该招标项目感兴趣又符合投标条件的法人，都可以在规定的时间内向招标单位提交意向书，由招标单位进行资格审查，核准后购买招标文件，进行投标。公开招标的方式可以给一切合格的投标者以平等的竞争机会，能够吸引众多投标者，故称之为无限竞争性招标。为世界银行贷款项目实行的国际（国内）竞争性招标，就属于公开招标。

（2）邀请招标。邀请招标是由招标单位根据自己积累的资料，或由权威的咨询机构提供的信息，选择一些合格的单位发出邀请，应邀单位（必须有三家以上）在规定时间内向招标单位提交投标意向，购买投标文件进行投标。

邀请招标是一种有限竞争性招标，又叫选择招标。这种方式的优点是应邀投标者在技术水平、经济实力、信誉等方面具有优势，基本上能保证招标目标顺利完成。其缺点是在邀请时如带有感情色彩，就会使一些更具竞争力的投标单位失去机会。

（3）两段招标。两段招标是将公开招标和邀请招标结合起来的招标方式。这种方式一般适用于技术复杂的大型招标项目。招标单位首先采用公开招标的方式广泛地吸引投标者，对投标者进行资格预审，从中邀请三家以上条件最好的投标者，进行详细的报价、开标、评标。

（4）协商议标。对受客观条件限制或不易形成竞争局面的招标项目，例如专业性很强，只有少数单位有能力承当项目，时间紧迫，来不及按正规程序招标的项目，可以由主管部门推荐或自行邀请3～4个比较知底的单位进行报价比较，由招投标双方通过协商确定有关事宜。协商议标实质上是一种非竞争性招标，严格他讲不能称为招标。因为招投标行为的核心是竞争，没有竞争也就失去了招标的原有意义。

（5）国际招标。上述四种招标方式如果将招标范围放宽到国外，就称其为国际性招标。这种招标方式简称为 ICB，一般重大工程建设项目、高科技项目、技术引进项目以及"国际复兴开发银行""国际开发协会"及"亚洲开发银行"贷款兴建的工程项目都采用 ICB 方式。

四、招标投标的一般程序

招标投标的活动一般分为四个阶段，现以建设工程施工项目为例进行分析：

（1）招标准备阶段。基本分为以下几个步骤：具有招标条件的单位填写《建设工程招标申请书》，报有关部门审批；获准后，组织招标班子和评标委员会；编制招标文件和标底；发布招标公告；审定投标单位；发放招标文件；组织招标会议和现场勘察；接受投标文件。

（2）投标准备阶段。根据招标公告或招标单位的邀请，选择符合本单位施工能力的工程，向招标单位提交投标意向，并提供资格证明文件和资料；资格预审通过后，组织投标班子，跟踪投标项目，购买招标文件；参加招标会议和现场勘察；编制投标文件，并在规定时间内报送给招标单位。

（3）开标评标阶段。按照招标公告规定的时间、地点，由招投标方派代表并有公证人在场的情况下，当众开标；招标方对投标者作资格后审、询标、评标；投标方作好询标解答准备，接受询标质疑，等待评标决标。

（4）决标签约阶段。评标委员会提出评标意见，报送决定单位确定；依据决标内容向中标单位发出《中标通知书》。中标单位在接到通知书后，在规定的期限中与招标单位签订合同。

五、开标、评标和定标

（一）开标

1. 开标的时间和地点

均以招标文件规定的开标时间到达指定地点。

2. 出席开标会议的规定

开标有招标人或招标代理人主持，邀请所有投标人参加，未参加者为自动放弃。

3. 开标的程序和唱标的内容

（1）先将投标文件请各代表确认文件的密封完整，宣读评标规则、评标办法，核查资料的齐全。

（2）按投标单位报送的先后顺序进行，当众宣读投标单位名称、投标报价、工期、质量、主要材料用量、修改或撤回通知、投标保证金、优惠条件，以及招标单位认为有必要的内容。

4. 有关无效投标文件的规定

（1）未按要求密封。

（2）未加盖企业及企业代表印章，或委托人没有合法、有效的委托书（原件）及委托代理人印章。

（3）投标文件，字迹模糊、无法辨认。

（4）未提供投标保函或投标保证金。

（5）组成联合体投标的，未附联合体各方共同投标协议。

（二）评标

评标是招标过程的中心环节。

1. 评标的原则以及保密性和独立性

遵循公平、公正、科学、竞争择优、质量好、信誉好、价格低、工期适当、施工方案先进可行、反不正当竞争、规范性与灵活性的原则。

2. 评标委员会的组成与要求

由招标人或其委托的招标代理机构的代表组成，及技术、经济方面的专家组成，成员人数为 5 人以上的单数。其中技术、经济方面的专家不得少于总人数的 2/3，负责人由评标委员会成员推举产生或由招标人确定。

3. 初步评审

初审包括对投标文件的符合性评审、技术性评审、商务性评审。

（1）投标文件的符合性评审。商务符合性和技术符合性评审，即与招标文件的所有条款有无差异和保留，造成实质性影响，纠正此差异或保留，会对其他投标人造成不公正影响。

（2）投标文件技术性评审。方案可行性评估和关键工序评估；劳务、材料、机械、质量控制措施以及环境保护措施评估。

（3）投标文件的商务性评估。投标报价校核，审查全部报价数据计算的正确性，分析报价构成的合理性，并与标底价进行对比分析。

（4）投标文件的澄清和说明。澄清和说明不得超出投标文件的范围和改变投标文件的实质性内容。

（5）应当作为废标处理情况：①弄虚作假；②报价低于其个别成本，又不能提供相关的证明材料；③投标人不具备资格条件或投标文件不符合形式要求；④未能在实质上响应的投标。

（6）投标偏差。重大偏差（一般作废标处理）和细微偏差（经修改后不影响其他投标人）。

（7）有效投标过少的处理：①因有效投标不足 3 个使得投标明显缺乏竞争性，评标委员会可以否决全部投标；②投标人或者所有投标被否决的，招标人应依法重新招标。

4. 详细评审及其方法

（1）经初审合格的投标文件，可根据招标文件确定的标准的方法，进行对商务部分和技术部分作进一步评审和比较。

（2）评标方法。经评审的最低投标价法、综合评估法、法律和行政法规允许的其他方法。

1）经评审的最低投标价法。能够满足招标文件的实质性要求，并经评审的最低投标价的投标，应推荐为中标候选人。

最低投标价法适用于：具有通用技术、性能标准或没有特殊要求的招标项目。

2）综合评估法。不宜采用最低投标价法的招标项目，一般应采用综合评估法进行评审。

常用的方法是：百分法各个指标在百分中所占的比例和评标标准在招标文件内的规定。但需要一个基准价。

3）其他评标方法。在法律、行政法规允许范围内。

（3）评标中的其他要求。评标的期限和延长投标有效期的处理：评标和定标应在投标有效期结束日 30 个工作日前完成，不能在此期间内完成的，招标人应当通知所有投标人延期。拒绝延长的有权收回投标保证金，同意延期的，应当延长其投标担保有效期，但不得修改投标文件的实质性内容。

（4）否决所有投标。①无合格投标人前来投标、投标单位数量不足法定数量；②开标前标底泄露；③各投标人报价均不合理；④定标前发现标底严重漏误而无效；⑤其他在招标前未预料到，但在招标过程中发生足以影响招标的事由。

5. 编制评标报告

（三）定标

1. 中标候选人的确定

应推荐投标候选人 1～3 人，并标明排列顺序。

候选人应符合以下要求：

（1）能够最大限度地满足招标文件规定的各项综合评价标准。

（2）能够满足招标文件的实质性要求，并经评审投标报价最低；但投标低于成本的除外。

招标人应该在投标截止时限 30 日前确定中标人。

2. 发出中标通知书并订立书面合同

（1）中标人确定后，招标人应当向中标人发出中标通知书，并把结果通知所有未中标人。

（2）招标人和中标人应当自中标通知书发出 30 日内，按照招标文件和中标人的投标文件订立书面合同。

（3）招标人与中标人签订合同后 5 日内，应当向所有中标人和未中标人退还投标保证金。

（4）中标人应当按照合同约定履行义务，完成项目。

案例:

2009年2月,河南省A房地产开发有限公司对其开发的某小区项目"金花米黄"等五大类石材采购进行了公开招标。A房地产公司对石材采购的种类、数量及质量要求在招标文件中作了明确的要求,要求通过投标资格审查的投标单位进行现场竞价,竞价采用降价竞价方式,按价低者得的原则确定中标人,同时招标文件规定确定中标人后,中标人须在现场与招标人签订《中标确认书》,中标人须在签订《中标确认书》次日起7日内与招标人签订《采购合同书》。

2009年3月2日,5家投标单位参加了石材的投标。福建省南安市B石业有限公司初始报价4571500元,经现场几轮竞价,B公司最终以1410000元报价成为所有投标单位中最低报价单位。

经过评比,A房地产公司认为B公司的报价最低,初步决定让B公司中标,但现场没有签发中标通知书。随后,A公司办理内部投标文件及合同签订等审批事宜,法律顾问在审核B公司的报价资料时发现:B公司其中一项"金花米黄"石材初始报价为480元/m²,供应数量2800m²,总价1344000元,而最后一轮报价仅为10元/m²,供应数量不变,总价仅为28000元,前后报价相差近98%。法律顾问随即提出质疑并出具法律意见:根据《招标投标法》第三十三条,供货人若以低于成本价与采购人签订采购合同则违反了法律规定,签订的合同有显失公平之嫌并可能导致合同无效,若按此价格履约,供货人在最后结算时有可能可通过司法程序申请该项价格结算的约定无效,并要求专业机构对供货价格进行重新鉴定从而要求采购方按定额价或市场价进行重新核算。

A公司随即向B公司提出要求:要求B公司提供书面材料证明其投标报价符合《招标投标法》第三十三条的规定,如B公司不能提供充分的证据证明其报价不低于社会平均成本,则A公司将依法选定符合法律规定的中标人。B公司认为其总报价符合A的中标要求,其全部供货的平均价格不低于成本,另根据最高人民法院关于适用《合同法》若干问题的解释(二),即使A不与其签订书面合同,双方的合同关系也已成立,若A不同意B公司供货,B将追究A公司的违约责任。

由此,双方形成争议,合同迟迟没有签订,A公司单方宣布本次招标无效,另行招标。

分析:

《招标投标法》中第三十三条规定,"投标人不得以低于成本的方式投标竞争。"这里所讲的低于成本,是指低于投标人的为完成投标项目所需支出的个别成本。由于每个投标人的管理水平、技术能力与条件不同,即使完成同样的招标项目,其个别成本也不可能完全相同,管理水平高、技术先进的投标人,生产、经营成本低,有条件以较低的报价参加投标竞争,这是其竞争实力强的表现。实行招标采购的目的,正是为了通过投标人之间的竞争,特别在投标报价方面的竞争,择优选择中标者,因此,只要投标人的报价不低于自身的个别成本,即使是低于行业平均成本,也是完全可以的。但是,按照《招标投标法》第三十三条的规定,禁止投标人以低于其自身完成投标项目所需的成本的报价进行投标竞争。法律做出这一规定的主要目的有二:一是为了避免出现投标人在以低于成本的报价中标后,再以粗制滥造、偷工减料等违法手段不正当地降低成本,挽回其低价中标的损失,给工程质量造成危害；二是为了维护正常的投标竞争秩序，防止产生投标人以低于其成本的报价进行不正当竞争，损害其他以合理报价进行竞争的投标人的利益。至于对"低于成本的报价"的判定，在实践中是比较复杂的问题，需要根据每个投标人的不同情况加以确定。

复 习 思 考 题

1. 简述项目前期策划的原则。
2. 简述项目前期策划的内容。
3. 简述项目建议书的审批权限。
4. 简述项目可行性研究报告的内容。
5. 简述项目评估的主要内容。
6. 简述项目管理策划的主要内容。
7. 简述招标的方式有哪些。

第四章 工程项目目标控制

本章学习目标

通过本章的学习，读者应能：

(1) 了解进度控制的基本概念。

(2) 掌握进度控制的基本方法。

(3) 了解横道图进度计划的编制方法；熟悉双代号网络计划图。

(4) 掌握工程网络计划编制方法。

(5) 了解成本控制的基本概念；掌握成本计划的编制方法及成本控制的方法。

(6) 了解质量控制的基本概念；熟悉质量管理体系；熟悉质量影响因素。

(7) 掌握质量控制的基本原理。

(8) 掌握常见的工程质量统计方法。

第一节 工程项目目标控制原理

控制工作是管理人员检查组织实际运作是否按照预定计划、标准和方法进行，发现偏差，分析原因，采取措施确保组织目标实现的过程。计划和控制是同一个事物的两个方面，二者有密不可分的关系。一方面，计划是控制的指导，指出了期望的结果，没有计划和目标，就不知道控制什么，也不会知道怎么控制；另一方面，控制是组织活动与计划一致的保证，是计划信息的来源，有计划而没有控制人们可能知道自己干了什么，但无法知道自己干得怎样，存在哪些问题，哪些地方需要改进。事实上，计划越明确、全面和完整，控制效果也就越好；控制越是科学、有效，计划也就越容易得到实施。

由于项目管理的核心任务是项目的目标控制，因此按项目管理学的基本理论，没有明确目标的建设工程不是项目管理的对象。在工程实践意义上，如果一个建设项目没有明确的进度目标、没有明确的投资（成本）目标和没有明确的质量目标，就没有必要进行管理，也无法进行定量的目标控制。

一、目标控制的基本概念

1. 基本概念

目标控制是工程项目管理的重要职能之一。控制通常是指管理人员按照事先制定的计划和标准，检查和衡量被控对象在实施过程中所取得的成果，并采取有效措施纠正所发生的偏差，以保证计划目标得以实现的管理活动。由此可见，实施控制的前提是确定合理的目标和制定科学的计划，继而进行组织设置和人员配备，并实施有效地领导。计划一旦开始执行，就必须进行控制，以检查计划的实施情况。当发现实施过程有偏离时，应分析偏离计划的原因，确定应采取的纠正措施，并采取纠正行动。在纠正偏差的行动中，继续进行实施情况的检查，如此循环，直至工程项目目标实现为止，从而形成一个反复循环的动态控制过程。图 4 - 1 为目标动态控制原理图。

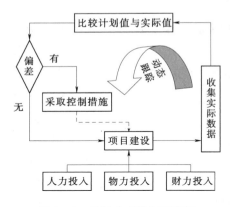

图 4 - 1　目标动态控制原理图

目标控制是一个动态的控制过程，其工作步骤如下：

（1）在项目实施的各阶段正确确定计划值。

（2）准确、完整、及时地手机实际数据。

（3）做计划值与实际值的动态跟踪比较。

（4）当发生偏离时，分析产生偏离的原因，采取纠偏措施。

2. 质量、投资（成本）、进度控制目标的关系

项目管理的核心任务是项目的目标控制，因此按项目管理学的基本理论，没有明确目标的建设工程不是项目管理的对象。在工程实践意义上，如果一个建设项目没有明确的进度目标、没有明确的投资（成本）目标和没有明确的质量目标，就没有必要进行管理，也无法进行定量的目标控制。

项目的进度目标、投资（成本）目标和质量目标之间既有矛盾的一面，也有统一的一面，它们之间的关系是对立的统一关系。要加快进度往往需要增加投资，欲提高质量往往也需要增加投资，过度地缩短进度会影响质量目标的实现，这都表现了目标之间关系矛盾的一面；但通过有效的管理，在不增加投资的前提下，也可缩短工期和提高工程质量，这反映了目标之间关系统一的一面。明确了项目的进度、投资（成本）、质量三项控制目标之间的相互关系，就能正确地进行工程项目的目标控制工作。

二、控制的基本类型

由于控制方式和方法的不同，控制可分为多种类型。归纳起来，控制可分为两大类，即主动控制和被动控制。

1. 主动控制

主动控制就是预先分析目标偏离的可能性，并拟订和采取各项预防性措施，以使计划目标得以实现。实施主动控制，可以采取以下措施：

（1）详细调查并分析研究外部环境条件，以确定影响目标实现和计划实施的各种有利和不利因素，并将这些因素考虑到计划和其他管理职能之中。

（2）识别风险，努力将各种影响目标实现和计划实施的潜在因素揭示出来，为风险分析和管理提供依据，并在计划实施过程中做好风险管理工作。

（3）用科学的方法制订计划。做好计划可行性分析，消除那些造成资源不可行、技术不可行、经济不可行和财务不可行的各种错误和缺陷，保障工程项目的实施能够有足够的时间、空间、人力、物力和财力，并在此基础上力求使计划得到优化。事实上，计划制定得越明确、完善，就越能设计出有效的控制系统，也就越能使控制产生更好的效果。

（4）高质量地做好组织工作，使组织与目标和计划高度一致，把目标控制的任务与管理职能落实到适当的机构和人员，做到职权与职责明确，使全体成员能够通力协作，为共

同实现目标而努力。

（5）制定必要的备用方案，以对付可能出现的影响目标或计划实现的情况。一旦发生这些情况，因有应急措施做保障，从而可以减少偏离量，或避免发生偏离。

（6）计划应有适当的松弛度，即"计划应留有余地"。这样，可以避免那些经常发生但又不可避免的干扰因素对计划产生影响，减少"例外"情况产生的数量，从而使管理人员处于主动地位。

（7）沟通信息流通渠道，加强信息收集、整理和研究工作，为预测工程未来发展状况提供全面、及时、可靠的信息。

2. 被动控制

被动控制是指当系统按计划运行时，管理人员对计划的实施进行跟踪，将系统输出的信息进行加工、整理，再传递给控制部门，使控制人员从中发现问题，找出偏差，寻求并确定解决问题和纠正偏差的方案，然后再回送给计划实施系统付诸实施，使得计划目标一旦出现偏离就能得以纠正。被动控制是一种十分重要的控制方式，而且是经常采用的控制方式。被动控制可以采取以下措施：

（1）应用现代化管理方法和手段跟踪、测试、检查工程实施过程，发现异常情况，及时采取纠偏措施。

（2）明确项目管理组织中过程控制人员的职责，发现情况及时采取措施进行处理。

（3）建立有效的信息反馈系统，及时反馈偏离计划目标值的情况，以便及时采取措施予以纠正。

3. 主动控制与被动控制的关系

对项目管理人员而言，主动控制与被动控制都是实现项目目标所必须采用的控制方式。有效地控制是将主动控制与被动控制紧密地结合起来，力求增加主动控制在控制过程中的比例，同时进行定期、连续的被动控制。只有如此，才能完成项目目标控制的根本任务。

三、控制的基本程序

在控制过程中，都要经过投入、转换、反馈、对比、纠偏等基本环节。如果缺少这些基本环节中的某一个，动态控制过程就不健全，就会降低控制的有效性。

1. 投入

控制过程首先从投入开始。一项计划能否顺利地实现，基本条件是能否按计划所要求的人力、材料、设备、机具、方法和信息等进行投入。计划确定的资源数量、质量和投入的时间是保证计划实施的基本条件，也是实现计划目标的基本保障。因此，要使计划能够正常实施并达到预定目标，就应当保证将质量、数量符合计划要求的资源按规定时间和地点投入到工程建设中。项目管理人员如果能把握住对"投入"的控制，也就把握住了控制的起点要素。

2. 转换

工程项目的实现总是要经由投入到产出的转换过程。正是由于这样的转换，才使投入的人、财、物、方法、信息转变为产出品，如设计图纸、分项（分部）工程、单位工程，最终输出完整的工程项目。在转换过程中，计划的执行往往会受到来自外部环境和内部系统多因素的干扰，造成实际进展情况偏离计划轨道。而这类干扰往往是潜在的，未被人们所预料或人们无法预料的。同时，由于计划本身不可避免地存在着程度不同的问题，因而造成实际输出结果与期望输出结果之间发生偏离。为此，项目管理人员应当做好"转换"过程的控制工作：跟踪了解工程实际进展情况，掌握工程转换的第一手资料，为今后分析偏差原因、确定纠正措施提供可靠依据。同时，对于那些可以及时解决的问题，采取"即时控制"措施，及时纠正偏差，避免"积重难返"。

3. 反馈

反馈是控制的基础工作。对于一项即使认为制定得相当完善的计划，项目管理人员也难以对其运行的结果有百分之百的把握。因为在计划的实施过程中，实际情况的变化是绝对的，不变是相对的。每个变化都会对预定目标的实现带来一定的影响。因此，项目管理人员必须在计划与执行之间建立密切的联系，及时捕捉工程进展信息并反馈给控制部门，为控制服务。

为使信息反馈能够有效地配合控制的各项工作，使整个控制过程流畅地进行，需要设计信息反馈系统。它可以根据需要建立信息来源和供应程序，使每个控制和管理部门都能及时获得所需要的信息。

4. 对比

对比是将实际目标成果与计划目标相比较，以确定是否有偏离。对比工作的第一步是收集工程实施成果并加以分类、归纳，形成与计划目标相对应的目标值，以便进行比较。对比工作的第二步是对比较结果进行分析，判断实际目标成果是否出现偏离。如果未发生偏离或所发生的偏离属于允许范围之内，则可以继续按原计划实施。如果发生的偏离超出允许的范围，就需要采取措施予以纠正。

5. 纠偏

当出现实际目标成果偏离计划目标的情况时，就需要采取措施加以纠正。如果是轻度偏离，通常可采用较简单的措施进行纠偏。如果目标有较偏离时，则需要改变局部计划才能使计划目标得以实现。如果已经确定的计划目标不能实现，那就需要重新确定目标，然后根据新目标制定新计划，使工程在新的计划状态下运行。当然，最好的纠偏措施是把管理的各项职能结合起来，采取系统的办法。这不仅需要在计划上做文章，还要在组织、人员配备、领导等方面做文章。主要使用的纠偏措施如下：

（1）组织措施。分析由于组织的原因而影响项目目标实现的问题，并采取相应的措施，如：调整项目组织结构、任务分工、管理职能分工、工作流程组织、项目管理班子人员等。

（2）管理措施（包括合同措施）。分析因管理原因而影响项目目标实现的问题，并采取相应的措施，如调整进度管理的方法和手段，改变施工管理，强化合同管理等。

（3）经济措施。分析因经济原因而影响项目目标实现的问题，并采取相应的措施，如落实加快工程施工进度所需的资金等。

（4）技术措施。分析由于设计或施工技术原因而影响项目目标实现的问题，并采取相应的措施，如调整设计、改进施工方法和改变施工机具等。

总之，每一次控制循环结束都有可能使工程呈现出一种新的状态，或者是重新修订计划，或者是重新调整目标，使其在这种新状态下继续开展。

第二节　工程项目进度控制

一、工程项目进度控制的基本概念

建设工程项目的进度控制是指对工程项目各建设阶段的工作内容、工作程序、持续时间和逻辑关系编制计划，将该计划付诸实施，在实施过程中检查实际进度是否按计划要求进行，对出现的偏差分析原因，采取补救措施或调整、修改原计划，直至工程竣工，交付使用。进度控制的最终目标是确保进度目标的实现。

建设工程项目是在动态条件下实施的，因此进度控制也就必须是一个动态的管理过程。包括以下步骤：

（1）进度目标的分析和论证，其目的是论证进度目标是否合理，进度目标有否可能实现。如果经过科学的论证，目标不可能实现，则必须调整目标。

（2）在收集资料和调查研究的基础上编制进度计划。

（3）进度计划的跟踪检查与调整；它包括定期跟踪检查所编制进度计划的执行情况，若其执行有偏差，则采取纠偏措施，并视必要调整进度计划。

进度控制的目的是通过控制以实现工程的进度目标。如只重视进度计划的编制，而不重视进度计划必要的调整，则进度无法得到控制。为了实现进度目标，进度控制的过程也就是随着项目的进展，进度计划不断调整的过程。

建设工程项目管理有多种类型，代表不同利益方的项目管理（业主方和项目参与各方）都有进度控制的任务，但是，其控制的目标和时间范畴并不相同。

业主方进度控制的任务是控制整个项目实施阶段的进度，包括控制设计准备阶段的工作进度、设计工作进度、施工进度、物资采购工作进度，以及项目启动前准备阶段的工作进度。

设计方进度控制的任务是依据设计任务委托合同对设计工作进度的要求控制设计工作进度，这是设计方履行合同的义务。另外，设计方应尽可能使设计工作的进度与招标、施工和物资采购等工作进度相协调。在国际上，设计进度计划主要是各设计阶段的设计图纸（包括有关的说明）的出图计划，在出图计划中标明每张图纸的名称、图纸规格、负责人和出图日期。出图计划是设计方进度控制的依据，也是业主方控制设计进度的依据。

施工方进度控制的任务是依据施工任务委托合同对施工进度的要求控制施工进度，这是施工方履行合同的义务。在进度计划编制方面，施工方应视项目的特点和施工进度控制的需要，编制深度不同的控制性、指导性和实施性的施工进度计划，以及按不同计划周期（年度、季度、月度和旬）的施工计划等。在工程项目管理中，施工方是工程实施的一个重要参与方，许许多多的工程项目，特别是大型重点建设工程项目，工期要求十分紧迫，施工方的工程进度压力非常大。数百天的连续施工，一天两班制施工，甚至24h连续施工时有发生。不是正常有序地施工，而盲目赶工，难免会导致施工质量问题和施工安全问题的出现，并且会引起施工成本的增加。因此，施工进度控制并不仅关系到施工进度目标能否实现，它还直接关系到工程的质量和成本。在工程施工实践中，必须树立和坚持一个最基本的工程管理原则，即在确保工程质量的前提下，控制工程的进度。

供货方进度控制的任务是依据供货合同对供货的要求控制供货进度，这是供货方履行合同的义务。供货进度计划应包括供货的所有环节，如采购、加工制造、运输等。

二、横道图进度计划的编制方法

横道图进度计划方法自 19 世纪由美国人亨利·劳伦斯·甘特（Henry Laurence Gantt，1861—1919）首创以来，至今仍被广泛应用，它是建设工程中应用最广、历时最长的进度计划表现形式。横道图的横向线条结合时间坐标，来表达各个工作的起讫时间、先后顺序、持续时间、总工期以及流水作业的情况，对各种资源的计算也便于从图上进行叠加。这种计划形式比较容易鉴别，表达简明，直观易懂。

由于横道图进度计划法具有简单、直观、容易掌握等优点，尽管有许多新的计划技术，它在建设领域中的应用仍非常普遍。但是，横道图进度计划法也存在一些问题，如：工序（工作）之间的逻辑关系可以设法表达，但不易表达清楚；没有通过严谨的进度计划时间参数计算，不能确定计划的关键工作、关键路线与时差；计划调整只能用手工方式进行，其工作量较大；难以适应大的进度计划系统等。

利用横道图法可进行施工进度的比较分析。横道图比较法，是指在项目施工中检查实际进度收集的信息，经整理后直接用横道线并列标于原计划的横道线下方，进行直观比较的方法。通过记录实际进度数据，并与计划进度进行比较，为进度控制者提供实际施工进度与计划进度之间的偏差，为采取调整措施提供了明确的任务。这是人们施工中进行施工项目进度控制常用的一种最简单、最熟悉的方法。

通常横道图的表头为工作及其简要说明，项目进展表示在时间表格上，如图 4 - 2 所示。按照所表示工作的详细程度，时间单位可以为小时、天、周、月等。根据此横道图使用者的要求，工作可按照时间先后、责任、项目对象、同类资源等进行排序。

三、工程网络计划的编制方法

20 世纪 50 年代后期，随着科学技术的不断进步，项目规模日益扩大，为了适应现代化生产的组织管理和科学研究的需要，国外陆续采用了一些计划管理的新方法，网络计划技术就是其中之一。

1957 年美国的杜邦公司成功地开发出一种面向计算机描述工程项目的方法——关键线路法（critical path method，CPM），从而开创了计算机辅助网络计划工程管理的先河，同时也奠定了网络法工程管理的基础。这种方法很好地反映了一个项目中错综复杂的工作关系，便于统筹安排众多单位与工作环节，实现资源的合理使用。

1958 年，美国海军军械局为了发展北极星导弹潜艇计划而创造了计划评审技术（program evaluation and review technique，PERT）。该项目运用网络方法，将研制导弹过程中各种合同进行综合权衡，有效地协调了成百上千个承包商的关系，而且提前完成了任务，并在成本控制上取得了显著的效果。阿波罗登月计划也是运用 PERT 法取得成功的一个著名实例。

20 世纪 60 年代中期，华罗庚教授将网络计划法引入我国。由于网络计划法具有统筹兼顾、合理安排的思想，所以华罗庚教授称其为统筹法。在华教授的倡导下，网络计划技术在各行业，尤其是建设工程领域得到了广泛推广和应用，一些大型工程应用网络计划技

序号	工作名称	持续时间/d	开始日期/(年-月-日)	完成日期/(年-月-日)	紧前工作	一月	二月	三月	四月	五月	六月
1	基础完	0	2010-12-28	2010-12-28							
2	预制柱	35	2010-12-28	2011-02-14	1						
3	预制屋架	20	2010-12-28	2011-01-24	1						
4	预制楼梯	15	2010-12-28	2011-01-17	1						
5	吊装	30	2011-02-15	2011-03-28	2,3,4						
6	砌砖墙	20	2011-03-29	2011-04-25	5						
7	屋面找平	5	2011-03-29	2011-04-04	5						
8	钢窗安装	4	2011-04-19	2011-04-22	6SS+15d						
9	二毡三油一砂	5	2011-04-05	2011-04-11	7						
10	外粉刷	20	2011-04-25	2011-05-20	8						
11	内粉刷	30	2011-04-25	2011-06-03	8,9						
12	油漆、玻璃	5	2011-06-06	2011-06-10	10,11						
13	竣工	0	2011-06-10	2011-06-10	12						

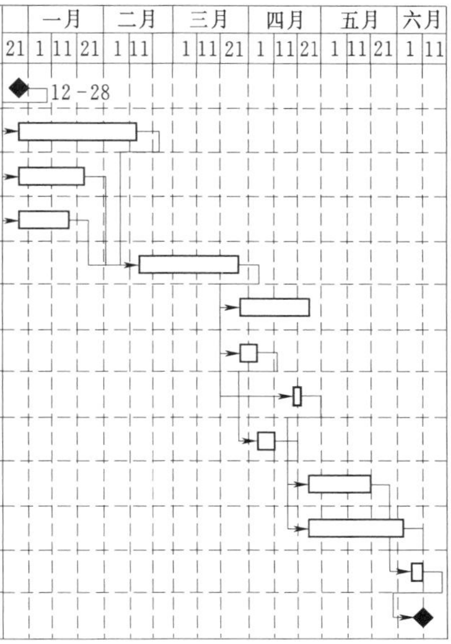

图 4-2　工程项目进度控制横道图

术取得了良好的效果。80 年代初，全国各地建筑行业相继成立了研究和推广工程网络计划技术的组织机构。

在本章中，我们主要介绍双代号网络计划的编制方法及其应用。

（一）双代号网络计划的基础知识

1. 基本概念

双代号网络图是以箭线及其两端节点的编号表示工作的网络图，如图 4-3 所示。

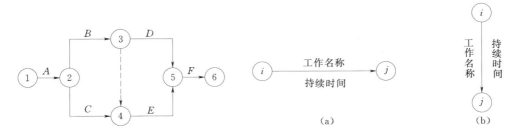

图 4-3　双代号网络图　　　　图 4-4　双代号网络图工作的表示方法

（1）箭线（工作）。工作是泛指一项需要消耗人力、物力和时间的具体活动过程，也称工序、活动、作业。双代号网络图中，每一条箭线表示一项工作，如图 4-4 所示。

在双代号网络图中，任意一条实箭线都要占用时间，并多数要消耗资源。为了正确地表达图中工作之间的逻辑关系，往往需要应用虚箭线。虚箭线是实际工作中并不存在的一项虚设工作，故它们既不占用时间，也不消耗资源，一般起着工作之间的联系、区分和断路等三个作用。

在双代号网络图中，通常将工作用 $i-j$ 工作表示。紧排在本工作之前的工作称为紧前工作，紧排在本工作之后的工作称为紧后工作，与之平行进行的工作称为平行工作。

（2）节点（又称结点、事件）。节点是网络图中箭线之间的连接点。在时间上，节点表示指向某节点的工作全部完成后该节点后面的工作才能开始的瞬间，它反映前后工作的交接点。网络图中有起点节点、终点节点和中间节点等三个类型的节点。

（3）线路。网络图中从起始节点开始，沿箭头方向顺序通过一系列箭线与节点，最后达到终点节点的通路称为线路。在一个网络图中可能有很多条线路，线路中各项工作持续时间之和就是该线路的长度，即线路所需要的时间。一般网络图有多条线路，可依次用该线路上的节点代号来记述。

在各条线路中，有一条或几条线路的总时间最长，称为关键路线，一般用双线或粗线标注。其他线路长度均小于关键线路，称为非关键线路。

（4）逻辑关系。网络图中，工作之间相互制约或相互依赖的关系称为逻辑关系，它包括工艺关系和组织关系，在网络中均应表现为工作之间的先后顺序。

2. 双代号网络图的绘制规则

（1）双代号网络图必须正确表达已确定的逻辑关系。表 4-1 为网络图中常见的工作逻辑关系表示方法。

表 4-1　　　　　　　　　　**网络图中常见的工作逻辑关系表示方法**

序号	工作之间的逻辑关系	网络图中的表达方法
1	A 完成后进行 B B 完成后进行 C	
2	A 完成后同时进行 B 和 C	
3	A、B 均完成后进行 C	
4	A、B 均完成后同时进行 C 和 D	
5	A 完成后进行 C A、B 均完成后进行 D	
6	A 与 D 同时开始，B 为 A 的紧后工作	

续表

序号	工作之间的逻辑关系	网络图中的表达方法
7	A、B 均完成后，D 才开始；A、B、C 均完成后，E 才开始；D、E 完成后，F 才开始	
8	A 结束后，B、C、D 才开始；B、C、D 结束后，E 才开始	
9	A、B 完成后，D 才能开始；B、C 完成后，E 才能开始	
10	A、B、C 为最后三项工作，即 A、B、C 无紧后作业（有三种可能情况）	

（2）在网络图中不允许出现相同编号的箭线。如图 4-5 所示，（a）图中出现两个相同编号的箭线，这在双代号网络图中是不允许的，正确的表示方法为（b）。

（3）双代号网络图中，不允许出现循环回路。所谓循环回路是指从网络图中的某一个节点出发，顺着箭线方向又回到了

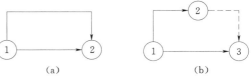

图 4-5 出现相同编号箭线的网络计划图

65

原来出发点的线路。如图 4-6 所示，（a）图中，从节点②出发经过节点③和节点⑤又回到节点②，出现了循环回路，这在双代号网络图中是不允许的，正确的表示方法为（b）。

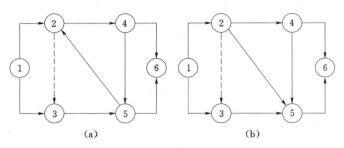

图 4-6 出现循环回路的网络计划图

（4）在同一个网络图中，同一项工作不能出现两次。如图 4-7 所示，工作 F 在同一网络图中出现了 2 次，这在双代号网络图中是不允许的，正确的表示方法为（b）。

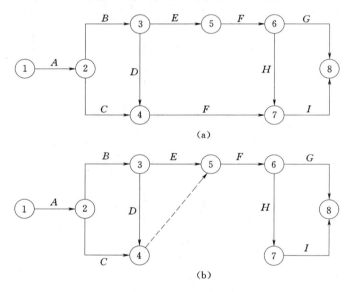

图 4-7 出现相同工作的网络计划图

（5）双代号网络图中，在节点之间不能出现带双向箭头或无箭头的连线。如图 4-8 所示，图（a）出现双向箭头，图（b）无箭头，这在双代号网络图中是不允许的，正确的表示方法为（c）。

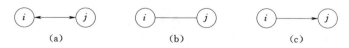

图 4-8 出现双向箭头和无箭头的网络计划图

（6）双代号网络图中，不能出现没有箭头节点或没有箭尾节点的箭线。如图 4-9 所示，图（a）没有箭头结点，图（b）没有箭尾节点，这在双代号网络图中是不允许的。

（7）双代号网络图中，只允许出现一个网络起始节点和一个网络结束节点。如图 4-

图 4-9 无箭头节点和无箭尾节点的网络计划图

10 所示，图（a）出现两个起始节点，这在双代号网络图中是不允许的，正确的表示方法为图（b）。

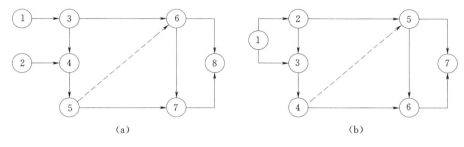

图 4-10 出现多个起始节点的网络计划图

（8）双代号网络图中，当某些节点有多条外向箭线或多条内向箭线时，为使图形简洁，可用母线法绘制，但应满足一项工作用一条箭线和相应的一对节点表示。如图 4-11 所示。

（9）绘制网络图时，箭线不宜交叉，当交叉不可避免时，可用暗桥法或断线法。如图 4-12 所示。

（10）双代号网络图应条理清楚，布局合理。例如，网络图中的工作箭线不宜画成任意方向或曲线形状，尽可能用水平线

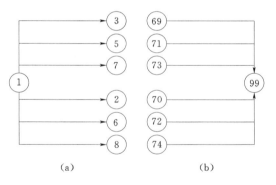

图 4-11 母线画法

或斜线；关键线路、关键工作尽可能安排在图面中心位置，其他工作分散在两边；避免倒回箭头等。

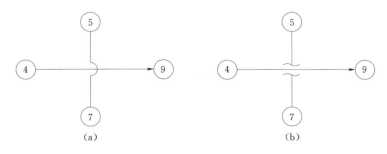

图 4-12 交叉箭线的处理方法

3. 双代号网络图编号规则

绘制出完整的网络图后，要对所有节点进行编号。一项工作应当只有唯一的一条箭线和相应的一对节点，要求箭尾节点编号小于箭头节点的编号，即 $i<j$。网络图节点的编号顺序应从小到大，可不连续，但不允许重复。

一般的编号方法为网络图的第一个节点编号为 1，其他节点编号按自然数从小到大一次连续编排，最后一个节点的编号就是网络图节点的个数，有时也采取不连续的编号方法以留出备用节点号。

4. 双代号网络图绘制步骤

(1) 找出所有工作的紧后工作。

(2) 按照顺序进行绘制，有 2 个以上（包括 2 个）紧后工序的工作，都要用虚箭线引出来。

(3) 绘制出所有的工作。

(4) 去掉不必要的虚箭线（只要是某个节点的前后只有一个虚工作和一个实工作时）。

(5) 草图成型。

(6) 修改图形，成规则状。

(二) 双代号网络计划时间参数计算

网络计划指在网络图上标注时间参数而编制的进度计划。网络计划的时间参数是确定工程计划工期、确定关键线路、关键工作的基础，也是判定非关键工作机动时间和进行优化、计划管理的依据。

1. 双代号网络计划时间参数及其含义

双代号网络计划的时间参数分为如下 3 类：

(1) 工作的时间参数。

1) 最早开始时间（early start），一般用 ES_{i-j} 表示，是指在各紧前工作全部完成后，工作 $i-j$ 有可能开始的最早时刻。

2) 最早完成时间（early finish），一般用 EF_{i-j} 表示，是指在各紧前工作全部完成后，工作 $i-j$ 有可能完成的最早时刻。

3) 最迟开始时间（late start），一般用 LS_{i-j} 表示，是指在不影响整个任务按期完成的前提下，工作 $i-j$ 必须开始的最迟时刻。

4) 最迟完成时间（late finish），一般用 LF_{i-j} 表示，是指在不影响整个任务按期完成的前提下，工作 $i-j$ 必须完成的最迟时刻。

5) 总时差（total float），一般用 TF_{i-j} 表示，是指在不影响总工期的前提下，工作 $i-j$ 可以利用的机动时间。

6) 自由时差（free float），一般用 FF_{i-j} 表示，是指在不影响其紧后工作最早开始的前提下，工作 $i-j$ 可以利用的机动时间。

7) 工作的持续时间，一般用 D_{i-j} 表示，是指一项工作从开始到完成的时间。

(2) 节点的时间参数。

1) 节点的最早时间（early event time），一般用 ET_i 表示，是指节点（也称为事件）的最早可能发生时间。

2）节点的最迟时间（late event time），一般用 LT_i 表示，是指在不影响工期的前提下，节点的最迟发生时间。

（3）网络计划的工期。

1）计算工期（T_c），是指通过计算求得的网络计划的工期。

2）计划工期（T_p），是指完成网络计划的计划（打算）工期。

3）要求工期（T_r），是指合同规定或业主要求、企业上级要求的工期。

当已规定了要求工期 T_r 时，$T_p \leqslant T_r$；

当未规定要求工期 T_r 时，可令计划工期等于计算工期：$T_p = T_c$。

2. 按工作计算法计算时间参数

工作计算法是指以网络计划中的工作为对象，直接计算各项工作的时间参数。计算程序如下：

（1）工作最早开始时间（ES_{i-j}）的计算。工作的最早开始时间应从网络计划的起点节点开始，顺着箭线方向从左向右依次逐项计算，直到终点节点为止。必须先计算其紧前工作，然后再计算本工作。

以网络计划起点节点为开始节点的工作的最早开始时间，如无规定时，其值等于零。如网络计划起点节点代号为 i，则

$$ES_{i-j} = 0 \ (i = 1)$$

其他工作的最早开始时间等于其紧前工作的最早开始时间加上该紧前工作的持续时间所得之和的最大值，即

当工作 $i-j$ 与其紧前工作 $h-i$ 之间无虚工作时，有多项工作时取最大值：

$$ES_{i-j} = \max \ \{ES_{h-i} + D_{h-i}\}$$

或

$$ES_{i-j} = \max\{EF_{h-i}\}$$

当工作 $i-j$ 通过虚工作 $h-i$ 与其紧前工作 $g-h$ 相连时，有多项工作时取最大值：

$$ES_{i-j} = \max\{ES_{g-h} + D_{g-h}\}$$

式中：ES_{h-i}（ES_{g-h}）为工作 $i-j$ 的紧前工作 $h-i$（$g-h$）的最早开始时间；D_{h-i}（D_{g-h}）为做 $i-j$ 的紧前工作 $h-i$（$g-h$）的工作历时。

（2）工作最早完成时间的计算。工作最早完成时间等于其最早开始时间与该工作持续时间之和。工作 $i-j$ 早完成时间以 EF_{i-j} 表示，即

$$EF_{i-j} = ES_{i-j} + D_{i-j}$$

（3）网络计划计算工期的确定。

1）计算工期（T_c）。网络计划的计算工期等于所有无紧后工作的工作的最早完成时间的最大值，即

$$T_c = \max \ \{ES_{i-n} + D_{i-n}\}$$

或

$$T_c = \max\{EF_{i-n}\}$$

2）计划工期（T_p）。网络计划的计划工期要分两种情况确定，即：

当工期无要求时，可令

$$T_p = T_c$$

当工期有要求时，令

$$T_p \leqslant T_r$$

（4）工作最迟完成时间的计算。工作的最迟完成时间应从网络计划的终点节点开始，逆着箭线方向从右向左依次进行计算，直到起点节点为止。必须先计算其紧后工作，然后再计算本工作。

以网络计划终点节点 n 为完成节点的工作的最迟完成时间，即

$$LF_{i-n} = T_p$$

其他工作的最迟完成时间等于其紧后工作的最迟完成时间与该紧后工作的工作历时之差的最小值，即

当工作 $i-j$ 与其紧后工作 $j-k$ 之间无虚工作时，有多项工作时取最小值：

$$LF_{i-j} = \min\{LF_{j-k} - D_{j-k}\}$$

当工作 $i-j$ 通过虚工作 $j-k$ 与其紧后工作 $k-l$ 相连时，有多项工作时取最小值：

$$LF_{i-j} = \min\{LF_{k-l} - D_{k-l}\}$$

式中：$LF_{j-k}(LF_{k-l})$ 为工作 $i-j$ 的紧后工作 $j-k(k-l)$ 的最迟完成时间；$D_{j-k}(D_{k-l})$ 为工作 $i-j$ 的紧后工作 $j-k(k-l)$ 的工作历时。

（5）工作最迟开始时间的计算。工作最迟开始时间等于其最迟完成时间与该工作工作历时之差，以 LS_{i-j} 表示，即

$$LS_{i-j} = LF_{i-j} - D_{i-j}$$

（6）工作总时差的计算。工作总时差是在不影响工期的前提下，一项工作所拥有的机动时间的极限值，以 TF_{i-j} 表示。

根据含义，工作总时差应按下式计算：

$$TF_{i-j} = LS_{i-j} - ES_{i-j} = LF_{i-j} - EF_{i-j}$$

（7）工作自由时差的计算。工作自由时差是指在不影响其紧后工作最早开始时间的前提下可以机动的时间，以 FF_{i-j} 表示。这时工作活动的时间范围被限制在本身最早开始时间与其紧后工作的最早开始时间之间，从这段时间中扣除本身的工作历时后，所剩余时间的最小值，即为自由时差。

根据含义，工作自由时差应按以下公式计算：

当工作 $i-j$ 与其紧后工作 $j-k$ 之间无虚工作时：

$$FF_{i-j} = \min\{ES_{j-k} - EF_{i-j}\}$$

当工作 $i-j$ 通过虚工作 $j-k$ 与其紧后工作 $k-l$ 相连时：

$$FF_{i-j} = \min\{ES_{k-l} - EF_{i-j}\}$$

式中：$ES_{j-k}(EF_{i-j})$ 为工作 $i-j$ 的紧后工作 $j-k(k-l)$ 的最早开始时间和最早完成时间。

注：工作的自由时差是该工作总时差的一部分，当其总时差为零时，其自由时差也必然为零。

（8）工作计算法的图上标注的方式。工作计算法一般直接在图上进行标注，计算结果标注在箭线之上，标注方式（即六时标形式）如下：

$$\frac{ES_{i-j} \mid LS_{i-j} \mid TF_{i-j}}{EF_{i-j} \mid LF_{i-j} \mid FF_{i-j}}$$

工作名称

$i \xrightarrow{\qquad\qquad\qquad} j$

D_{i-j}

【例 4-1】 已知某工程项目进度网络计划如图 4-13 所示，试计算其工作的时间参数。

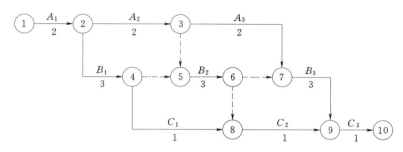

图 4-13 双代号网络计划

解：

（1）计算工作最早开始时间。按公式，从网络计划的起点节点开始，自左向右顺箭头方向依次计算，得

$$ES_{1-2} = 0$$
$$ES_{2-3} = \max\{ES_{1-2} + D_{1-2}\} = 0 + 2 = 2$$
$$ES_{2-4} = \max\{ES_{1-2} + D_{1-2}\} = 0 + 2 = 2$$
$$ES_{3-7} = \max\{ES_{2-3} + D_{2-3}\} = 2 + 2 = 4$$
$$ES_{4-8} = \max\{ES_{2-4} + D_{2-4}\} = 2 + 3 = 5$$
$$ES_{5-6} = \max\left\{\begin{array}{l}ES_{2-3} + D_{2-3} \\ ES_{2-4} + D_{2-4}\end{array}\right\} = \max\left\{\begin{array}{l}2+2 \\ 2+3\end{array}\right\} = 5$$
$$ES_{7-9} = \max\left\{\begin{array}{l}ES_{3-7} + D_{3-7} \\ ES_{5-6} + D_{5-6}\end{array}\right\} = \max\left\{\begin{array}{l}4+2 \\ 5+3\end{array}\right\} = 8$$
$$ES_{8-9} = \max\left\{\begin{array}{l}ES_{5-6} + D_{5-6} \\ ES_{4-8} + D_{4-8}\end{array}\right\} = \max\left\{\begin{array}{l}5+3 \\ 5+1\end{array}\right\} = 8$$
$$ES_{9-10} = \max\left\{\begin{array}{l}ES_{7-9} + D_{7-9} \\ ES_{8-9} + D_{8-9}\end{array}\right\} = \max\left\{\begin{array}{l}8+3 \\ 8+1\end{array}\right\} = 11$$

（2）计算工作的最早完成时间。按公式，从网络计划的起点节点开始，自左向右顺箭头方向依次计算，得

$$EF_{1-2} = ES_{1-2} + D_{1-2} = 0 + 2 = 2 \qquad EF_{2-3} = ES_{2-3} + D_{2-3} = 2 + 2 = 4$$
$$EF_{2-4} = ES_{2-4} + D_{2-4} = 2 + 3 = 5 \qquad EF_{3-7} = ES_{3-7} + D_{3-7} = 4 + 2 = 6$$
$$EF_{4-8} = ES_{4-8} + D_{4-8} = 5 + 1 = 6 \qquad EF_{5-6} = ES_{5-6} + D_{5-6} = 5 + 3 = 8$$
$$EF_{7-9} = ES_{7-9} + D_{7-9} = 8 + 3 = 11 \qquad EF_{8-9} = ES_{8-9} + D_{8-9} = 8 + 1 = 9$$

$$EF_{9-10} = ES_{9-10} + D_{9-10} = 11 + 1 = 12$$

（3）按公式，计算网络计划的计算工期，得

$$T_c = \max\{ES_{9-10} + D_{9-10}\} = 11 + 1 = 12$$

（4）由于无工期要求，故计划工期按公式确定，得

$$T_p = T_c = 12$$

（5）计算工作的最迟完成时间。按公式，从网络计划的终点节点开始，自右向左逆箭头方向依次计算，得

$$LF_{9-10} = T_p = 12$$

$$LF_{8-9} = \min\{LF_{9-10} - D_{9-10}\} = 12 - 1 = 11$$

$$LF_{7-9} = \min\{LF_{9-10} - D_{9-10}\} = 12 - 1 = 11$$

$$LF_{5-6} = \min\begin{Bmatrix} LF_{8-9} - D_{8-9} \\ LF_{7-9} - D_{7-9} \end{Bmatrix} = \min\begin{Bmatrix} 11 - 1 \\ 11 - 3 \end{Bmatrix} = 8$$

$$LF_{4-8} = \min\{LF_{8-9} - D_{8-9}\} = 11 - 1 = 10$$

$$LF_{3-7} = \min\{LF_{7-9} - D_{7-9}\} = 11 - 3 = 8$$

$$LF_{2-4} = \min\begin{Bmatrix} LF_{5-6} - D_{5-6} \\ LF_{4-8} - D_{4-8} \end{Bmatrix} = \min\begin{Bmatrix} 8 - 3 \\ 10 - 1 \end{Bmatrix} = 5$$

$$LF_{2-3} = \min\begin{Bmatrix} LF_{3-7} - D_{3-7} \\ LF_{5-6} - D_{5-6} \end{Bmatrix} = \min\begin{Bmatrix} 8 - 2 \\ 8 - 3 \end{Bmatrix} = 5$$

$$LF_{1-2} = \min\begin{Bmatrix} LF_{2-3} - D_{2-3} \\ LF_{2-4} - D_{2-4} \end{Bmatrix} = \min\begin{Bmatrix} 5 - 2 \\ 5 - 3 \end{Bmatrix} = 2$$

（6）计算工作的最迟开始时间。按公式，从网络计划的终点节点开始，自右向左逆箭头方向依次计算，得

$$LS_{9-10} = LF_{9-10} - D_{9-10} = 12 - 1 = 11 \qquad LS_{8-9} = LF_{8-9} - D_{8-9} = 11 - 1 = 10$$

$$LS_{7-9} = LF_{7-9} - D_{7-9} = 11 - 3 = 8 \qquad LS_{5-6} = LF_{5-6} - D_{5-6} = 8 - 3 = 5$$

$$LS_{4-8} = LF_{4-8} - D_{4-8} = 10 - 1 = 9 \qquad LS_{3-7} = LF_{3-7} - D_{3-7} = 8 - 2 = 6$$

$$LS_{2-4} = LF_{2-4} - D_{2-4} = 5 - 3 = 2 \qquad LS_{2-3} = LF_{2-3} - D_{2-3} = 5 - 2 = 3$$

$$LS_{1-2} = LF_{1-2} - D_{1-2} = 2 - 2 = 0$$

（7）计算工作总时差。工作的总时差可以从网络计划的任一部位开始，但为了有规律，一般采用从网络计划的起点节点开始自左向右依次计算，得

$$TF_{1-2} = LS_{1-2} - ES_{1-2} = 0 - 0 = 0 \qquad TF_{2-3} = LS_{2-3} - ES_{2-3} = 3 - 2 = 1$$

$$TF_{2-4} = LS_{2-4} - ES_{2-4} = 2 - 2 = 0 \qquad TF_{3-7} = LS_{3-7} - ES_{3-7} = 6 - 4 = 2$$

$$TF_{4-8} = LS_{4-8} - ES_{4-8} = 9 - 5 = 4 \qquad TF_{5-6} = LS_{5-6} - ES_{5-6} = 5 - 5 = 0$$

$$TF_{7-9} = LS_{7-9} - ES_{7-9} = 8 - 8 = 0 \qquad TF_{8-9} = LS_{8-9} - ES_{8-9} = 10 - 8 = 2$$

$$TF_{9-10} = LS_{9-10} - ES_{9-10} = 11 - 11 = 0$$

（8）计算工作的自由时差。工作的自由时差一般从网络计划的终点节点开始自右向左依次计算，得

$$FF_{9-10} = \{ T_p - ES_{9-10} - D_{9-10} \} = 12 - 11 - 1 = 0$$

$$FF_{8-9} = \min\{ ES_{9-10} - ES_{8-9} - D_{8-9} \} = 11 - 8 - 1 = 2$$

$$FF_{7-9} = \min\{ ES_{9-10} - ES_{7-9} - D_{7-9} \} = 11 - 8 - 3 = 0$$

$$FF_{5-6} = \min \begin{Bmatrix} ES_{7-9} - ES_{5-6} - D_{5-6} \\ ES_{8-9} - ES_{5-6} - D_{5-6} \end{Bmatrix} = \min \begin{Bmatrix} 8 - 5 - 3 \\ 8 - 5 - 3 \end{Bmatrix} = 0$$

$$FF_{4-8} = \min\{ ES_{8-9} - ES_{4-8} - D_{4-8} \} = 8 - 5 - 1 = 2$$

$$FF_{3-7} = \min\{ ES_{7-9} - ES_{3-7} - D_{3-7} \} = 8 - 4 - 2 = 2$$

$$FF_{2-4} = \min \begin{Bmatrix} ES_{4-8} - ES_{2-4} - D_{2-4} \\ ES_{5-6} - ES_{2-4} - D_{2-4} \end{Bmatrix} = \min \begin{Bmatrix} 5 - 2 - 3 \\ 5 - 2 - 3 \end{Bmatrix} = 0$$

$$FF_{2-3} = \min \begin{Bmatrix} ES_{3-7} - ES_{2-3} - D_{2-3} \\ ES_{5-6} - ES_{2-3} - D_{2-3} \end{Bmatrix} = \min \begin{Bmatrix} 4 - 2 - 2 \\ 5 - 2 - 2 \end{Bmatrix} = 0$$

$$FF_{1-2} = \min \begin{Bmatrix} ES_{2-3} - ES_{1-2} - D_{1-2} \\ ES_{2-4} - ES_{1-2} - D_{1-2} \end{Bmatrix} = \min \begin{Bmatrix} 2 - 0 - 2 \\ 2 - 0 - 2 \end{Bmatrix} = 0$$

以上计算的结果，标注在网络计划图上，得到六时标注网络计划图，如图 4-14 所示。

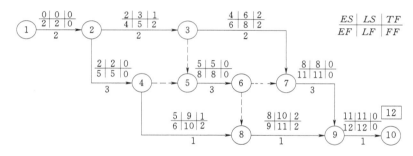

图 4-14　双代号六时标注网络计划图

3. 关键工作与关键线路

根据网络计划的时间参数计算的结果，即可判别关键工作和关键线路：

（1）没有机动时间的工作，即总时差最小的工作为关键工作。

1）当计划工期等于计算工期时，总时差最小值为零的工作为关键工作。

2）当计划工期大于计算工期时，总时差最小值为正的工作为关键工作。

3）当计划工期小于计算工期时，总时差最小值为负的工作为关键工作。

（2）网络计划中自始至终全由关键工作组成的路线，位于该路线上各工作历时之和最大，该条路线为关键路线。

1）网络计划中，至少有一条关键路线，亦可能有多条关键路线。

2）在网络计划上，关键工作和关键线路一般用特殊箭线描述，如粗线、双线、彩色线等。

四、工程项目进度控制工作内容

工程项目进度控制是一项复杂的系统工程，是一个动态的实施过程。通过进度控制，不仅能有效地缩短项目建设周期、减少各个单位和部门之间的相互干扰，而且能更好地落实施工单位各项施工计划，合理使用资源，保证施工项目成本、进度和质量等目标的实现，也为防止或提出施工索赔提供依据。在这里，我们主要讲述工程项目施工阶段进度控制的工作内容。

（一）施工准备阶段进度控制

1. 施工计划工期目标的确定与分解

在施工准备阶段，首先需要根据合同工期等因素，确定工程项目施工的计划工期目标。工期目标确定后，再将其分解为施工全过程的几个阶段性目标。如一般工业项目通常需要考虑全场性准备工作、场地土石方工程、厂房基础与设备基础工程、预制构件工程、机电设备安装工程、设备试运转与扫尾工程、阶段性竣工验收和总竣工验收等几个主要阶段的进度目标。无明确的工期目标，进度控制就无从谈起。在确定工期目标时，应考虑留有适当的余地，使计划工期小于合同工期。

2. 编制施工进度计划

施工进度计划的表达方式有横道图和网络计划图两种，这两种编制方法在前文中已介绍，不再重复。

3. 编制施工准备工作计划和资源需求计划

为确保施工进度计划的顺利实施，还需编制项目开工前的准备工作计划和开工后阶段性准备计划以及各种物资资源需求计划。

4. 编制年、季、月、旬度施工作业计划

对工期较长的工程项目，需将项目总体的进度计划按年、季、月、旬度等划分为若干计划阶段、遵循"远粗近细"的原则编制"滚动式"施工进度计划。在项目施工的每一计划阶段结束时，去掉已完成的施工作业内容，根据计划执行情况和内外部条件的变化情况，调整和修订后续计划，将计划阶段顺序向前推进一段，制定一个新的阶段计划。

5. 制定施工进度控制工作细则

在开工前制定详细的施工进度控制工作细则，是对项目施工进度进行有效控制的重要措施，其主要内容如下：

（1）进度控制人员的确定与分工。

（2）制定进度控制工作流程，如图 4 - 15 所示。

（3）明确进度控制工作方法。如进度检查方法，进度数据收集、统计、整理方法，进度偏差分析与调整方法等。

（4）设置进度控制点。在进度计划实施前要明确哪些事件是对施工进度和工期有重大影响的关键性事件，这些事件是项目施工进度的控制重点。

通过制定施工阶段进度控制的工作细则，明确为了对施工进度实施有效控制，应该和必须做好哪些工作，由谁来做，什么时间做和怎样做等内容。

（二）施工阶段进度控制

施工阶段进度控制是工程项目进度控制的关键，其主要工作内容如下。

1. 施工进度的跟踪检查

在工程项目施工过程中，进度控制人员要通过收集作业层进度报表、召开现场会议和

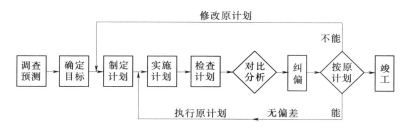

图 4-15　施工进度控制工作流程示意图

亲自检查实际施工进度等方式，随时了解和掌握实际进度情况。

2. 收集、整理和统计有关进度数据

在跟踪检查施工进度过程中，要全面、系统地收集有关进度数据，并经过整理和统计，形成正确反映实际进度情况、便于将实际进度与计划进度进行对比的数据资料。

3. 将实际进度与计划进度进行对比分析

经过对比，分析是否发生了进度偏差，即实际进度与计划进度相比提前或者延后。

4. 分析进度偏差对工期和后续工作的影响

当发生进度偏差后，要进一步分析该偏差对工期和后续工作有无影响，影响到什么程度。

5. 分析是否要进行进度调整

当分析出进度偏差对工期和后续工作的影响后，还要视工期和后续工作是否允许发生这种影响，及允许影响到什么程度来决定是否对施工进度进行调整。

一般从工期控制角度来看，某些工作的实际进度比计划进度提前是有利的。所以进度控制工作的重点是进度发生拖延时，通过分析决定是否需要调整。当然，进度提前过多也会影响到资源供应、资金使用等问题，如果这些条件限制很严格，也需要进行调整。

6. 采取进度调整措施

当明确了必须进行施工进度调整后，还要具体分析产生这种进度偏差的原因，并综合考虑进度调整对工程质量、资源供应和安全生产等因素的影响，确定在后续工作中采取技术上、组织上以及经济上的调整措施。

在组织上，可采取的加快施工进度的措施主要有以下几种：

（1）增加作业面，组织更多的施工队伍。

（2）增加每天施工时间（加班加点或多班制）。

（3）增加作业人数和机械设备数量。

（4）采取平行流水施工、立体交叉作业，以充分利用空间和争取时间。

（5）保证物资资源供应和做好协调工作等。

在技术上，可采取的加快施工进度的措施主要有以下几种：

（1）改进施工工艺技术，缩短工艺技术间歇时间。

（2）采用更先进的施工方法，缩短施工作业时间，减少施工过程的数量。

（3）采用更先进的施工机械，提高施工作业效率。

在经济上，可采取的加快施工进度的措施主要有以下几种：

（1）实行包干奖励，提高奖金数额。

（2）对所采取的技术措施给予相应的经济补偿。

除上述措施外，还可以通过改善外部配合条件，改善劳动条件，加强思想教育和精神鼓励等工作，激发作业层人员的劳动积极性，提高作业效率等。

7. 实施调整后的进度计划

调整后的新计划实施后，重复上述控制过程，直至项目全部完工。

（三）竣工验收、交付使用阶段进度控制

竣工验收、交付使用阶段的工作特点主要是在施工作业方面，大量施工任务已经完成，但还有很长零星琐碎的修补、调试、扫尾、清理等工作要做；在管理业务方面，施工技术指导性工作已基本结束，但却有大量的技术资料汇总整理、竣工检查验收、工程质量等级评定、工程结（决）算、工程项目移交等管理工作要做。这些工作如不抓紧进行，也将影响工程项目的交付期限。这一阶段进度控制工作有以下 3 个方面。

1. 制定竣工验收阶段工作进度计划

在该计划中，要详细列出各项工作的日程安排，并把工作落实到每个人员。

2. 定期检查各项工作进展情况

在检查中如果发现工作有拖延现象，应及时采取必要的调整措施。

3. 整理相关工程进度资料

认真做好进度资料整理工作，进行归类、编目、建档，为今后的工程项目进度控制工作积累经验，同时也为工程决算和索赔提供依据。

五、工程项目进度控制的方法

工程项目施工进度控制方法有多种，我们选择横道图进度计划实施中的控制方法、网络进度计划实施中控制的方法、S 形曲线控制方法和香蕉曲线控制方法进行讲解。

（一）横道图进度计划实施中的控制方法

横道图进度计划具有形象、直观、绘制简单等优点，因此被广泛应用于工程项目施工进度计划的编制。

某项基础工程包括挖土、垫层、基础、回填等四项施工过程，拟分 3 个施工段组织流水施工，各施工过程在每一施工段上的作业时间见表 4-2。

表 4-2　　　　　　　　　　某项基础工程作业时间安排

施工过程 ＼ 施工段	Ⅰ	Ⅱ	Ⅲ
挖土	3	3	4
垫层	3	2	2
基础	5	4	5
回填	2	2	2

根据流水施工原理绘制的横道进度计划见表 4-3。

下面结合表 4-3 及表 4-4 说明横道图进度计划实施中的控制步骤和方法。

表 4‑3　　　　　　　　　　　某项基础工程进度计划

施工过程	施工进度计划/d																								备注
	1	2	3	4	5	6	7	8	9	10	11	12	13	14	15	16	17	18	19	20	21	22	23	24	
挖土																									
垫层																									
基础																									
回填																									

表 4‑4　　　　　　　　　　　横道图进度计划

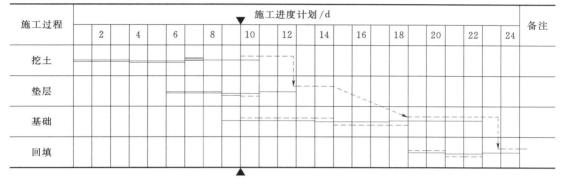

施工过程	施工进度计划/d												备注
	2	4	6	8	10	12	14	16	18	20	22	24	
挖土													
垫层													
基础													
回填													

横道进度计划实施中的控制方法示意图（虚线为第 9 天后的施工进度计划）

1. 标出检查日期

如表 4‑4 下面黑色三角形所示，本例假设在计划实施后的第 9 天下班时检查。

2. 标出已完成的工作

如表 4‑4 中双线所示，本例挖土施工过程已完成了第 Ⅰ、Ⅱ 施工段的全部工作量和第Ⅲ施工段 25％的工作量（正在进行的工作按完成总工作量的百分比表示）。垫层施工过程已完成了第Ⅰ施工段的全部工作量和第Ⅱ施工段 50％的工作量。基础施工过程尚未投入作业。

3. 将实际进度与计划进度进行对比，分析是否出现进度偏差

通过对比分析看出，挖土施工过程已拖后 2 天；垫层施工过程的实际进度刚好与计划进度相同；基础施工过程拖后 1 天。

4. 分析出现的进度偏差对后续工作及工期的影响

在本例中，挖土施工过程拖后 2 天；基础施工过程拖后 1 天。下面分别进行分析：

（1）挖土施工过程与其后续工作的制约关系见表 4‑4 中的虚线所示。该制约关系表明，挖土施工过程拖后 2 天，将会影响垫层施工过程的连续作业，但不会影响工期。

（2）基础施工过程与其后续工作是紧密衔接的，它的拖后必然影响工期。

5. 分析是否需要做出进度调整

本例中，基础施工过程的拖后已影响到工期，若该计划工期不允许拖延，则必须在基础施工过程上加快进度，抢回拖后的 1 天时间；挖土施工过程拖后 2 天不影响计划工期，

从工期角度看，不必调整。但要考虑垫层施工过程是否允许不连续施工，若不允许也要予以调整。

6. 采取进度调整措施

采取技术上、组织上、经济上的措施加快进度。在本例中，可采取让砌基础的工人班组加班加点、多发奖金、计件工作等措施；也可采取让打垫层和挖土工人班组支援砌基础工人班组作业的措施来加快基础施工进度，抢回 1 天时间，使第Ⅲ施工段的基础砌筑作业时间由原来的 5 天缩短为 4 天。进度计划调整后，应重新绘制调整后的进度计划。

7. 实施调整后的进度计划

根据调整后的进度计划，重新调整人力、物力、财力安排方案，进入新一轮控制。

（二）网络进度计划实施中的控制方法

图 4-16 为某工程施工网络进度计划。关键线路为图中粗线所示，工期为 24 天。下面结合该网络图说明网络进度计划实施中的控制步骤和方法。

为对工程项目施工进度实施有效控制，在编制施工网络进度计划时，通常将图 4-16 所示的网络进度计划绘制成图 4-17 所示的时标网络计划。

在网络进度计划实施过程中的控制步骤与方法如下。

1. 标出检查日期

在图 4-17 下边黑色三角所示，本图为施工进行到第 14 天下班时检查。

2. 标出实际进度前锋线

实际进度前锋线是指实际施工进度到达位置的连线。在第 14 天下班时检查发现，基础支模工作 I 完成了 50% 的工作量；梁、柱钢筋制作工作 L 完成了 25% 的工作量；混凝土浇筑工作 M 尚未开始；垫层工作 H 已完成；砌砖工作 J 尚未开始。据此绘出的实际进度前锋线如图 4-17 中点画线所示。在实际进度前锋线左侧的工作均已完成；在实际进度前锋线右侧的工作均未完成。

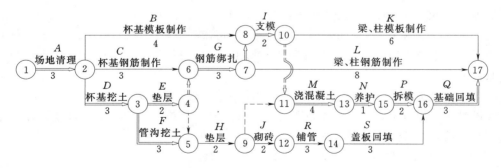

图 4-16　某工程局部施工网络进度计划

3. 将实际进度与计划进度进行对比，分析是否出现进度偏差

本例中，工作 I 已拖后 1 天；工作 L 的实际进度与计划进度相等；工作 J 已拖后 2 天。

4. 分析出现的进度偏差对后续工作和工期的影响

（1）工作 I 拖后 1 天。由于该工作位于关键线路上，若不采取措施予以调整，将使整个工期拖延 1 天，同时也将影响后续工作 K（非关键线路）的最早开始时间。

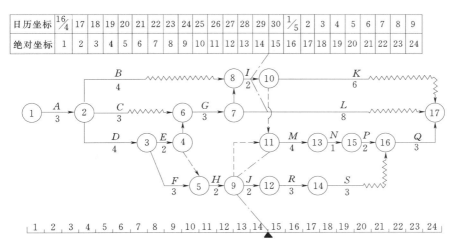

图 4-17 某工程局部施工时标网络计划

（2）工作 J 拖后 2 天。虽然该工作位于非关键线路上，但从图中我们可以看到该工作仅有 1 天的总时差，若不采取措施予以调整，也将会使工期拖延 1 天。

5. 分析是否需要做出进度调整

若该工程项目没有严格规定必须在 24 天内完成，工期可以拖延，则不必调整，只需去掉网络进度计划中已完部分，重新绘制出未完成部分的网络进度计划即可，如图 4-18 所示。

若该工程项目的计划工期不允许拖延，则必须进行调整。

6. 采取进度调整措施

调整时需综合分析增加人力、物力资源的可能性和对工程质量、安全的影响。调整的方法是选择位于关键线路上的某些工作作为调整对象，压缩其作业时间，保证工程项目按原计划工期完成。

本例选择工作 M 和 R 作为调整对象，将其作业时间均压缩 1 天。调整后的网络计划如图 4-19 所示。

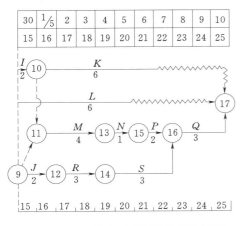

图 4-18 检查后未调整的网络计划

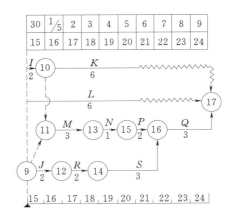

图 4-19 检查调整后的网络计划

79

（三）S形曲线控制方法

S形曲线控制法与横道图进度计划控制方法和网络计划进度控制方法不同，它不是在编制的进度计划上进行实际进度与计划进度的比较，它是以横坐标表示时间进度，纵坐标表示累计完成任务量而绘制出的一条按计划时间累计完成任务量的S形曲线，将施工项目的各检查时间实际完成的任务量与S形曲线进行实际进度与计划进度相比较的一种方法。

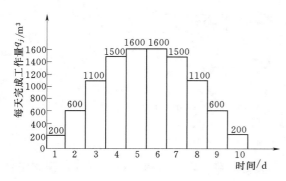

图 4-20　每天完成工程量

就一个具体的工程项目而言，由于在工程项目的实施过程中，开始和结尾阶段，单位时间投入的资源量较少，中间阶段单位时间投入的资源量较多，则单位时间完成的任务量也是同样变化，所以随时间进展累计完成的任务量应该呈S形变化。

我们以一具体实例来说明S形曲线的绘制和控制方法。

【例 4-2】　某混凝土浇筑工程总工程量为 $10000\mathrm{m}^3$，计划 10 天完成，每天完成工程量如图 4-20 所示，试绘制该工程的S形曲线。

1.S形曲线的绘制方法

（1）确定各单位时间完成工程量 q_j 值，$j=1$，2，…，10，结果如表 4-5 所示。

（2）计算到每一单位时间完成工程量 Q_j 值。

$$Q_j = \sum_{t=1}^{j} q_j \quad (j=1,2,\cdots,10)$$

表 4-5　　　　　　　　　　　　　　　完 成 工 程 量 汇 总 表

时间/d	j	1	2	3	4	5	6	7	8	9	10
每天完成量/m³	q_j	200	600	1100	1500	1600	1600	1500	1100	600	200
累计完成量/m³	Q_j	200	800	1900	3400	5000	6600	8100	9200	9800	10000
累计完成百分比/%	μ_j	2	8	19	34	50	66	81	92	98	100

累计完成工程量也可用百分比表示，累计完成工程量百分比为（Q 为总工程量）

$$\mu_j = \frac{Q_j}{Q} \times 100\% \quad (j=1,2,\cdots,10)$$

根据 $(j，Q_j)$ 绘制S形曲线，如图 4-21 所示。

2.S形曲线控制方法

根据绘制出的S形曲线，在施工过程中按下述步骤和方法对施工实际进度进行控制。

（1）标出检查日期。如图 4-22 所示，黑色三角形表示两次检查日期。

（2）绘制出到检查日期为止的工程项目实际进度S形曲线。如图 4-22 所示，a、b 两点即为实际进度S形的到达点。

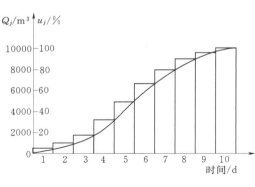

图 4-21　S 形曲线图

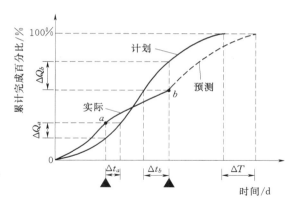

图 4-22　S 形曲线控制图

（3）分析工程量完成情况。图 4-22 中实际进度 S 形曲线上的 a 点位于计划进度 S 形曲线的上方，表明实际进度比计划进度快，工作量超额完成，从 a 点沿垂直方向到计划进度 S 形的距离 ΔQ_a，即为该检查点工作量的超额完成量；实际进度 S 形曲线上的 b 点位于计划进度 S 形曲线的下方，表明实际进度度比计划进度慢，工作量未按原计划完成，从 b 点沿垂直方向到计划进度 S 形曲线的距离 ΔQ_b 即为该检查点工作量欠额完成量。

（4）分析进度超前或延后的时间。同理可得 Δt_a 即为该检查点进度超前时间，Δt_b 即为该检查点进度延后的时间。

（5）项目后期施工进度预测。图 4-22 中实际进度 S 形曲线到达 b 点后，若能保证后期按原计划进度施工，则预测的实际进度 S 形曲线如虚线所示，其中的 ΔT 即为预计的工期延后时间。

（四）香蕉曲线控制方法

香蕉曲线由两条 S 形曲线组成，如图 4-23 所示，其中 ES 曲线是以工程项目中各项工作均按最早开始时间安排作业所绘制的 S 形曲线，LS 曲线是以工程项目中各项工作均按最迟开始时间安排作业所绘制的 S 形曲线，这两条曲线有共同的起点和终点。在施工工期范围内的任何时点上 ES 曲线始终在 LS 曲线的上方，形状如香蕉，故称其为香蕉曲线。

图 4-23 中，在 ES 曲线和 LS 曲线之间的点画线所示的曲线为优化曲线，这是理想的工程项目施工进度曲线。

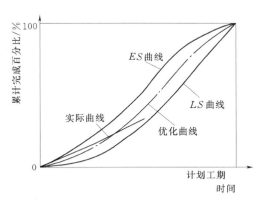

图 4-23　香蕉曲线控制方法示意图

在工程项目开工前绘制出香蕉曲线，最好同时绘制出优化曲线。在开工后，定期或不定期检查实际施工进度，绘制出至检查日期为止的实际进度 S 形曲线。将实际进度 S 形曲线与计划进度香蕉曲线进行比较，若实际进度 S 形曲线在香蕉曲线之内，则表明工程项目实际进度正常，若能逼近优化曲线则最为理想。否则，实际进度 S 形曲线超出香蕉曲线，则说明实际进度出现了偏差。

若实际进度 S 形曲线位于香蕉曲线上方，表明实际进度比计划进度超前；若实际进度 S 形曲线位于香蕉曲线的下方，则说明实际进度比计划进度延后。

对于出现的进度偏差，需按 S 形曲线控制方法进行分析、预测和调整。

第三节　工程项目成本控制

一、工程项目成本控制的基本概念

（一）工程项目成本控制的定义

工程项目成本是指承包单位在进行某工程项目的施工过程中所发生的全部费用支出的总和。建设工程项目成本控制是指为保证项目实际发生的成本不超过项目预算成本所进行的项目资源计划编制、项目成本估算、项目成本预算和项目成本控制等方面的管理活动，它应从工程投标报价开始，直至项目竣工结算完成为止，贯穿于项目建设的全过程。建设工程项目成本控制也可以理解为：为了保证完成项目目标，在批准的项目预算内，对项目实施成本所进行的按时、保质、高效的管理过程和活动。项目成本控制可以及时发现和处理项目执行中出现的成本方面的问题，达到有效节约项目成本的目的。

（二）工程项目成本的构成

成本作为项目管理的一个关键性目标，包括责任成本目标和计划成本目标，它们的性质和作用不同。前者反映组织对项目成本目标的要求，后者是前者的具体化，把项目成本在组织管理层和项目经理部的运行有机地连接起来。建设工程项目成本由直接成本和间接成本组成。

直接成本是指项目建设过程中耗费的构成工程实体或有助于工程实体形成的各项费用支出，是可以直接计入工程对象的费用，包括人工费、材料费、施工机械使用费。

间接成本是指为施工准备、组织和管理施工生产全部费用的支出，是非直接用于也无法直接计入工程对象，但为进行工程施工所必须发生的费用，包括管理人员工资、办公费、差旅交通费等。

（三）工程项目成本控制的基本依据

施工成本控制的依据包括工程承包合同、施工成本计划、进度报告、工程变更等内容。

1. 工程承包合同

成本控制要以工程承包合同为依据，围绕降低工程成本这个目标，从预算收入和实际成本两方面，努力挖掘增收节支潜力，以求获得最大的经济效益。

2. 施工成本计划

成本计划是根据施工项目的具体情况制定的施工成本控制方案，既包括预定的具体成本控制目标，又包括实现控制目标的措施和规划，是施工成本控制的指导文件。

3. 进度报告

进度报告提供了每一时刻工程实际完成量，工程成本实际支付情况等重要信息。成本控制工作正是通过实际情况与施工成本计划相比较，找出二者之间的差别，分析偏差产生的原因，从而采取措施改进以后的工作。此外，进度报告还有助于管理者及时发现工程实施中存在的隐患，并在事态还未造成重大损失之前采取有效措施，尽量避免损失。

4. 工程变更

在项目的实施过程中，由于各方面的原因，工程变更是很难避免的。工程变更一般包括设计变更、进度计划变更、施工条件变更、技术规范与标准变更、施工次序变更、工程数量变更等。一旦出现变更，工程量、工期、成本都必将发生变化，从而使得施工成本控制工作变得更加复杂和困难。因此，成本管理人员就应当通过对变更要求当中各类数据的计算、分析，随时掌握变更情况，包括已发生工程量、将要发生工程量、工期是否拖延、支付情况等重要信息，判断变更以及变更可能带来的索赔额度等。

除了上述几种施工成本控制工作的主要依据以外，有关施工组织设计、分包合同等也都是施工成本控制的依据。

（四）工程项目成本控制的任务

工程项目成本控制就是要在保证工期和质量满足要求的情况下，利用组织措施、经济措施、技术措施、合同措施把成本控制在计划范围内，并进一步寻求最大程度的成本节约。工程项目成本控制的任务主要包括成本预测、成本计划、成本控制、成本核算、成本分析和成本考核。

1. 成本预测

成本预测就是根据成本信息和施工项目的具体情况，运用一定的专门方法，对未来的成本水平及其可能发展趋势做出科学的估计，其实质就是在施工以前对成本进行估算。通过成本预测，可以使项目经理部在满足业主和施工企业要求的前提下，选择成本低、效益好的最佳成本方案，并能够在施工项目成本形成过程中，针对薄弱环节，加强成本控制，克服盲目性，提高预见性。因此，项目成本预测是项目成本决策与计划的依据。预测时，通常是对项目计划工期内影响其成本变化的各个因素进行分析，比照近期已完工项目或将完工项目的成本（单位成本），预测这些因素对工程成本中有关项目（项目成本）的影响程度，预测出工程的单位成本或总成本。

2. 成本计划

成本计划是以货币形式编制项目在计划期内的生产费用、成本水平、成本降低率以及为降低成本所采取的主要措施和规划的书面方案，它是建立项目成本管理责任制、开展成本控制和核算的基础。一般来说，一个项目成本计划应包括从开工到竣工所必需的成本，它是该项目降低成本的指导文件，是设立目标成本的依据，可以说，成本计划是目标成本的一种形式。

3. 成本控制

成本控制是指在项目实施过程中，对影响项目成本的各种因素加强管理，并采用各种有效措施，将项目实施过程中实际发生的各种消耗和支出严格控制在成本计划范围内，随时揭示并及时反馈，严格审查各项费用是否符合标准，计算实际成本和计划成本（目标成本）之间的差异并进行分析，消除损失浪费现象，发现和总结先进经验。

项目成本控制应贯穿于项目从投标阶段开始直到项目竣工验收的全过程，它是企业全面成本管理的重要环节。因此，必须明确各级管理组织和各级人员的责任和权限，这是成本控制的基础之一，必须引起足够的重视。

4. 成本核算

成本核算是指按照规定开支范围对项目费用进行归集，计算出项目费用的实际发生额，并根据成本核算对象，采用适当的方法，计算出该项目的总成本和单位成本。项目成本核算所提供的各种成本信息是成本预测、成本计划、成本控制、成本分析和成本考核等各个环节的依据。

5. 成本分析

成本分析是在成本形成过程中，对项目成本进行的对比评价和总结。它贯穿于成本管理的全过程，主要利用项目的成本核算资料，与计划成本、预算成本以及类似项目的实际成本等进行比较，了解成本的变动情况，同时也要分析主要技术经济指标对成本的影响，系统地研究成本变动原因，检查成本计划的合理性，深入揭示成本变动的规律，以便有效地进行成本管理。

影响项目成本变动的因素有两个方面：一是外部的属于市场经济的因素；二是内部的属于企业经营管理的因素。作为项目经理，应该了解这些因素，但应将施工项目成本分析的重点放在影响施工项目成本升降的内部因素上。

6. 成本考核

成本考核是指项目完成后，对项目成本形成中的各责任者，按项目成本目标责任制的有关规定，将成本的实际指标与计划、定额、预算进行对比和考核，评定项目成本计划完成情况和各责任者的业绩，并以此作为奖励和处罚的依据。通过成本考核，做到有奖有惩，赏罚分明，才能有效地调动每一个职工在各自岗位上努力完成目标成本的积极性，为降低项目成本和增加企业的积累，做出自己的贡献。

（五）工程项目成本控制的措施

为了取得成本控制的理想成果，应当从多方面采取措施实施管理，通常可以将这些措施归纳为组织措施、技术措施、经济措施、合同措施四个方面。

1. 组织措施

组织措施是从项目成本控制的组织方面采取的措施，如实行项目经理责任制，落实成本管理的组织机构和人员，明确各级成本管理人员的任务和职能分工、权利和责任，编制本阶段成本控制工作计划和详细的工作流程图等。成本控制不仅是专业成本管理人员的工作，各级项目管理人员都负有成本控制责任。组织措施是其他各类措施的前提和保障，而且一般不需要增加费用，运用得当可以收到良好的效果。

2. 技术措施

技术措施不仅对解决成本控制过程中的技术问题是不可缺少的，而且对纠正成本控制目标偏差也有相当重要的作用。因此，运用技术纠偏措施的关键：一是要能提出多个不同的技术方案，二是要对不同的技术方案进行技术经济分析。在实践中，要避免仅从技术角度选定方案而忽视对其经济效果的分析论证。

3. 经济措施

经济措施是最易为人接受和采用的措施。管理人员应编制资金使用计划，确定、分解成本控制目标。对成本控制目标进行风险分析，并制定防范性对策。通过偏差原因分析和未完工程成本预测，可发现一些潜在的问题将引起未完工程成本的增加，对这些问题应以主动控制为出发点，及时采取预防措施。由此可见，经济措施的运用绝不仅仅是财务人员的事情。

4.合同措施

成本控制要以合同为依据，因此合同措施就显得尤为重要。对于合同措施从广义上理解，除了参加合同谈判、修订合同条款、处理合同执行过程中的索赔问题、防止和处理好与业主和分包商之间的索赔之外，还应分析不同合同之间的相互联系和影响，对每一个合同作总体和具体分析等。

二、工程项目成本计划

（一）工程项目成本计划的类型

对于一个工程项目而言，其成本计划是一个不断深化的过程，根据项目实施过程中的不同阶段的深度和作用不同可分为三类。

1.竞争性成本计划

即工程项目投标及签订合同阶段的估算成本计划。这类成本计划以招标文件中的合同条件、投标者须知、技术规程、设计图纸或工程量清单等为依据，以有关价格条件说明为基础，结合调研和现场考察获得的情况，根据本企业的工料消耗标准、水平、价格资料和费用指标，对本企业完成招标工程所需要支出的全部费用的估算。在投标报价过程中，虽也着力考虑降低成本的途径和措施，但总体上较为粗略。

2.指导性成本计划

即选派项目经理阶段的预算成本计划，是项目经理的责任成本目标。它以合同标书为依据，按照企业的预算定额标准制定的设计预算成本计划，且一般情况下只是确定责任总成本指标。

3.实施性计划成本

即项目施工准备阶段的施工预算成本计划，它以项目实施方案为依据，落实项目经理责任目标为出发点，采用企业的施工定额通过施工预算的编制而形成的实施性施工成本计划。

以上三类成本计划互相衔接和不断深化，构成了整个工程施工成本的计划过程。其中，竞争性计划成本带有成本战略的性质，是项目投标阶段商务标书的基础，而有竞争力的商务标书又是以其先进合理的技术标书为支撑的。因此，它奠定了施工成本的基本框架和水平。指导性计划成本和实施性计划成本，都是战略性成本计划的进一步展开和深化，是对战略性成本计划的战术安排。此外，根据项目管理的需要，成本计划又可按施工成本组成、按项目组成、按工程进度分别编制施工成本计划。

（二）工程项目成本计划的编制依据

编制成本计划，需要广泛收集相关资料并进行整理，以作为成本计划编制的依据。在此基础上，根据有关设计文件、工程承包合同、施工组织设计、施工成本预测资料等，按照项目应投入的生产要素，结合各种因素的变化和拟采取的各种措施，估算项目生产费用支出的总水平，进而提出项目的成本计划控制指标，确定目标总成本。目标成本确定后，应将总目标分解落实到各个机构、班组，以便进行控制的子项目或工序。最后，通过综合平衡，编制完成施工成本计划。

施工成本计划的编制依据包括：投标报价文件；企业定额、施工预算；施工组织设计或施工方案；人工、材料、机械台班的市场价；企业颁布的材料指导价、企业内部机械台班价格、劳动力内部挂牌价格；周转设备内部租赁价格、摊销损耗标准；已签订的工程合同、分包合同（或估价书）；结构件外加工计划和合同；有关财务成本核算制度和财务历史资料；施工成本预测资料；拟采取的降低施工成本的措施；其他相关资料。

（三）工程项目成本计划的编制方法

1. 按施工成本组成编制成本计划

施工成本计划的编制以成本预测为基础，关键是确定目标成本。计划的制定，需结合施工组织设计的编制过程，通过不断地优化施工技术方案和合理配置生产要素，进行工、料、机消耗的分析，制定一系列节约成本和挖潜措施，确定施工成本计划。一般情况下，施工成本计划总额应控制在目标成本的范围内，并使成本计划建立在切实可行的基础上。

施工总成本目标确定之后，还需通过编制详细的实施性施工成本计划把目标成本层层分解，落实到施工过程的每个环节，有效地进行成本控制。

目前我国的建筑安装工程费由直接费、间接费、利润和税金组成，施工成本可以按成本组成分解为人工费，材料费，施工机械使用费，措施费和间接费，编制按施工成本组成分解的施工成本计划。

2. 按项目组成编制成本计划

大中型工程项目通常是由若干单项工程构成的，而每个单项工程包括了多个单位工程，每个单位工程又是由若干个分部分项工程所构成。因此，首先要把项目总施工成本分解到单项工程和单位工程中，再进一步分解到分部工程和分项工程中。

在完成施工项目成本目标分解之后，接下来就要具体地分配成本，编制分项工程的成本支出计划，从而得到详细的成本计划表。

在编制成本支出计划时，要在项目总的方面考虑总的预备费，也要在主要的分项工程中安排适当的不可预见费，避免在具体编制成本计划时，可能发现个别单位工程或工程量表中某项内容的工程量计算有较大出入，使原来的成本预算失实，并在项目实施过程中对其尽可能地采取一些措施。

3. 按工程进度编制成本计划

编制按工程进度的成本计划，通常可利用控制项目进度的网络图进一步扩充而得。即在建立网络图时，一方面确定完成各项工作所需花费的时间；另一方面确定完成这一工作合适的成本支出计划。在实践中，将工程项目分解为既能方便地表示时间，又能方便地表示施工成本支出计划的工作是不容易的，通常如果项目分解程度对时间控制合适的话，则对施工成本支出计划可能分解过细，以至于不可能对每项工作确定其施工成本支出计划，反之亦然。因此在编制网络计划时，应在充分考虑进度控制对项目划分要求的同时，还要考虑确定成本支出计划对项目划分的要求，做到二者兼顾。通过对成本目标按时间进行分解，在网络计划基础上，可获得项目进度计划的横遭图，并在此基础上编制成本计划。其表示方式有两种：一种是在时标网络图上按月编制的成本计划；另一种是利用时间—成本累积曲线（S 形曲线）表示。在这里，我们主要讲解时间—成本累积曲线。

时间-成本累积曲线的绘制步骤如下：

（1）确定工程项目进度计划，编制进度计划的横道图。

（2）根据每单位时间内完成的实物工程量或投入的人力、物力和财力，计算单位时间（月或旬）的成本，在时标网络图上按时间编制成本支出计划。

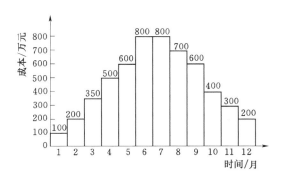

图 4-24　时标网络图上按月编制的成本计划

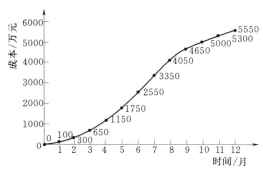

图 4-25　时间—成本累积曲线（S 形曲线）

（3）计算规定时间计划累计支出的成本额，其计算方法为各单位时间计划完成的成本额累加求和，可按下式计算：

$$Q_t = \sum_{n=1}^{t} q_n$$

式中：Q_t 为某时间 t 内计划累计支出成本额；q_n 为单位时间 n 的计划支出成本额；t 为某规定计划时刻。

（4）按各规定时间的 a 值，绘制 S 形曲线，如图 4-25 所示。

每一条 S 形曲线都对应某一特定的工程进度计划。因为在进度计划的非关键线路中存在许多有时差的工序或工作，因而 S 形曲线（成本计划值曲线）必然包络在由全部工作都按最早开始时间开始和全部工作都按最迟必须开始时间开始的曲线所组成的"香蕉图"内。项目经理可根据编制的成本支出计划来合理安排资金，同时项目经理也可以根据筹措的资金来调整 S 形曲线，即通过调整非关键线路上的工序项目的最早或最迟开工时间，力争将实际的成本支出控制在计划的范围内。

以上三种编制施工成本计划的方式并不是相互独立的。在实践中，往往是将这几种方式结合起来使用，从而可以取得扬长避短的效果。例如，将按项目分解总施工成本与按施工成本构成分解总施工成本两种方式相结合，横向按施工成本构成分解，纵向按项目分解，或相反。这种分解方式有助于检查各分部分项工程施工成本构成是否完整，有无重复计算或漏算；同时还有助于检查各项具体的施工成本支出的对象是否明确或落实，并且可以从数字上校核分解的结果有无错误。或者还可将按子项目分解总施工成本计划与按时间分解总施工成本计划结合起来，一般纵向按项目分解，横向按时间分解。

三、工程项目成本控制的方法

（一）成本控制的步骤

在确定了成本计划之后，必须定期进行成本计划值与实际值的比较，当实际值偏离计划值时，分析产生偏差的原因，采取适当的纠偏措施，以确保施工成本控制目标的实现。其步骤如下。

1. 比较

按照某种确定的方式将成本计划值与实际值逐项进行比较，以发现施工成本是否已超支。

2. 分析

在比较的基础上，对比较的结果进行分析，以确定偏差的严重性及偏差产生的原因。这一步是施工成本控制工作的核心，其主要目的在于找出产生偏差的原因，从而采取有针对性的措施，减少或避免相同原因的再次发生或减少由此造成的损失。

3. 预测

按照完成情况估计完成项目所需的总费用。

4. 纠偏

当工程项目的实际施工成本出现了偏差，应当根据工程的具体情况、偏差分析和预测的结果，采取适当的措施，以期达到使成本偏差尽可能小的目的。纠偏是施工成本控制中最具实质性的一步，只有通过纠偏，才能最终达到有效控制施工成本的目的。

对偏差原因进行分析的目的是为了有针对性地采取纠偏措施，从而实现成本的动态控制和主动控制。纠偏首先要确定纠偏的主要对象，偏差原因有些是无法避免和控制的。如客观原因，充其量只能对其中少数原因做到防患于未然，力求减少该原因所产生的经济损失。在确定了纠偏的主要对象之后，就需要采取有针对性的纠偏措施。纠偏可采用组织措施、经济措施、技术措施和合同措施等。

5. 检查

检查是指对工程的进展进行跟踪和检查，及时了解工程进展状况以及纠偏措施的执行情况和效果，为今后的工作积累经验。

（二）成本分析表法

施工项目成本控制的成本分析表法，包括成本日报表、周报表、月报表、分析表和成本预测报告表等，是利用表格的形式调查、分析、研究施工成本的一种方法。成本分析表反映的内容要简明、迅速、正确。常见的成本分析表有以下几种。

1. 月成本分析表

每月要做出成本分析表，对成本进行研究比较，在月成本分析表中要表明工程期限、成本费用项目、生产数量、工程成本、单价等。对可能控制的作业单位，每个月都要做成本分析。这些作业单位的成本费用项目分类，一定要与施工预算（或成本计划）相一致，以便分析对比，见表 4-6。

2. 成本日报或周报表

现场管理人员对重要工程应掌握每周的工程进度和成本，迅速发现工作上的弱点和困难，并采取有效措施。对主要工程甚至应该每日、每周都做出成本分析表。这些成本日报或周报，比做出的关于全部工程的月报表要详细、正确。一般只是对重要工程和进度快的每项作业分别写一份报告书，通常只记入人工费、机械使用费和产品数量。

表 4 - 6　　　　　　　　　　　　　**成 本 分 析 表**

工程名称：　　　　　　　　　　日期：

费用项目名称：混凝土搅拌设备使用费

本月计划数量：　　　　　　实际完成数量：　　　　　　完成比率：

项目 (1)	单　价		成　本	
	本月 (2)	计划 (3)	本月 (4)	累计 (5)
操作费				
人工费				
材料管理费				
机械费				
操作费小计				
修理及更新费				
混凝土搅拌机				
配料架、计量器				
漏斗、测秤				
修理及更新费小计				
折旧费				
搅拌设备费用及小计				
使用时间				
m³（时间）				
费用（时间）				
使用效率				

3. 月成本计算及最终预测报告

每月编制月成本计算及最终成本预测报告是项目成本控制的重要内容之一。该报告书记载的主要事项包括项目名称、已支出金额、到竣工尚需的预计金额、盈亏预计等。这个报告书要在月末会计账簿截止的同时立即完成。这种报告书随着时间的推后其精确性不断增加。

（三）赢得值法

赢得值法（Earned Value Management）作为一项先进的项目管理技术，最初是美国国防部于 1967 年首次确立的。赢得值方法（又称挣值法）是对项目进度和费用进行综合控制的一种有效方法，它通过测量和计算已完成的工作的预算费用与已完成工作的实际费用和计划工作的预算费用得到有关计划实施的进度和费用偏差，从而达到判断项目执行的状况。

用赢得值法进行费用、进度综合分析控制，基本参数有三项，即已完工作预算费用

BCWP（Budgeted Cost for Work Performed）、计划工作预算费用 BCWS（Budgeted Cost for Work Scheduled）和已完工作实际费用 ACWP（Actual Cost for Work Performed）。

1. 赢得值法的三个基本参数

（1）计划工作的预算费用，即根据进度计划，在某一时刻应当完成的工作（或部分工作），以预算为标准所需要的资金总额，一般来说，除非合同变更，BCWS 在工程实施过程中应保持不变。计算公式为

$$计划工作预算费用(BCWS)=计划工作量×预算单价$$

（2）已完成工作的实际费用，即到某一时刻为止，已完成的工作（或部分工作）所实际花费的总金额。是指项目实施过程中某阶段实际完成的工作量消耗的费用。计算公式为

$$已完工作实际费用(ACWP)=已完成工作量×实际单价$$

（3）已完成工作量的预算费用，是指在某一时间已经完成的工作（或部分工作），以批准认可的预算为标准所需要的资金总额，由于业主正是根据这个值为承包人完成的工作量支付相应的费用，也就是承包人获得（挣得）的金额，故称赢得值或挣得值。计算公式为

$$已完工作预算费用(BCWP)=已完工作量×预算单价$$

2. 挣得值方法的四个评价指标

（1）费用偏差 CV（Cost Variance）。计算公式为

$$CV=已完工作预算费用(BCWP)-已完工作实际费用(ACWP)$$

当 CV 为负值时，表示执行结果不佳，即实际消耗费用超过预算值，即超支；当 CV 为正值时，表示实际消耗费用低于预算值，表示有节余或效率高，即节支。

（2）费用绩效指数 CPI（Cost Performed Index）。计算公式为

$$CPI=已完工作预算费用(BCWP)/已完工作实际费用(ACWP)$$

当 CPI<1 时，表示超支，即实际费用高于预算费用；当 CPI>1 时，表示节支，即实际费用低于预算费用；当 CPI=1 时，表示实际费用和预算相吻合。

（3）进度偏差 SV（Schedule Variance）计算公式为

$$进度偏差(SV)=已完工作预算费用(BCWP)-计划工作预算费用(BCWS)$$

当 SV 为负值时，表示进度延误，即实际进度落后于计划进度；当 SV 为正值时，表示进度提前，及实际进度快于计划进度。

（4）进度绩效指数（SPI）计算公式为

$$进度绩效指数(SPI)=已完工作预算费用(BCWP)/计划工作预算费用(BCWS)$$

当 SPI<1 时，表示进度延误，即实际进度比计划进度拖后；当 SPI>1 时，表示进度提前，及实际进度比计划进度快；当 SPI=1 时，表示实际进度与计划进度相吻合。

费用（进度）偏差反映的是绝对偏差，结果很直观，有助于费用管理人员了解项目费用出现偏差的绝对数额，并依此采取一定措施，制定或调整费用支出计划和资金筹措计划。但是，绝对偏差有其不容忽视的局限性。如同样是 10 万元的费用偏差，对于总费用

1000 万元的项目和总费用 1 亿元的项目而言，其严重性显然是不同的。因此，费用（进度）偏差仅适合于对同一项目作偏差分析。费用（进度）绩效指数反映的是相对偏差，它不受项目层次的限制，也不受项目实施时间的限制，因而在同一项目和不同项目比较中均可采用。

【例 4－3】 某项目进展到 21 周后，对前 20 周的工作进行了统计检查，有关情况见表 4－7。

表 4－7　　　　　　　　　　　检 查 记 录 表

工作代号	计划工作预算成本 BCWS /万元	已完成成本的 /%	实际发生成本 ACWP /万元
A	200	100	210
B	220	100	220
C	400	100	430
D	250	100	250
E	300	100	310
F	540	50	400
G	840	100	800
H	600	100	600
I	240	0	0
J	150	0	0
K	1600	40	800
L	0	30	1000
M	0	100	800
N	0	60	420

注　L、M、N 原来没有计划，统计时已经进行了施工。I、J 虽有计划，但是没有施工。

问题：（1）赢得值（挣值）法使用的三项成本值是什么？

（2）求出前 20 周每项工作的 BCWP 及 20 周末的 BCWP。

（3）计算 20 周末的合计 ACWP、BCWS。

（4）计算 20 周的 CV 与 SV，并分析成本和进度状况。

（5）计算 20 后的 CPI 与 SPI，并分析成本和进度状况。

解：

（1）赢得值（挣值）法的三个成本值是：已完工作预算成本（BCWP）、计划工作预算成本（BCWS）和已完工作实际成本（ACWP）。

（2）对表 4－7 所列数据进行计算，求得第 20 周末每项工作的 BCWP 和 20 周末总的 BCWP 为 6370 万元，详细计算结果见表 4－8。

表4-8

計 算 結 果 表

工作代号	计划工作预算成本 BCWS/万元	已完成成本的/%	实际发生成本 ACWP /万元	挣得值 BCWP /万元
A	200	100	210	200
B	220	100	220	220
C	400	100	430	400
D	250	100	250	250
E	300	100	310	300
F	540	50	400	270
G	840	100	800	840
H	600	100	600	600
I	240	0	0	0
J	150	0	0	0
K	1600	40	800	640
L	0	30	1000	1200
M	0	100	800	900
N	0	60	420	550
合计	5340	—	6240	6370

（3）20周末 ACWP 为6240万元，BCWS 为5340万元（表4-7）。

（4）$CV = BCWP - ACWP = 6370 - 6240 = 130$ 万元，由于 CV 为正，说明成本节约 130万元。

$SV = BCWP - BCWS = 6370 - 5340 = 1030$ 万元，由于 SV 为正，说明进度提前1030万元。

（5）$CPI = BCWP/ACWP = 6370/6240 = 1.02$，由于 CPI>1，说明成本节约2%。

$SPI = BCWP/BCWS = 6370/5340 = 1.19$，由于 SPI>1，说明进度提前19%。

（四）偏差分析的表达方法

偏差分析可以采用不同的表达方法，常用的有横道图法、表格法和曲线法。

1. 横道图法

用横道图法进行费用偏差分析，是用不同的横道标识已完工作预算费用（BCWP）、计划工作预算费用（BCWS）和已完工作实际费用（ACWP），横道的长度与其金额成正比例（图4-26）。

横道图法具有形象、直观、一目了然等优点，它能够准确表达出费用的绝对偏差，而且能一眼感受到偏差的严重性。但这种方法反映的信息量少，一般在项目的较高管理层应用。

2. 表格法

表格法是进行偏差分析最常用的一种方法。它将项目编号、名称、各费用参数以及费用偏差数综合归纳入一张表格中，并且直接在表格中进行比较。由于各偏差参数都在表中列出，使得费用管理者能够综合地了解并处理这些数据，见表4-9。

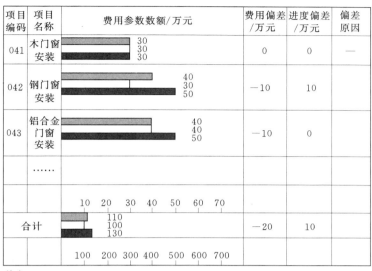

项目编码	项目名称	费用参数数额/万元	费用偏差/万元	进度偏差/万元	偏差原因
041	木门窗安装	30 / 30 / 30	0	0	—
042	钢门窗安装	40 / 30 / 50	−10	10	
043	铝合金门窗安装	40 / 40 / 50	−10	0	
	……				
		10 20 30 40 50 60 70			
合计		110 / 100 / 130	−20	10	
		100 200 300 400 500 600 700			

其中：

　　■ 已完工作实际费用　　□ 计划工作预算费用　　▨ 已完工作预算费用

图 4 - 26　费用偏差分析的横道图法

表 4 - 9　　　　　　　　　　　费 用 偏 差 分 析 表

项目编码	（1）	041	042	043
项目名称	（2）	木门窗安装	钢门窗安装	铝合金门窗安装
单　位	（3）			
预算（计划）单价	（4）			
计划工作量	（5）			
计划工作预算费用 BCWS	（6）=（5）×（4）	30	30	40
已完成工作量	（7）			
已完工作预算费用 BCWP	（8）=（7）×（4）	30	40	40
实际单价	（9）			
其他款项	（10）			
已完工作实际费用 ACWP	（11）=（7）×（9）+（10）	30	50	50
费用局部偏差	（12）=（8）−（11）	0	−10	−10
费用绩效指数 CPI	（13）=（8）÷（11）	1	0.8	0.8
费用累计偏差	（14）=∑（12）	−20		
进度局部偏差	（15）（8）−（6）	0	10	0
进度绩效指数 SPI	（16）=（8）÷（6）	1	1.33	1
进度累计偏差	（17）=∑（15）	10		

用表格法进行偏差分析具有如下优点：

（1）灵活、适用性强。可根据实际需要设计表格，进行增减项。

（2）信息量大。可以反映偏差分析所需的资料，从而有利于费用控制人员及时采取针对性措施，加强控制。

（3）表格处理可借助于计算机，从而节约大量数据处理所需的人力，并大大提高速度。

3. 曲线法

在项目实施过程中，计划工作预算费用（BCWS）、已完工作预算费用（BCWP）、已完工作实际费用（ACWP）可以形成三条曲线，如图 4-27 所示。

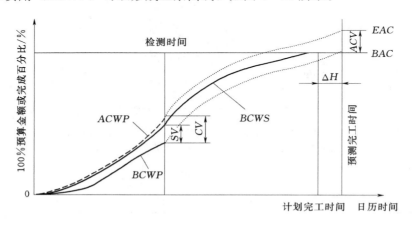

图 4-27　赢得值法评价曲线

图中：$CV=BCWP-ACWP$，由于两项参数均以已完工作为计算基准，所以两项参数之差，反映项目进展的费用偏差；$SV=BCWP-BCWS$，由于两项参数均以预算值（计划值）作为计算基准，所以两项参数之差，反映项目进展的进度偏差。

采用赢得值法进行费用、进度综合控制，还可以根据当前的进度、费用偏差情况，通过原因分析，对趋势进行预测，预测项目结束时的进度、费用情况。图中：

BAC（budget at completion）——项目完工预算，指编计划时预计的项目完工费用。

EAC（estimate at completion）——预测的项目完工估算，指计划执行过程中根据当前的进度、费用偏差情况预测的项目完工总费用。

ACV（at completion variance）——预测项目完工时的费用偏差：

$$ACV=BAC-EAC$$

用曲线法进行偏差分析同样具有形象、直观的特点，但这种方法很难直接用于定量分析，只能对定量分析起一定的指导作用。

（五）偏差原因分析与纠偏措施

1. 偏差原因分析

在实际执行过程中，最理想的状态是已完工作实际费用（ACWP）、计划工作预算费用（BCWS）、已完工作预算费用（BCWP）三条曲线靠得很近、平稳上升，表示项目按预定计划目标进行。如果三条曲线离散度不断增加，则预示可能发生关系到项目成败的重大问题。

　　偏差分析的一个重要目的就是要找出引起偏差的原因,从而有可能采取有针对性的措施,减少或避免相同原因的再次发生。在进行偏差原因分析时,首先应当将已经导致和可能导致偏差的各种原因逐一列举出来。导致不同工程项目产生费用偏差的原因具有一定共性,因而可以通过对已建项目的费用偏差原因进行归纳、总结,为该项目采用预防措施提供依据。

　　一般来地,产生费用偏差的原因有以下几种:

　　(1) 物价上涨:如人工涨价、材料涨价、设备涨价、利率、汇率变化等原因。

　　(2) 设计原因:如设计错误、设计漏项、设计标准变化、设计保守、图纸提供不及时及其他原因。

　　(3) 业主原因:如业主增加工作项目,投资规划不当、业主组织不落实、建设手续不全、协调不佳、未能及时提供场地及其他原因。

　　(4) 施工原因:如施工组织及施工方案不当,使用代用材料不匹配,施工质量出现问题,盲目追赶进度,工期拖延及其他原因。

　　(5) 客观原因:如自然因素(包括地震、海啸、下雨下雪等),工程地质条件复杂,法律法规变化及其他原因。

　　2. 纠偏措施

　　通常要压缩已经超支的费用,而不损害其他目标是十分困难的,一般只有当给出的措施比原计划已选定的措施更为有利,或使工程范围减少,或生产效率提高,成本才能降低,例如:

　　(1) 寻找新的、更好更省的、效率更高的设计方案。

　　(2) 购买部分产品,而不是采用完全由自己生产的产品。

　　(3) 重新选择供应商,但会产生供应风险,选择需要时间。

　　(4) 改变实施过程。

　　(5) 变更工程范围。

　　(6) 索赔,例如向业主、承(分)包商、供应商索赔以弥补费用超支。表 4-10 列出了各类偏差分析及采取的对应措施。

表 4-10　　　　　　　　　　表示赢得值法参数分析与对应措施表

序号	图　型	三参数关系	分　析	措　施
1		$ACWP>BCWS>BCWP$ $SV<0$　$CV<0$	效率低进度较慢投入超前	用工作效率高的人员更换一批工作效率低的人员
2		$BCWP>BCWS>ACWP$ $SV>0$　$CV>0$	效率高进度较快投入延后	若偏离不大,维持现状

续表

序号	图　型	三参数关系	分　析	措　施
3	BCWP ACWP BCWS	$BCWP>ACWP>BCWS$ $SV>0$　$CV>0$	效率较高进度快投入超前	抽出部分人员，放慢进度
4	ACWP BCWP BCWS	$ACWP>BCWP>BCWS$ $SV>0$　$CV<0$	效率较低进度较快投入超前	抽出部分人员，增加少量骨干人员
5	BCWS ACWP BCWP	$BCWS>ACWP>BCWP$ $SV<0$　$CV<0$	效率较低进度慢投入延后	增加高效人员投入
6	BCWS BCWP ACWP	$BCWS>BCWP>ACWP$ $SV<0$　$CV>0$	效率较高进度较慢投入延后	迅速增加人员投入

第四节　工程项目质量控制

"百年大计，质量第一"。质量控制是工程项目的核心，是灵魂，是决定工程建设成败的关键。没有质量，就没有投资效益，就没有社会信誉，更没有企业的生存及发展。保证工程质量是工程项目的最基本目标，也是搞好项目建设的前提条件。项目质量控制是指为了满足工程项目的质量要求而采取的作业技术和活动。对工程质量的控制是实现工程项目管理三大控制的重点。

一、建设工程项目质量管理概述

1. 质量的概念

《质量管理体系标准》（GB/T 19000—2000）对"质量"的定义是："一组固有特性满足要求的程度"。它不仅指产品质量，也可以是某项活动或过程的工作质量，还可以是质量管理体系的运行质量。项目质量是指项目满足要求的程度。现代意义的质量主要指工程（产品）本身的质量，还包括工序质量和工作质量。工序质量指把影响建筑产品质量形成的因素控制并限定在一定程度及范围内。它包括两方面内容：一是工序活动条件的质量；二是工序活动效果的质量。工作质量指建筑施工企业为生产用户满意的建筑工程（产品）所做的领导工作、组织管理工作、生产技术工作以及后勤服务等方面工作的质量。工作质量决定工序质量，工序质量决定工程（产品）质量。

2. 建设工程项目质量管理的概念

《质量管理体系标准》（GB/T 19000—2000）对"质量管理"的定义是：在质量方面指挥和控制组织的协调活动。在质量方面的指挥和控制活动通常包括：制定质量方针和质量目标以及质量策划、质量保证和质量改进。质量管理的首要任务是确定质量方针、目标和职权，核心是建立有效的质量管理体系，通过具体的质量策划、质量控制、质量保证和质量改进，确保质量方针、目标的实现。质量方针是由项目组织的最高管理者正式发布的该项目总的质量宗旨和质量方向，是实施和改进项目质量管理体系的推动力。质量方针提供了质量目标制定和评审的框架，是评价质量管理体系有效性的基础。《质量管理体系标准》（GB/T 19000—2000）对"质量策划"的定义是：质量管理的一部分，致力于制定质量目标并规定必要的运行过程和相关资源以实现质量目标。

二、建设工程项目质量管理体系

（一）建设工程项目质量管理体系的概念

目前许多企业都进行或已经通过 ISO 9000 认证，建立企业的质量体系，它包括质量管理的所有要素。属于 ISO 9000 族的关于项目管理的质量标准为《质量管理——项目管理质量指南》（国际标准 ISO 10006）。为了达到项目质量目标，必须制定整个建设工程项目的质量管理体系，在工程过程中按照质量管理体系进行全面控制。由于建设工程项目的特殊性，企业的质量体系与项目的质量体系既有联系又有区别。

企业的质量体系体现在质量保证手册中，包括企业的质量方针政策、质量目标、质量要求、质量工作计划、质量检查规定、质量管理工作程序、质量标准等。建设工程项目管理作为企业管理的一部分，它的质量管理体系的许多内容，应与企业相同。但建立项目的质量管理体系还应符合如下几个方面的基本要求：

（1）由于建设工程项目的参加者很多，它的质量管理体系既要有一致性又要有包容性。最重要的是满足项目目标的要求，满足业主及用户明确和隐含的需要，使他们满意。通常工程项目应尽可能采用业主所要求的质量体系和程序，这最容易为业主接受。

（2）项目质量管理体系应当是项目管理系统的组成部分，应反映在合同、项目实施计划、项目管理规范中，应植根于项目组织中。

（3）通过规划好的一系列互相关联的过程来实施项目，包括项目实施过程和项目管理过程。通过严密的、全方位的控制，保证过程和产品的质量都满足项目的目标。

（4）项目经理必须创建良好的质量环境，包括：建立项目管理组织机构，以满足项目需要；依据报告和有关实际情况的信息作决策；根据实施状况和信息做出对工程质量的评价；项目的质量体系应为参加项目的所有人员了解，并贯彻到每个人的工作中，使他们都参与保证项目过程和项目产品的质量工作；与承包商、供应商和其他项目参加者建立互利的双赢关系，以调动各方面质量管理的积极性。

（5）质量体系应有自我持续改进的功能，项目经理应负责持续改进工作，包括应保证有质量管理能力和资质的人员监测及控制项目实施过程，采取纠正和预防措施，并向他提供必要的技术支持。

（6）应将项目的质量管理过程的文件、程序、验证、记录、评审和审核规范化，达到可追溯性的要求。并建立项目信息的收集、存储、更新和检索系统，确保有效地利用这些信息。

（7）为控制项目的质量，应在项目过程中按照项目的进展状况评价项目达到质量目标的程度，评价过程也是促进改进项目质量的机会。

（二）工程项目质量管理体系的内容

1. 建设工程项目质量计划

质量计划的目的主要是确保实现项目的质量目标。它要按照质量目标，确定与项目相关的质量标准，并决定如何满足这些标准。

（1）质量计划编制的依据。

1）质量方针。它是对项目的质量目标所做出的一个指导性文件。项目经理部应制定自己的质量方针，它应符合业主（投资者）的要求，并能使大家达成共识。

2）项目范围。它主要说明业主（或投资者）的需求以及项目的主要要求和目标、工程的总体范围和项目的主要阶段，它是项目质量计划确定的主要依据和基础。

3）工程说明。在项目范围描述中应有项目最终可交付成果的总体描述，这里指的是对其技术性的描述。

4）标准和规则。包括工程涉及的专业领域的特殊标准和规则，更加详细的技术要求和其他内容。

5）其他影响因素。如实施策略、总体的实施安排、采购计划、分包计划等。

（2）质量计划的内容。

1）质量管理计划。它主要描述项目经理部应该如何实施其质量方针。

2）具体操作说明。对于质量计划中一些特殊的要求，需要附加操作说明，包括对它们的解释、详细的操作程序、质量控制关键点的说明、在质量检查中如何度量等问题。

3）质量检查表格。检查表格是一种对于项目实施状况进行记录、分析、评价的工具。现在许多企业和大型项目都有标准表格和质量计划执行体系。

（3）质量计划制订的方法和技术。在质量计划的制订过程中，会用到成本—效益分析方法、因果关系分析图、质量管理工作流程图、统计方法、试验和检测方法等。

2. 建设工程项目质量保证

质量保证是为实施达到质量计划要求的所有工作提供基础和可靠的保证，为项目质量管理体系的正常运转提供全部有计划、有系统的活动，以满足项目的质量标准。它应贯穿于项目实施的全过程之中。质量保证是项目团队的工作过程，必须发挥团队的效率。

项目质量保证通常是由项目的质量保证部门或者类似的组织单元提供的。项目质量保证通常不仅给项目管理组织以及实施组织（项目内部）提供质量保证，而且给项目产品或项目服务的用户，以及项目工作所涉及的社会（项目外部）提供质量保证。质量保证涉及与用户的关系，应首先考虑直接用户的需要。

（1）质量保证的依据。①质量管理计划；②质量控制检测的结果，即在项目实施过程中必须按规定作质量控制测试的记录；③操作说明。

（2）质量保证的内容。①质量过程的组织责任。要求项目组织的各层次都对质量做出承诺，对相应的过程和产品负责；②确定对项目质量有重大影响的过程及主要的质量控制点；③列出对质量有影响的参数，确定和量化影响过程；④选择测试、检查方案，分析测试结果；⑤对测试结果进行诊断分析；⑥确定在实施过程中提高质量的措施；⑦提出避免故障、预防偏差的措施，建立质量预警和防错系统，避免操作错误；⑧建立监督系统，保证监督能力，确定监督方法。

（3）质量保证的方法。

1）质量审核：质量审核是确定质量活动及其有关结果是否符合质量计划的安排，以及这些安排是否得到有效贯彻。通过质量审核，保证项目质量符合规定要求，保证设计、实施与组织过程符合规定要求，保证质量体系有效运行并不断完善，提高质量管理水平。

2）质量改进：即要求改变不符合要求的实施结果、实施行为和不正确的实施过程，包括返工、退货、修改质量计划和保证体系等。

3. 建设工程项目质量控制

质量控制同样贯穿于项目实施的全过程。它主要是监督项目的实施结果，将项目实施的结果与事先制定的质量标准进行比较，找出它们之间存在的差距，并分析形成这一差距的原因。项目实施的结果包括产品结果（如可交付成果）以及管理结果（如实施的费用和进度）。质量控制虽然是由质量控制部门或类似的质量责任单位主要负责，但必须有各项目组织团队的投入。

（1）质量控制过程。

1）在项目开始时就采取行动，使用合适的方法，采用合适的措施，有效和系统地按照质量计划和质量保证体系实施项目。

2）监督、检查、记录和统计实施过程状况。完成对项目质量的各种记录，及时完成各种检查表格。经过检查、对比分析，决定是否接受项目的工作成果，对质量不符合要求的工作责令重新进行（返工）。

3）分析质量问题的原因。这需要掌握关键工序和控制点的质量判断方法，掌握常见的质量通病和事故产生的原因，并能够确定整改和预防措施。

4）采取补救和改进质量的措施。使用合适的方法，纠正质量缺陷，排除引起缺陷的原因，以防止再次发生，应确保采取措施的有效性。质量控制和预防措施应着眼于劳动力、工艺、材料、方法和环境等因素的改进。

5）质量管理是一个不断改进的过程，项目经理负责不断改进项目过程和管理过程的质量，应从已完成的项目中寻求项目各过程质量的改进经验和教训，应建立系统信息，收集、分析项目实施期间产生的信息，以便进行持续改进。

（2）质量控制的方法和技术。①检查、度量、考察和测试的方法；②质量控制方法和控制技术包括控制图、统计分析、流程图、趋势分析方法等。这包括在过去质量管理中经常使用的各种抽样检查、统计方法和质量控制方法。

（三）建设工程项目质量管理体系的建立

质量管理体系指在项目实施过程中，为达到预期的质量要求所做出的与实施和管理过程有关的各种规定。其中最主要的如下。

1. 质量保证大纲

质量保证大纲的目的是为了提高项目实施和管理过程的有效性，提高工程系统的可用度，降低质量成本，提高工程实施的经济效益。质量保证大纲包括以下内容：

（1）按项目特点和有关方面的要求，提出明确的质量指标要求。

（2）明确规定技术、计划、合同、质量和物资等职能部门的质量责任。

（3）确定各实施阶段的工作目标。

（4）提出质量控制点和需要进行特殊控制的要求、措施、方法及相应的完成标识和评价标准。

（5）对设计、施工工艺和工程质量评审的明确规定。

2. 质量计划

质量计划是对特定的项目、服务、合同规定专门的质量措施、资源和活动安排的文件。

3. 技术文件

技术文件包括设计文件、工艺文件、研究试验文件，是项目实施的依据和凭证。项目的技术文件应完整、准确、协调一致，项目技术文件、工艺文件与项目实际施工一致，研究试验文件与项目实际过程一致。

为保证每一项目的技术文件的完整性，设计单位、施工单位、项目经理应根据技术文件的管理规定，在实施工作开始时，提出技术文件完整性的具体要求，列出文件目录，并组织实施。

三、工程项目质量五大影响因素控制

影响工程项目质量的因素主要由以下五大因素：人（Man）、材料（Material）、机械（Machine）、方法（Method）和环境（Enviroment），即 4M1E。为确保工程项目建设的质量，必须对这五个方面加以严格控制。

（1）人是指直接参与工程建设的决策者、组织者、指挥者和操作者。人是工程质量的控制者，也是工程质量的"制造者"。工程质量的好坏，与人的因素是密不可分的。人的问题是质量问题的主要因素，许多属于技术、管理、环境等原因造成的质量问题，最终常常归结到人的问题。作为控制的对象，人应该避免产生错误或过失；作为控制的主体，应充分调动人的积极性。控制的关键是要求所有的工程管理人员都具有相应的素质、能力和知识。

（2）材料是工程施工的物质条件，是工程项目质量的基础，加强材料的质量控制是提高工程质量的重要保证。对材料质量的控制，要求掌握材料信息，优选有信誉的厂家；合理的组织材料供应，按质、按量如期满足工程建设的需要；合理地使用材料，减少材料的浪费；加强材料的检查验收；重视材料的质量认证，避免错用或使用不当等。

（3）方法是包含工程项目整个建设周期内所采用的技术方案、工艺流程、组织措施、计划与控制手段、检验手段、施工方案等各种技术方法。对方法的控制主要是指对施工方案的控制。对一个工程项目而言，施工方案恰当与否，直接关系到工程项目质量，关系到工程项目的成败，所以必须重视对方法的控制。

（4）机械设备包括生产机械设备和施工机械设备两大类。生产机械设备是工程项目的组成部分，施工机械设备是工程项目实施的重要物质基础。应该从设备的选型、主要性能参数、使用和操作要求的控制着手，保证施工项目质量。

（5）环境包括工程技术环境、工程管理环境、劳动环境、社会环境等。环境因素对工程质量的影响复杂而且多变。因而，对环境的控制，应充分的调查研究，并根据经验进行预测，针对各个不利因素及可能出现的情况，提前采取对策和措施，充分做好各种准备。

四、工程项目质量目标分解

（一）工程项目质量特点

工程项目质量特点是工程分项多、工程庞大、条件多变、原材料有多样性以及生产周期长，其实施过程具有：程序繁多、涉及面广和协作关系复杂等技术经济特征，故工程项目质量具有以下特点。

1. 工程项目质量形成过程复杂

项目建设过程就是项目质量的形成过程，因而项目决策，设计、施工和竣工验收，对工程项目质量形成都起着重要作用和影响。

2. 影响工程项目质量因素多

由于工程项目建设周期长，必然要受到多种因素影响，如地质条件、设计、材料、设备、施工方法、管理、工人技术水平诸项因素，均会造成工程项目质量变异或事故。

3. 工程项目质量水平波动性大

由于条件多变及施工材料的特性，使其生产过程不容易控制，生产活动受到各种不利因素影响，故工程项目质量水平很容易产生波动。

4. 影响工程项目质量隐患多

在工程项目施工过程中，由于工序交接多，中间产品多和隐蔽工程多，只有严格控制每个工序和中间产品质量，才能保证其最终产品质量。

5. 工程项目质量评定难度大

工程项目建成以后，不能像某些工业产品那样可以拆卸开来检查其内在质量，如若在项目完工后再来检查，又只能看其表面，这很难正确判断其质量好坏。因此项目质量评定和检查，必须贯穿于工程项目施工的全过程，否则就会产生项目质量隐患。

（二）工程项目质量目标分解

工程项目质量控制就是对施工质量形成的全过程跟踪，进行监督、检查、检验和验收的总称。通常工程项目质量是由工作质量、工序质量和产品质量三者构成，因而工程项目质量控制目标必然也是上述三者。为了实现工程项目质量控制目标，必须对这 3 个质量控制目标做进一步分解。

1. 工作质量控制目标

工作质量是指参与项目实施全过程人员，为保证项目施工质量所表现的工作水平和完善程度、故该项质量控制目标可分解为管理工作质量，政治工作质量、技术工作质量和后勤工作质量等 4 项。

2. 工序质量控制目标

工程项目实施过程都是通过一道道工序来完成的，每道工序的质量，必须具有满足下道工序相应要求的质量标准，工序质量必然决定产品质量。故该项质量控制目标可分解为：人员、材料、机械、施工方法和施工环境等 5 项。

3. 产品质量控制目标

产品质量是指产品必须具有满足相应设计和规范要求的属性。故该项质量控制目标可分解为适用性、安全性、可靠性、经济性和环境协调性等5项。

上述质量控制目标分解过程如图4-28所示。

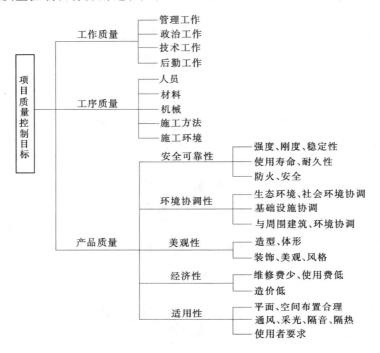

图4-28 工程项目质量控制目标分解图

在一般情况下，工作质量决定工序质量，而工序质量决定产品质量。因此必须通过提高工作质量来保证和提高工序质量，从而达到所要求的产品质量。

工程项目质量实质是在工程项目施工过程中形成的产品质量达到项目设计的要求和安装工程施工及验收规范、建设建筑安装工程质量评定标准要求的程度。因此项目施工质量控制，就是在施工过程中，采取必要的技术和管理手段，切实保证最终建筑安装工程质量。

（三）施工阶段质量控制的任务目标

1. 建设单位的控制目标

建设单位在施工阶段，通过对施工全过程、全面的质量监督管理、协调和决策，保证竣工项目达到投资决策所确定的质量标准。

2. 设计单位的控制目标

设计单位在施工阶段，通过对关键部位和重要施工项目施工质量验收签证、设计变更控制及纠正施工中所发现的设计问题，采纳变更设计的合理化建议等，保证竣工项目的各项施工结果与设计文件（包括变更文件）所规定的质量标准相一致。

3. 施工单位的控制目标

施工单位包括施工总包和分包单位，作为建设工程产品的生产者和经营者，应根据施工合同的任务范围和质量要求，通过全过程、全面的施工质量自控，保证最终交付满足施工合同及设计文件所规定质量标准（含建设工程质量创优要求）的建设工程产品。我国《建设工程质量管理条例》规定，施工单位对建设工程的施工质量负责；分包单位应当按照分包合同的约定对其分包工程的质量向总承包单位负责，总承包单位与分包单位对分包工程的质量承担连带责任。

4. 供货单位的控制目标

建筑材料、设备、构配件等供应厂商，应按照采购供货合同约定的质量标准提供货物及其质量保证、检验试验单据、产品规格和使用说明书，以及其他必要的数据和资料，并对其产品质量负责。

5. 监理单位的控制目标

建设工程监理单位在施工阶段，通过审核施工质量文件、报告报表及采取现场旁站、巡视、平行检测等形式进行施工过程质量监理；并应用施工指令和结算支付控制等手段，监控施工承包单位的质量活动行为、协调施工关系，正确履行对工程施工质量的监督责任，以保证工程质量达到施工合同和设计文件所规定的质量标准。我国《建筑法》规定建设工程监理人员认为工程施工不符合工程设计要求、施工技术标准和合同约定的，有权要求建筑施工企业改正。

施工质量的自控和监控是相辅相成的系统过程。自控主体的质量意识和能力是关键，是施工质量的决定因素；各监控主体所进行的施工质量监控是对自控行为的推动和约束。因此，自控主体必须正确处理自控和监控的关系，在致力于施工质量自控的同时，还必须接受来自业主、监理等方面对其质量行为和结果所进行的监督管理，包括质量检查、评价和验收。但作为自控主体不能因为监控主体的存在和监控职能的实施而减轻或免除其质量责任。

五、工程项目质量控制的基本原理

1. PDCA 循环原理

PDCA 循环，如图 4 - 29 所示，是人们在管理实践中形成的基本理论方法。从实践论的角度看，管理就是确定任务目标，并按照 PDCA 循环原理来实现预期目标。由此可见 PDCA 是目标控制的基本方法。

（1）计划 P（Plan）。可以理解为质量计划阶段，明确目标并制订实现目标的行动方案。在建设工程项目的实施中，"计划"是指各相关主体根据其任务目标和责任范围，确定质量控制的组织制度、工作程序、技术方法、业务

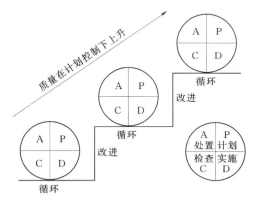

图 4 - 29　PDCA 循环示意图

流程、资源配置、检验试验要求、质量记录方式、不合格处理、管理措施等具体内容和做法的文件，"计划"还须对其实现预期目标的可行性、有效性、经济合理性进行分析论证，按照规定的程序与权限审批执行。

（2）实施 D（Do）。包含两个环节，即计划行动方案的交底和按计划规定的方法与要

求展开工程作业技术活动。计划交底目的在于使具体的作业者和管理者，明确计划的意图和要求，掌握标准，从而规范行为，全面地执行计划的行动方案，步调一致地去努力实现预期的目标。

（3）检查 C（Check）。指对计划实施过程进行各种检查，包括作业者的自检，互检和专职管理者专检。各类检查都包含两大方面：一是检查是否严格执行了计划的行动方案，实际条件是否发生了变化，不执行计划的原因；二是检查计划执行的结果，即产出的质量是否达到标准的要求，对此进行确认和评价。

（4）处置 A（Action）。对于质量检查所发现的质量问题或质量不合格，及时进行原因分析，采取必要的措施，予以纠正，保持质量形成的受控状态。处理分纠偏和预防两个步骤。前者是采取应急措施，解决当前的质量问题；后者是信息反馈管理部门，反思问题症结或计划时的不周，为今后类似问题的质量预防提供借鉴。

2. 三阶段控制原理

三阶段控制原理就是通常所说的事前控制、事中控制和事后控制。这三阶段控制构成了质量控制的系统过程。

（1）事前控制。要求预先进行周密的质量计划。尤其是工程项目施工阶段，制订质量、计划或编制施工组织设计或施工项目管理实施规划（目前这三种计划方式基本上并用），都必须建立在切实可行、有效实现预期质量目标的基础上，作为一种行动方案进行施工部署。目前有些施工企业，尤其是一些资质较低的企业在承建中小型的一般工程项目时，往往把施工项目经理责任制曲解成"以包代管"的模式，忽略了技术质量管理的系统控制，失去企业整体技术和管理经验对项目施工计划的指导和支撑作用，这将造成质量预控的先天性缺陷。

事前控制，其内涵包括两层意思：一是强调质量目标的计划预控；二是按质量计划进行质量活动前的准备工作状态的控制。

（2）事中控制。首先是对质量活动的行为约束，即对质量产生过程各项技术作业活动操作者在相关制度的管理下的自我行为约束的同时，充分发挥其技术能力，去完成预定质量目标的作业任务；其次是对质量活动过程和结果，来自他人的监督控制，这里包括来自企业内部管理者的检查检验和来自企业外部的工程监理和政府质量监督部门等的监控。

事中控制虽然包含自控和监控两大环节，但其关键还是增强质量意识，发挥操作者自我约束自我控制，即坚持质量标准是根本的，监控或他人控制是必要的补充，没有前者或用后者取代前者都是不正确的。因此在企业组织的质量活动中，通过监督机制和激励机制相结合的管理方法，来发挥操作者更好的自我控制能力，以达到质量控制的效果，是非常必要的。这也只有通过建立和实施质量体系来达到。

（3）事后控制。包括对质量活动结果的评价认定和对质量偏差的纠正。从理论上分析，如果计划预控过程所制订的行动方案考虑得越是周密，事中约束监控的能力越强越严格，实现质量预期目标的可能性就越大，理想的状况就是希望做到各项作业活动，"一次成功""一次交验合格率 100%"。但客观上相当部分的工程不可能达到，因为在过程中不可避免地会存在一些计划时难以预料的影响因素，包括系统因素和偶然因素。因此当出现质量实际值与目标值之间超出允许偏差时，必须分析原因，采取措施纠正偏差，保持质量受控状态。

以上三大环节，不是孤立和截然分开的，它们之间构成有机的系统过程，实质上也就是 PDCA 循环具体化，并在每一次滚动循环中不断提高，达到质量管理或质量控制的持续改进。

3. 三全控制管理

三全管理是来自于全面质量管理 TQC（totol quality control）的思想，同时包融在质量体系标准（GB/T 19000—ISO 9000）中，它指生产企业的质量管理应该是全面、全过程和全员参与的。这一原理对建设工程项目的质量控制，同样有理论和实践的指导意义。

（1）全面质量控制。是指工程（产品）质量和工作质量的全面控制，工作质量是产品质量的保证，工作质量直接影响产品质量的形成。对于建设工程项目而言，全面质量控制还应该包括建设工程各参与主体的工程质量与工作质量的全面控制。如业主，监理，勘察，设计，施工总包，施工分包，材料设备供应商等，任何一方任何环节的怠慢疏忽或质量责任不到位都会造成对建设工程质量的影响。

（2）全过程质量控制。是指根据工程质量的形成规律，从源头抓起，全过程推进。GB/T 19000 强调质量管理的"过程方法"管理原则，按照建设程序，建设工程从项目建议书或建设构想提出，历经项目鉴别、选择、策划、可研、决策、立项、勘察、设计、发包、施工、验收，使用等各个有机联系的环节，构成了建设项目的总过程。其中每个环节又由诸多相互关联的活动构成相应的具体过程，因此，必须掌握识别过程和应用"过程方法"进行全过程质量控制。主要的过程有项目策划与决策过程；勘察设计过程；施工采购过程；施工组织与准备过程；检测设备控制与计量过程；施工生产的检验试验过程；工程质量的评定过程；工程竣工验收与交付过程；工程回访维修服务过程。

（3）全员参与控制。从全面质量管理的观点看，无论组织内部的管理者还是作业者，每个岗位都承担着相应的质量职能，一旦确定了质量方针目标，就应组织和动员全体员工参与到实施质量方针的系统活动中去，发挥自己的角色作用。全员参与质量控制作为全面质量所不可或缺的重要手段就是目标管理。目标管理理论认为，总目标必须逐级分解，直到最基层岗位，从而形成自下到上，自岗位个体到部门团队的层层控制和保证关系，使质量总目标分解落实到每个部门和岗位。就企业而言，如果存在哪个岗位没有自己的工作目标和质量目标，说明这个岗位就是多余的，应予调整。

六、常见的工程质量统计方法

统计质量管理是 20 世纪 30 年代发展起来的科学管理理论与方法，它把数理统计方法应用于产品生产过程的抽样检验，利用样本质量特性数据的分布规律，分析和推断生产过程总体质量的状况，改变了传统的事后把关的质量控制方式，为工业生产的事前质量控制和过程质量控制，提供了有效的科学手段。它的作用和贡献成为质量管理有代表性的一个历史发展阶段，至今仍是质量管理的不可缺少工具。可以说没有数理统计方法就没有现代工业质量管理，建筑业虽然是现场型的单件性建筑产品生产，数理统计方法直接在现场生产过程工序质量检验中的应用，受到客观条件的限制，但在进场材料的抽样检验、试块试件的检测试验等方面，仍然有广泛的用途。尤其是人们应用数理统计原理所创立的分层法、因果分析图法、直方图法、排列图法、管理图法、分布图法、检查表法等定量和定性方法，对施工现场质量管理都有实际的应用价值。

（一）分层法

1. 分层法的基本原理

由于工程质量形成的影响因素多，因此，对工程质量状况的调查和质量问题的分析，必须分门别类地进行，以便准确有效地找出问题及其原因，这就是分层法的基本思想。

分层法又叫分类法，是将调查收集的原始数据，根据不同的目的和要求，按某一性质进行分组、整理的方法。例如一个焊工班组实施焊接作业，共抽检 50 个焊接点，发现有 19 点不合格，占 38%，存在严重的质量问题，究竟问题出在哪里？我们通过分层调查统计表可以得出结论。

现已查明这批钢筋的焊接是由 A、B、C 三个师傅操作的，而焊条是由甲、乙两个厂家提供的。因此分别按操作者和焊条生产厂家进行分层分析，即考虑一种因素单独的影响，见表 4-11 及表 4-12。

表 4-11　　　　　　　　按操作工人分层调查统计表

操作工人	不合格焊点数	合格焊点数	不合格率/%
A	6	13	32
B	3	9	25
C	10	9	53
合计	19	31	38

表 4-12　　　　　　　　按焊条供应厂家分层调查统计表

焊条供应厂家	不合格焊点数	合格焊点数	不合格率/%
甲厂	9	14	39
乙厂	10	17	37
合计	19	31	38（平均）

通过对表 4-11 及表 4-12 的分析，我们可以看出操作工人 B 的焊接质量较好，不合格率为 25%，而不论是采用甲厂还是乙厂的焊条，不合格率都好高，且相差不大（分别为 39% 和 37%）。为了找出问题之所在，再进一步采用综合分层进行分析，即考虑两种因素共同影响的结果，见表 4-13。

表 4-13　　　　　　　　综合分层调查统计表

操作工人	焊接质量	甲厂		乙厂		合计	
		焊接点	不合格率/%	焊接点	不合格率/%	焊接点	不合格率/%
A	不合格 合　格	6 2	75	0 11	0	6 13	32
B	不合格 合　格	0 5	0	3 4	43	3 9	25

操作工人	焊接质量	甲厂		乙厂		合计	
		焊接点	不合格率/%	焊接点	不合格率/%	焊接点	不合格率/%
C	不合格 合 格	3 7	30	7 2	78	10 9	53
合计	不合格 合 格	9 14	39	10 17	37	19 31	38

通过对表 4-13 的分析，我们可以得出结论，在使用甲厂的焊条时，应采用 B 师傅的操作方法为好，在使用乙厂的焊条时，应采用 A 师傅的操作方法为好，这样合格率会大大提高。

分层法是质量控制统计分析方法中最基本的一种方法。其他统计方法一般都要与分层法配合使用，一般首先利用分层法将原始数据分门别类，然后再进行统计分析。

2. 分层法的实际应用

调查分析的层次划分，根据管理需要和统计目的，通常可按照以下分层方法取得原始数据：

（1）按施工时间分：月、日、上午、下午、白天、晚间、季节。

（2）按地区部位分：区域、城市、乡村、楼层、外墙、内墙。

（3）按产品材料分：产地、厂商、规格、品种。

（4）按检测方法分：方法、仪器、测定人、取样方式。

（5）按作业组织分：工法、班组、工长、工人、分包商。

（6）按工程类型分：住宅、办公楼、道路、桥梁、隧道。

（7）按合同结构分：总承包、专业分包、劳务分包。

（二）因果分析图法

1. 因果分析图法的基本原理

因果分析图法是利用因果分析图对某个问题（结果）进行系统、全面整理分析其产生原因及其之间关系的有效方法，是工程中用于问题分析的一种常见方法，其基本原理是对每一个质量特性或问题，采用如图 4-30 所示的方法，逐层深入排查可能原因。然后确定其中最主要原因，进行有的放矢的处置和管理。

因果分析图通常也称为特性要因图、树枝图或鱼刺图，主要由事情特征（问题或结果）、要因、枝干、主干等组成。

2. 因果分析图法的简单示例

如图 4-36 所示，对混凝土强度不合格的原因分析，其中，把混凝土施工的生产要素，即人、机械、材料、施工方法和施工环境作为第一层面的因素进行分析；然后对第一层面的各个因素，再进行第二层面的可能原因的深入分析。依此类推，直至把所有可能的原因，分层次地罗列出来。通过因果分析图，可以直观分析出造成混凝土强度不足的人、机械、材料、方法、环境等因素，并从众多因素中选择出影响大的影响因素（如水灰比、养护条件），在制定对策计划中应重点进行控制。表 4-14 为常见的对策控制计划表。

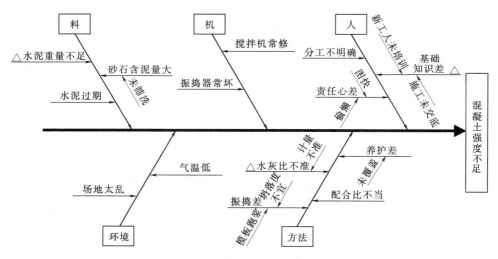

图 4-30 混凝土强度不合格因果分析图

3. 因果分析图法应用时的注意事项

（1）一个质量特性或一个质量问题使用一张图分析。

（2）通常采用 QC 小组活动的方式进行，集思广益，共同分析。

（3）必要时可以邀请小组以外的有关人员参与，广泛听取意见。

（4）分析时要充分发表意见，层层深入，排出所有可能的原因。

（5）在充分分析的基础上，由各参与人员采用投票或其他方式，从中选择 1～5 项多数人达成共识的最主要原因。

表 4-14　　　　　　　　　　混凝土质量不合格的对策控制计划表

项目	序号	影响质量的因素	质量对策	执行人	验收人	验收时间
人	1	责任心差	实行严格的监督和责任制度			
	2	分工不明确	由管理人员对作业人员进行严格的职责分工，并制定相应措施			
	3	基础知识差	做好技术培训和技术交底			
机械	1	搅拌机失修	①定期对搅拌机进行维修和保养 ②对搅拌机械的电气、时间等控制设备进行不定期检查			
	2	振动器损坏	①配备相应的备用振捣设备 ②及时维修振捣设备			
材料	1	砂石含泥量大	①控制进场材料质量，加强材料管理和试验 ②采取冲洗的方法对砂石的含泥量进行处理			
	2	水泥过期	①对水泥重新试验，确定水泥的技术指标 ②建立台账，避免使用或错使不合格材料			
	3	水泥重量不足	①严格控制产品的投入量 ②严格把好进场材料的质量关			

项目	序号	影响质量的因素	质 量 对 策	执 行 人	验 收 人	验收时间
方法	1	水灰比不准确	①搅拌设备前设立投料指示牌 ②定期复核计量设备 ③及时进行坍落度的检查			
	2	配合比不当	①严格按照施工配合比进行投料 ②根据条件的变化，按照技术人员的核定，及时对水量进行调整			
	3	计量不准确	①校核计量设备 ②更换相关仪器			
环境	1	气温低	①冬季施工时，对材料进行预热，控制入模温度 ②及时进行覆盖养护			
	2	场地乱	①按照平面布置图进行场地布置，实现施工区、生活区、作业区的分离 ②实现现场文明施工，落实责任人，进行现场科学管理和现场考核			

（三）排列图法

排列图法是利用排列图寻找影响质量主次因素的一种技术方法。在工程现场安全、质量控制等方面应用广泛，排列图又称为巴列特图或主次因素分析图。它是由两个纵坐标、一个横坐标、几个直方形和一条曲线所组成的。左侧的纵坐标表示频数，右侧纵坐标表示累计频率，横坐标表示影响质量的各个因素或项目，按影响程度大小从左至右排列，直方形的高度示意某个因素的影响大小。实际应用中，通常按累计频率划分为 0～80%、80%～90%、90%～100%三部分，与其对应的影响因素分为 A、B、C 三类。A 类为主要因素，B 类为次要因素，C 类为一般因素。

1. 排列图的做法

（1）收集整理数据。在质量管理中，排列图主要用来寻找影响质量的主要因素，因此应收集各质量特性的影响因素或各种缺陷的不合格点数。根据质量标准记录各项目的不合格点数出现的次数（即频数），按各检测项目不合格点频数大小顺序排列成表，以全部不合格点数为总频数计算各项目不合格点频率和累计频率。当检测项目较多时，可将频数较少的检测项目合并为"其他"项，列于表中末项。

以下我们通过一实例来说明排列图的做法。

【例 4-4】 A 施工企业承担某教学楼工程项目的装饰工程施工任务，教学楼工程为 7 层框架结构，外墙设计为陶瓷面砖。在进行一层外墙饰面砖质量检查中，按外墙饰面砖检查批检查项目进行检查，经检查 6 个项目中超出允许偏差的项目检查点数共 50 个，为进一步提高质量，应对这些不合格点进行分析，以便找出饰面砖施工质量的薄弱环节。

第一步：收集外墙饰面砖各项目不合格点的数据资料，见表 4-15。

第二步：对原始资料进行整理，将频数较少的接缝高低差、接缝宽度两项合并为"其他"项，按照频数由大到小顺序排列各检查项目，"其他"项排列最后，计算各项目相应的频率和累计频率，结果见表 4-16。

表 4-15   一层外墙砖检验批检查不合格点数据表

序号	检查项目	不合格点数	序号	检查项目	不合格点数
1	立面垂直度	5	4	接缝直线度	3
2	表面平整度	24	5	接缝高低差	1
3	阴阳角方正	16	6	接缝宽度	1

表 4-16   不合格点数项目频数统计表

序号	检 查 项 目	频数	频率/%	累计频率/%
1	表面平整度	24	48	48
2	阴阳角方正	16	32	80
3	立面垂直度	5	10	90
4	接缝直线度	3	6	96
5	其他因素	2	4	100
	合计	50	100	

（2）排列图的绘制。

1）画横坐标。将横坐标按项目等分，并按项目频数由大到小从左至右顺序排列，本例中横坐标分 5 等份。

2）画纵坐标。左侧的纵坐标表示项目不合格点数即频数，右侧的纵坐标表示累计频率，要求总频数对应于累计频率 100%。本例中频数 50 应与 100% 在一条水平线上。

3）画频数直方形。以频数为高画出各项目的直方形。

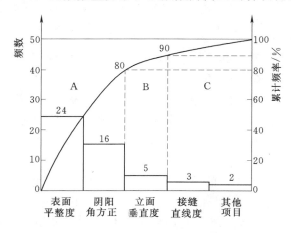

图 4-31 饰面砖质量排列图表

4）画累计频率曲线。从横坐标左端点开始，依次连接各项目右端点所对应的累计频率值的交点，所得的曲线称为累计频率曲线，如图 4-31 所示。

5）记录必要的事项。如标题、收集数据的方法和时间等。

2. 排列图的观察与分析

（1）观察直方形，大致可看出个项目的影响程度。排列图中的每个直方形都表示一个质量问题或影响因素。影响程度与各直方形高度成正比。

（2）利用 ABC 分类法，确定主次因素。具体做法是将累计频率值分为 0～80%、80%～90%、90%～100% 三部分，各曲线下面所对应的影响因素分别为 A、B、C 三类。从本工程外墙饰面砖的排列图中可以得出，影响饰面砖的质量影响因素中表面平整度、阴阳角方正、立面垂直度、接缝直线度、其他项目的频数分别为 24、16、5、3、2。其频率分别为 48%、32%、10%、6%、4%。根据累计频率的 ABC 分类管理法划分为A、B、C 三个区。从排列图中观察出以下结论：对于外墙饰面工程施工质量的控制中，表面平整度、阴阳角方正为 A 类因素，即需要重点控制。立面垂直度处于 B 区，属于次要因素，应作为次重点管理；接缝直线度和其他项目处于 C 区，属于一般问题，按照常规适当加强管理。

综合上述分析，表面平整度、阴阳角方正为 A 类因素，为工程质量的薄弱环节，项目经理部应重点进行 A 类因素的管理，加强表面平整度、阴阳角方正施工工序的施工质量控制。

排列图法除用于质量统计分析外，还可用于成本分析、安全问题分析等。

（四）直方图法

直方图法即频数分布直方图法，它是将收集到的质量数据进行分组整理，绘制成频数分布直方图，用以描述质量分布状态的一种分析方法，所以亦称质量分布图法。简单地说，直方图是频数直方图，它是用一系列宽度相等、高度不等的矩形表示数据分布的图。矩形的宽度表示数据范围的间隔，矩形的高度表示在给定间隔内的数据频数。

1. 直方图的绘制方法

（1）收集整理数据。用随机抽样的方法抽取数据。一般要求数据在 50 个以上。

【例 4-5】　某建筑公司承接了一项四星级酒店的施工任务，该工程地上 26 层，地下 3 层，结构形式为全现浇框支剪力墙结构，模板采用大模板，施工过程中大模板边长尺寸误差如表 4-17 所示。

表 4-17　　　　　　　　　　模板边长尺寸误差数据表　　　　　　　　单位：mm

序号	模板边长尺寸误差数据								最大值	最小值
1	−2	−3	−3	−4	−3	0	−1	−2	0	−4
2	−2	−2	−3	−1	+1	−2	−2	−1	+1	−3
3	−2	−1	0	−1	−2	−3	0	+2	+2	−3
4	0	−5	−1	−3	0	+2	0	−2	+2	−3
5	−1	+3	0	0	−3	−2	−5	+1	+3	−5
6	0	−2	−4	−3	−4	−1	+1	+1	+1	−4
7	−2	−4	−6	−1	−2	+1	−1	−2	+1	−6
8	−3	−1	−4	−1	−3	−1	+2	0	+2	−4
9	−5	−3	0	−2	−4	0	−3	−1	0	−5
10	−2	0	−3	−4	−2	+1	−1	+1	+1	−4

（2）计算极差 R。

极差 R 是数据中最大值与最小值之差，本例中：

$$x_{max} = +3mm \quad x_{min} = -6mm$$

$$R = x_{max} - x_{min} = +3 - (-6) = 9$$

（3）确定组数、组距、组限。

1）确定组数 K。确定组数的原则是分组的结果能正确反映数据的分布规律。组数应根据数据多少来确定。组数过少，会掩盖数据的分布规律；组数过多，会使数据过于凌乱分散，也不能正确显示出质量分布状况。一般可参考表 4-18 的经验数值确定，根据收集的数据，本例取 $K=10$。

表 4-18 数据分组参考值

数据总数 N	分组数 K	数据总数 N	分组数 K
50~100	6~10	250 以上	10~20
100~250	7~12		

2）确定组距 H。组距是组与组之间的间隔，也即一个组的范围，各组距应相等，于是有

极差≈组距×组数

即

$$R \approx HK$$

所以组数、组距的确定应根据极差综合考虑，适当调整。还要注意数值尽量取整，使分组结果能包括全部变化值，同时也便于以后的计算分析。

本例中：

$$H = \frac{R}{K} = \frac{9.2}{10} = 0.92 \approx 1 \, (\text{mm})$$

3）确定组限。每组的最大值为上限，最小值为下限，上下限统称为组限。确定组限时，应注意使各组之间连续，即较低组上限应为相邻较高组下限，这样才不致使有的数据被遗漏。对恰好处于组限上的数据，有两种解决方法：一是规定每组上（或下）组限不计在该组内，而应计入相邻较高（或较低）组内；二是将组限值较原始数据精度提高半个最小测量单位。本例采取第一种方法划分组限，即每组上限不计入该组内。

$$x'_{\min} = x_{\min} - \frac{H}{2} = -6 - \frac{1}{2} = -6.5 \, (\text{mm})$$

$$x'_{\max} = x_{\max} + \frac{H}{2} = 3 + \frac{1}{2} = 3.5 \, (\text{mm})$$

第一组下限＝$x_{\min}$＝-6.5mm
第一组上限＝-6.5+H＝-5.5mm
第二组下限＝第一组上限＝-5.5mm
第二组上限＝-5.5+H＝-5.5+1＝-4.5mm

以下以此类推。

最高组的组限为+2.5~+3.5mm，分组结果覆盖全部数据。

第四步：绘制数据频数分布表，见表 4-19。

从表 4-19 可看出，用大模板浇筑混凝土，质量特性值是有波动性的。但这些数据分布是有一定规律的，数据在一个有限范围内变化，且这种变化有一个集中的趋势，即模板误差值在 -2.5～-1.5 和 -1.5～-0.5 范围内的最多，可把这两个范围即第 5 组和第 6 组视为该样本质量数据的分布中心，随着强度值的逐渐增大和减小而逐渐变化。为了更直观、更形象地表现质量特征值的这种分布规律，需进一步绘制出直方图。

第五步：绘制频数分布直方图

在频数分布直方图中，横坐标表示质量特性值，本例中为模板误差值，并标出各组的组限值。根据表 4-19 可以画出以组距为底、以频数为高的 K 个直方形，如图 4-32 所示。

表 4-19　　　　频 数 分 布 表

组号	组限/mm	频数	频率/%
1	-6.5～-5.5	1	1.25
2	-5.5～-4.5	3	3.75
3	-4.5～-3.5	7	8.75
4	-3.5～-2.5	13	16.25
5	-2.5～-1.5	17	21.25
6	-1.5～-0.5	17	21.25
7	-0.5～+0.5	12	15
8	+0.5～+1.5	6	7.5
9	+1.5～+2.5	3	3.75
10	+2.5～+3.5	1	1.25
合计		80	100

2. 直方图的观察与分析

（1）通过分布形状观察分析。

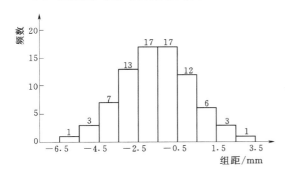

图 4-32　模板误差频数分布直方图

1）所谓形状观察分析是指将绘制好的直方图形状与正态分布图的形状进行比较分析，一看形状是否相似；二看分布区间的宽窄。直方图的分布形状及分布区间宽窄是由质量特性统计数据的平均值和标准偏差所决定的。

2）正常直方图呈正态分布，其形状特征是中间高、两边低、成对称，如图 4-33（a）所示。正常直方图反映生产过程质量处于正常、稳定状态。数理统计研究证明，当随机抽样方案合理且样本数量足够大时，在生产能力处于正常、稳定状态，质量特性检测数据趋于正态分布。

3）异常直方图呈偏态分布，常见的异常直方图有：折齿型、陡坡型、孤岛型、双峰型、峭壁型，如图 4-33（b）～（f）所示，出现异常的原因可能是生产过程存在影响质量的系统因素，或收集整理数据制作直方图的方法不当所致，要具体分析。

（2）通过分布位置观察分析。

所谓位置观察分析是指将直方图的分布位置与质量控制标准的上下限范围进行比较分析，如图 4-34 所示。图中：T 表示质量标准要求界限；B 表示实际质量特性分布范围。

1）生产过程的质量正常、稳定和受控，还必须在公差标准上、下界限范围内达到质量合格的要求。只有这样的正常、稳定和受控才是经济合理的受控状态，如图 4-34（a）所示。

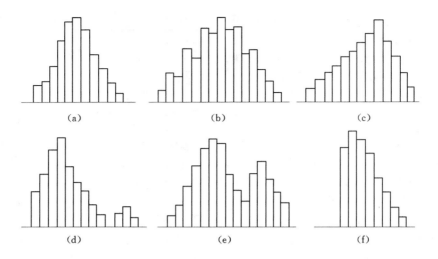

图 4-33 常见的直方形

（a）正常型；（b）折齿型；（c）缓坡型；（d）孤岛型；（e）双峰型；（f）峭壁型

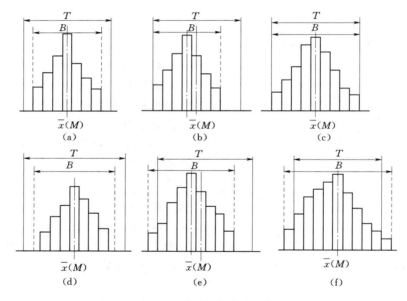

图 4-34 实际质量特性分布于标准比较

2）图 4-34（b）中，质量特性数据分布偏下限，易出现不合格，在管理上必须提高总体能力。

3）图 4-34（c）中，质量特性数据的分布充满上下限，质量能力处于临界状态，易出现不合格，必须分析原因，采取措施。

4）图 4-34（d）中，质量特性数据的分布居中且边界与上下限有较大的距离，说明质量能力偏大不经济。

5）图 4-34（e）中，质量特性数据出现超出下限的数据，说明生产过程存在质量不合格，需要分析原因，采取措施进行纠偏。

6）图 4-34（f）中，质量特性数据完全超出了标准上、下限值，散差太大，产生许多废品，说明生产过程能力不足，应提高生产过程能力。

（五）相关图法

相关图又称散布图，它是研究两个变量之间关系的一种图形，两个质量数据之间有一定的相互关系，但不一定是严格的函数关系，这种关系称为相关关系，可以利用直角坐标系将两个变量的关系用散点来描述出来。这两个变量一般有三种类型：一是质量特性和影响因素之间的关系；二是质量特性和质量特性之间的关系；三是影响因素和影响因素之间的关系。

1. 相关图的绘制步骤

【例 4-6】　分析混凝土抗压强度和水灰比之间的关系。

（1）收集数据。要成对地收集两种质量数据，数据不宜过少，并要求每对数据（x，y）均为对应的，即一个 x 值与一个 y 值相对应，同时还必须是来自同一对的同一样本。本例收据数据见表 4-20。

表 4-20　　　　　　　　　　混凝土抗压强度与水灰比统计资料

	序号	1	2	3	4	5	6	7	8
x	水灰比/（W/C）	0.4	0.45	0.5	0.55	0.6	0.65	0.7	0.75
y	强度/（N/mm²）	36.3	35.3	28.2	24.0	23.0	20.6	18.4	15.0

（2）绘制相关图。在直角坐标系中，依次将每一对数据（x_i，y_i）在坐标系内描出相应的点，便得到散布图。一般 x 轴用来代表原因的量或容易控制的量，本例中表示水灰比；y 轴用来代表结果的量或不容易控制的量，本例表示强度。如图 4-35 所示。

2. 相关图的观察与分析

相关图中点的集合，反映了两种数据之间的散布状况，根据散布状况我们可以分析两个变量之间的关系。归纳起来，有以下 6 种类型，如图 4-36 所示。

（1）正相关［图 4-36（a）］。散布点基本形成由左至右，向上变化的一条直线带，即随 x 增加，y 值也在增加，说明 x 与 y 有较强的制约关系。此时，可通过对 x 控制而有效控制 y 的变化。

（2）弱正相关［图 4-36（b）］。散布点形成向上较分散的直线带。随 x 值的增加，y 值也有增加趋

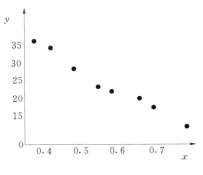

图 4-35　相关图

势，x、y 的关系不如正相关明确，说明 y 除受 x 影响外，还受其他更重要的因素影响，需要进一步利用因果分析图法分析其他影响因素。

（3）不相关［图 4-36（c）］。散布点形成一团或平行于 x 轴的直线带。说明 x 变化不会引起 y 变化或其变化无规律，分析质量原因时可排除 x 因素。

（4）负相关［图 4-36（d）］。散布点形成由左至右向下的一条直线带。说明 x 对 y 的影响与正相关恰好相反。

（5）弱负相关［图 4-36（e）］。散布点形成由左至右向下分布的较分散的直线带。说明 x 与 y 的相关关系较弱，且变化趋势相反，应考虑寻找影响 y 的其他更重要的因素。

（6）非线形相关［图 4-36（f）］。散布点呈一曲线带，即在一定范围内 x 增加，y 也增加，超过这个范围 x 增加，y 则有下降趋势，或改变变动的斜率呈曲线行驶。

在本例中，从图 4-36 可看出，水灰比对强度影响关系属于负相关，即在其他条件不变的情况下，混凝土强度随着水灰比增加有逐渐降低的趋势。

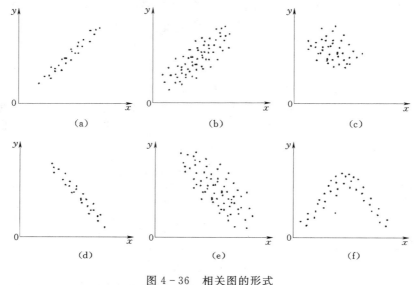

图 4-36　相关图的形式

3. 相关系数

通过观察相关图，可以定性分析判断两个变量之间的相关关系。而利用相关系数则可以定量度量两个变量之间线形相关的密切程度，相关系数一般用 r 来表示，其计算公式为

$$r = \frac{n\sum xy - \sum x \sum y}{\sqrt{n\sum x^2 - (\sum x)^2}\ \sqrt{n\sum y^2 - (\sum y)^2}}$$

当相关系数 r 为正时，表示正相关；r 为负时，表示负相关。r 的绝对值总在 $0\sim1$ 之间，绝对值越大，表示相关关系越密切。

（六）控制图法

控制图又称管理图，它是在直角坐标系内画有控制界限，描述生产过程中产品质量波动状态的图形。利用控制图区分质量波动原因，判明生产过程是否处于稳定状态的方法称为控制图法。

控制图的基本形式如图 4-37 所示，横坐标为样本（子样）序号或抽样时间，纵坐标为被控制对象，即被控制的质量特性值。控制图上一般有三条线：在最上面的一条虚线称为上控制界限，用符号 UCL 表示；在最下面的一条虚线称为下控制界限，用符号 LCL 表示；中间的一条实线称为中心线，用 CL 表示。中心线标志着质量特性值分布的中心位置，上下控制界限标志着质量特性值允许波动的范围。

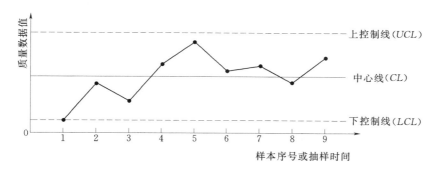

图 4-37　控制图

案例：

结合一个案例来说明什么是挣值、什么是挣值管理，以及在项目中如何使用。首先让我们来理解几个概念：

（1）PV——计划值，计划完成工作的价值。

（2）EV——挣值或实现价值，完成工作的实际价值。

（3）AC——实际的花费。

（4）EV（Earned Value）就是挣值，又称实现价值，我们用它来度量完成的工作的实际价值。

（5）EVM（Earned Value Management）就是挣值管理，它是一种综合了项目范围、进度、资源并度量项目实际绩效的一种方法，它将所计划的工作的价值与实际完成的工作的实际价值及实际的支出进行比较，以判断成本与进度方面的绩效是否符合计划的要求。

下面用一个例子来说明挣值管理应用。

杰克和安妮都是百安居装饰工程公司项目经理。安妮来公司已经 4 年，大大小小的项目管了 8 个，并在 2004 年年初获得 PMP 证书。杰克大学毕业来公司已经 10 个月，一直跟着公司的几个资深的项目经理协调工程项目，好学上进，希望早点独立管理项目。

一天，机会真的来了。总经理迈克把杰克叫到办公室，将一个别墅装修工程项目交给了它。杰克异常兴奋，接着开始研究合同条款，确定范围，WBS，活动定义，进度计划，资源计划，费用估算/预算，采购计划等，在安妮的帮助下，经过多次反复修改，项目计划总算被迈克批准了。项目由 11 个活动组成，总工期为 121 天，费用为 31 万。

活动一：费用预算为 2 万，活动二：费用预算为 1 万；活动三：费用预算为 4.5 万，活动四：费用预算为 3 万；活动五：费用预算为 1 万，活动六：费用预算为 4 万，活动七：费用预算为 2 万，活动八：费用预算为 2 万；活动九：费用预算为 6 万，活动十：费用预算为 5 万；活动十一：费用预算为 0.5 万。

于是杰克召开项目启动会议，热热闹闹，装修工程项目正式开始了。二个月过去了，总经理迈克要求杰克提交工程绩效分析报告。按计划二个月应该完成活动 1、2、3、5、6、8，预算合计为 14.5 万（2＋1＋4.5＋1＋4＋2＝14.5），经过统计实际完成了活动 1、2、3、5、6，实际花费为 13.9 万。杰克得出的结论是：项目实际进度比计划落后一点点，但我们费用控制得很好，只要在以后的两个月加快进度，我们成功完成项目是不成问题的。

总经理迈克让安妮来对杰克的项目进行审核。安妮经过一番调查后认为杰克的工作量统计是准确的，但安妮分析的结果和杰克的完全不同。项目当前的 PV 为 14.5 万，AC 为 13.9 万，EV 为 12.5 万，安妮的计算结果是：

$$进度偏差 \ SV=EV-PV=12.5-14.5=-2(万)<0$$
$$费用偏差 \ CV=EV-AC=12.5-13.9=-1.4(万)<0$$
$$进度绩效指数 \ SPI=EV/PV=12.5/14.5=0.86<1$$
$$费用绩效指数 \ CPI=EV/AC=12.5/13.9=0.90<1$$

如果项目后期的费用绩效和进度绩效与前二个月差不多，安妮估算在完工时的绩效为：

$$费用完工估算=BAC/CPI=31/0.9=34.44(万)$$
$$完工总时间估算=计划总工期/进度绩效指数=121/0.86=140.7(天)$$

安妮的结论是：项目进度落后与计划大约 15%，费用也有 10% 左右的超支，如果后期不加强有效的管理和控制，项目失败是不可避免的。

故事的发展大家很可能都估计得到，总经理迈克更换了项目经理，项目经理由安妮担任，杰克仍然留在了项目团队，当上安妮的助手……

复 习 思 考 题

1. 在工程项目管理中，业主方和项目参与各方都有进度控制的任务，他们的任务分别是？

2. 已知各项工作之间的逻辑关系见表 4-21，试绘制双代号网络图。

表 4-21

工作	A	B	C	D	E
紧前工作	—	—	A	A、B	B

3. 已知某工程项目网络计划如图 4-38 所示，试计算各工作的时间参数，并确定关键线路。

4. 网络进度计划控制方法有哪些步骤？

5. 工程项目成本控制的原则有哪些？

6. 工程项目成本控制的基本依据有哪些？

7. 某土方工程于 2011 年 10 月签订施工合同，11 月正式施工。合同约定，土方工程综合单价为 75 元/m^3，按月结算，结算价按工程所在地当月土方工程价格指数进行调整；11 月份计划工程量 5000m^3。到月底检查时，经工程师确认的承包商实际完成工程量为 4600m^3；2011 年 10 月签约时土方工程的价格指数为 100，11 月的价格指数为 108。

请根据以上描述回答下列问题（以万元为单位）：

(1) 该工程 11 月的计划工作预算费用为多少？

(2) 该工程 11 月的已完工作实际费用为多少？

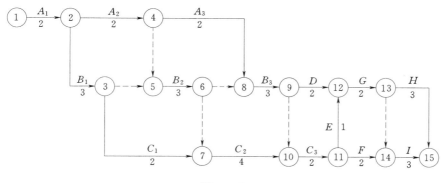

图 4-38

（3）该工程 11 月的费用偏差为多少？

（4）该工程 11 月费用表示的进度偏差为多少？

8. 影响工程项目质量的因素有哪些？

9. 工程项目质量特点有哪些？

10. 建设工程项目各参与方在施工阶段质量控制的任务目标是什么？

11. 某施工单位在某现浇钢筋混凝土框架结构住宅楼施工过程中，检查发现房间地坪质量不合格，因此施工单位对该质量问题进行了调查，发现有 100 间房间起砂，调查结果统计见表 4-22。

表 4-22

起 砂 原 因	出现房间数/间	起 砂 原 因	出现房间数/间
砂含泥量过大	25	水泥强度等级太低	3
砂粒径过细	55	后期养护不良	5
砂浆配合比不当	10	其他	2

问题：施工单位应选用哪种质量统计分析方法来分析存在的质量问题？具体应该如何做？

第五章 工程项目合同管理

本章学习目标

通过本章的学习，读者应能：

（1）掌握建设工程合同的基本概念、特征、种类、作用。

（2）掌握建设工程施工合同的订立、合同的履行、合同的解除、施工索赔的内容。

（3）了解有关工程项目合同管理的基本知识。

（4）掌握以科学及法律的手段进行工程项目合同管理的内容。

第一节 工程项目合同管理概述

一、工程项目合同的概念和种类

工程项目的建设过程是一个复杂的社会生产过程，有着自身的规律和特点，具有明显的行业特征。从项目建设的过程看，可分为项目建议书、项目可行性研究、勘察设计、施工、竣工验收和生产运营等各个阶段；从专业技术角度看，项目建设涉及建筑、结构、给排水、电、燃气、电讯、市政、园林绿化等专业设计和施工活动；从所消耗的资源看，需要劳动力、各种建筑材料、施工机械、建筑设备、建设资金等，工业项目更需要专业化的生产设备。

由于社会化生产和专业化分工，一个工程项目往往需要众多的单位参与前期策划、规划设计、建筑施工、设备安装、材料设备供应及其他工程咨询等活动，小型项目可能需要十几个参建单位，大型项目往往需要几十个，甚至成百上千个参建单位。这些单位从各自的角度和各自的利益出发，通过分工协作，共同努力，完成项目建设任务。市场经济条件下，合同就成为维系这些参建单位，调节各方权利义务关系的纽带。

我国《合同法》第二百六十九条规定："建设工程合同是承包人进行工程建设，发包人支付价款的合同。"在建设工程项目的实施过程中，往往会涉及许多合同，比如工程咨询合同、勘察合同、设计合同、施工承包合同、材料供应合同、总包合同、分包合同等。

二、合同的法律特征和效力

（一）合同的法律特征

合同是当事人双方的法律行为，它具有以下法律特征。

1. 签订合同者必须是法人

凡具有下列条件者才具有法人资格：

（1）必须依法成立。设立法人必须经过政府主管机关的批准或者核准登记。

（2）有必要的财产或者经费。

（3）有自己的名称、组织机构和场所。

（4）能够独立进行民事活动和参加民事诉讼。

2. 合同双方的地位平等

合同是双方当事人在合同关系中有目的、有意识的经济活动和民事行为。在签订合同之后，合同的双方都具有平等的地位，都是履行合同者，其间不存在隶属或上下级的服从关系，任何一方都不得把自己的意志强加于对方。

3. 合同是双方的法律行为

签订合同是双方（或多方）自愿的。所以，合同是双方的法律行为，不是单方的法律行为。其成立须双方意识表示一致，在先的意识表示为要约，在后的意思表示为承诺。

4. 合同是合法的法律行为

合同的内容和形式不能违背国家的政策、法令、法律规范，合法成立的合同具有法律约束力，受国家法律的保护，非法合同不具备国家法律保护，还要承担因此而产生的法律责任。

（二）合同的法律效力

我国在《民法通则》中规定："依法成立的合同，受法律保护，公民、法人违反合同或不履行其义务的，应当承担民事责任。"因此，合同一旦成立，当事人之间便产生法律的约束，合同具有以下法律效力：

（1）合同订立之后，合同的双方（或多方）当事人必须无条件地、全面履行合同中约定的各项义务。

（2）依法订立的合同，除非经双方当事人协商同意，或出现了法律变更原因，可以将原合同变更或解除外，任何一方都不得擅自变更或解除合同。

（3）合同当事人一方不履行或未能全部履行义务时，则构成违约行为，要依法承担民事责任；另一方当事人，有权请求法院强制其履行义务，并有权就不履行或迟延履行合同而造成的损失请求赔偿。

三、工程项目合同管理的工作内容

合同管理，不仅包括对每个合同的签订、履行、变更和解除等过程的控制和管理，还包括对所有合同进行统筹安排的过程，因而，合同管理的主要工作内容有：根据工程项目的特点和要求确定工程项目建设任务的委托模式（例如：设计任务和监理任务）和承包模式（例如：施工任务）、选择合同文本、确定合同计价方法和支付方法、合同履行过程的管理与控制、合同索赔等。

四、工程合同管理的任务和作用

合同管理的任务是依照法律、法规和政策要求，运用组织、指导、监督等手段，促使当事人依法签订、履行、变更合同和承担违约责任，制止和查处利用合同进行违法行为，保证国家的基本建设顺利进行。搞好合同管理，其具体作用主要表现如下：

（1）有利于健全和发展建筑市场。目前我国正大力发展社会主义市场经济，在市场经济条件下，主要是依靠合同来规范当事人的交易行为，合同的内容将成为开展建筑活动的主要依据。依法加强工程合同管理，可以规范建筑市场的劳动力、材料、资金、技术、信息的管理，健全和发展建筑市场。

（2）有利于提高工程建设的管理水平。工程建设管理水平的提高体现在工程质量、进度和投资这三大控制目标上，这三大控制目标的管理水平主要体现在合同中。合同中这三大控制目标确定后，要求合同当事人在工程建设管理中严格按合同规定内容去实现这些目标。如果能严格按合同的要求进行管理就能实现工程质量、进度和投资这三大控制目标，从而有效的提高工程建设的管理水平。

（3）有利于明确合同双方的责任，促进企业的内部管理，增强企业履行合同的自觉性，从而可有效地提高企业的经营管理水平。

（4）有利于密切沟通双方的协作关系，减少纠纷事件的发生。

第二节　工程项目施工合同订立与管理

一、工程项目施工合同的订立

（一）要约与承诺

当事人订立合同，采用要约、承诺方式。合同的成立需要经过要约和承诺两个阶段。

1. 要约

（1）要约的概念。要约是希望和他人订立合同的意思表示。提出要约的一方为要约人，接受要约的一方为受要约人。

（2）要约应当具备以下条件：①内容具体确定；②表明经受要约人承诺，要约人即受该意思表示约束。

要约必须是以缔结合同为目的，必须是对相对人发出的行为，必须由相对人承诺。

2. 承诺

（1）承诺的概念和条件。承诺是受要约人作出的同意要约的意思表示。

（2）承诺具备以下条件：①承诺必须由受要约人作出。非受要约人向要约人作出的接受要约的意思表示是一种要约而非承诺；②要约只能向要约人作出；③承诺的内容应当与要约的内容一致。承诺对要约的内容作出非实质性变更的，除要约人及时反对或者要约表明不得对要约内容做任何修改以外，该承诺有效，合同以承诺的内容为准；④承诺必须在承诺期限内发出。超过期限，除要约人及时通知受要约人该承诺有效外，视为新要约。

（二）订立工程项目施工合同应当具备的条件

订立工程项目施工合同应具备以下条件：

（1）初步设计已经批准。

（2）工程项目已列入年度建设计划。

（3）有能够满足施工需要的设计文件和有关技术资料。

（4）建设资金和主要建筑材料设备来源已经落实。

（5）招投标工程，中标通知已经下达。

（三）订立工程项目施工合同的程序

工程项目施工合同作为合同的一种，其订立也应经过要约和承诺两个阶段。最后，将双方协商一致的内容以书面合同的形式确立下来。其订立方式有两种：直接发包和招标发包。如果没有特殊情况，工程建设的施工都应通过招标投标确定施工企业。

（四）订立工程项目施工合同应遵守的原则

订立工程项目施工合同应当遵循平等自愿原则、公平原则、诚实信用原则、遵守法律法规和不得损害社会公共利益的原则。由于当前建筑市场竞争十分激烈，建设单位往往处于十分有利的地位，在与承包方签订合同时常附加一些不合理的条件，如：垫资施工、压价等。我们要正确认识订立工程项目施工合同的原则，坚决抵制违反合同订立原则的合同。

（五）工期

在合同协议书内应明确注明开工日期、竣工日期和合同工期总日历天数。如果是招标选择的承包人，工期总日历天数应为投标书内承包人承诺的天数。

合同内如果有发包人要求分阶段移交的单位工程或部分工程时，在专用条款内还需明确约定中间交工工程的范围和竣工时间。此项约定也是判定承包人是否按合同履行了义务的标准。

（六）合同价款与支付

1. 合同价款及调整

招标工程的合同价款由发包人与承包人依据中标通知书中的中标价格在协议书内约定；非招标工程的合同价款由发包人与承包人依据工程预算书在协议书内约定。

合同价款在协议书内约定后，任何一方不得擅自改变。下列三种确定合同价款的方式，双方可在专用条款内约定采用其中一种：

（1）固定价格合同。是指在约定的风险范围内价款不再调整的合同。这种合同的价款并不是绝对不可调整，而是约定范围内的风险由承包人承担。双方需在专用条款内约定合同价款包含的风险范围、风险费用的计算方法和承包风险范围以外对合同价款影响的调整方法，在约定的风险范围内合同价款不再调整。工程承包活动中采用的总价合同和单价合同均属于此类合同。

（2）可调价合同。是指合同价款可根据双方的约定而调整，双方在专用条款内约定合同价款调整的方法。此类合同通常用于工期较长的施工合同，如工期在 18 个月以上的合同，发包人和承包人在招投标阶段和签订合同时不可能合理预见到一年半后物价浮动和后续法规变化对合同价款的影响，为了合理分担外界因素影响的风险，应采用可调价合同。

可调价合同中合同价款的调整因素包括：①法律、行政法规和国家有关政策变化；②工程造价管理部门公布的价格调整；③一周内非承包人原因停水、停电、停气造成停工累计超过 8h；④双方约定的其他因素。

承包人应在上述情况发生后 14 天内，将调整原因、金额以书面形式通知工程师，工程师确认调整金额后作为追加合同价款，与工程款同期支付。工程师收到承包人通知后 14 天内不予确认也不提出修改意见，视为已经同意该项调整。

（3）成本加酬金合同。是指合同价款包括成本和酬金两部分，双方在专用条款内约定成本构成和酬金的计算方法。如发包人负担全部工程成本，对承包人完成的工作支付相应酬金的计价方式。此类合同通常用于紧急工程施工，如灾后修复工程；或采用新技术新工艺施工，双方对施工成本均心中无底，为了合理分担风险采用此种方式。

2. 工程预付款

工程预付款是发包人为了帮助承包人解决工程施工前期资金紧张的困难，提前给付的一笔款项。实行工程预付款的，双方应在专用条款内约定发包人向承包人预付工程款的时间和数额，开工后按约定的时间和比例逐次扣回。

3. 工程进度款支付

在确认计量结果后 14 天内，发包人应向承包人支付工程进度款。按约定时间发包人应扣回的预付款，与工程进度款同期结算。

按合同约定的追加合同价款，应与工程进度款同期调整支付。

发包人超过约定的支付时间不支付工程进度款，承包人可向发包人发出要求付款的通知，发包人收到承包人通知后仍不能按要求付款，可与承包人协商签订延期付款协议，经承包人同意后可延期支付。

发包人不按合同约定支付工程进度款，双方又未达成延期付款协议，导致施工无法进行的，承包人可停止施工，由发包人承担违约责任。

（七）解决合同争议的方式

发生合同争议时，应按以下程序解决：双方协商和解决；达不成一致时请第三方调解解决；调解不成，则需通过仲裁或诉讼最终解决。在合同专用条款内需明确约定双方共同接受的调解人，以及最终解决合同争议是采用仲裁还是诉讼方式、仲裁委员会或法院的名称。

二、工程项目施工合同的管理

（一）工程项目施工合同双方的权利和义务

1. 发包人工作

发包人按专用条款约定的内容和时间完成以下工作：

（1）办理土地征用、拆迁补偿、平整施工场地等工作，使施工场地具备施工条件，在开工后继续负责解决以上事项的遗留问题。

（2）将施工所需水、电、电讯线路从施工场地外部接至专用条款约定地点，保证施工期间的需要。

（3）开通施工场地与城乡公共道路的通道，以及专用条款约定的施工场地内的主要道路，满足施工运输的需要，保证施工期间的畅通。

（4）向承包人提供施工场地的工程地质和地下管线资料，对资料的真实准确性负责。

（5）办理施工许可证及其他施工所需证件、批件和临时用地、停水、停电、中断道路交通、爆破作业等的申请批准手续（证明承包人自身资质的证件除外）。

（6）确定水准点与坐标控制点，以书面形式交给承包人，进行现场交验。

（7）组织承包人和设计单位进行图纸会审和设计交底。

（8）协调处理施工场地周围地下管线和临近建筑物、构筑物（包括文物保护建筑）、古树名木的保护工作，承担有关费用。

（9）发包人应做的其他工作，双方在专用条款内约定。

发包人可以将上述部分工作委托承包方办理，双方在专用条款内约定，其费用由发包人承担。

发包人不按合同约定完成以上义务，导致工期延误或给承包人造成损失的，发包人赔偿承包人有关损失，延误的工期相应顺延。

2．承包人工作

（1）根据发包人委托，在其设计资质等级和业务允许的范围内，完成施工图设计或与工程配套的设计，经工程师确认后使用，发包人承担由此发生的费用。

（2）向工程师提供年、季、月度工程进度计划及相应进度统计报表。

（3）根据工程需要，提供和维修非夜间施工使用的照明、围栏设施，并负责安全保卫。

（4）按专用条款约定的数量和要求，向发包人提供施工场地办公和生活的房屋及设施，发包人承担由此发生的费用。

（5）遵守政府有关主管部门对施工场地交通、施工噪音以及环境保护和安全生产等的管理规定，按规定办理有关手续，并以书面形式通知发包人，发包人承担由此发生的费用，因承包人责任造成的罚款除外。

（6）已竣工工程在交付发包人之前，承包人按专用条款约定负责已完工程的保护工作，保护期间发生损坏，承包人自费予以修复；发包人要求承包人采取特殊措施保护的工程部位和相应的追加合同价款，双方在专用条款内约定。

（7）按专用条款约定做好施工场地地下管线和临近建筑物、构筑物（包括文物保护建筑）、古树名木的保护工作。

（8）保证施工场地清洁符合环境卫生管理的有关规定，交工前清理现场达到专用条款约定的要求，承担因自身原因违反有关规定造成的损失和罚款。

（9）承包人应做的其他工作，双方在专用条款内约定。

承包人不能履行上述各项义务，造成发包人损失的，承包人赔偿发包人有关损失。

3．工程师的产生和职权

（1）工程师的产生和易人。工程师包括监理单位委派的总监理工程师或者发包人指定的履行合同的负责人两种情况。

1）发包人委托的监理。发包人可以委托监理单位，全部或者部分负责合同的履行管理。监理单位委派的总监理工程师在施工合同中称为工程师。总监理工程师是经监理单位法定代表人授权，派驻施工现场监理组织的总负责人，行使监理合同赋予监理单位的权利和义务，全面负责受委托工程的监理工作。

发包人应当将委托的监理单位名称、工程师的姓名、监理内容及监理权限以书面形式通知承包人。除合同内有明确约定或经发包人同意外，负责监理的工程师无权解除合同约定的承包人的任何权利和义务。

2）发包人派驻代表。发包人派驻施工场地履行合同的代表在施工合同中也称工程师。发包人代表是经发包人单位法定代表人授权，派驻施工现场的负责人，其姓名、职务、职责在专用条款内约定，但职责不得与监理单位委派的总监理工程师职责相互交叉。双方职责发生交叉或不明确时，由发包人明确双方职责，并以书面形式通知承包方。

3）工程师易人。施工过程中，如果发包人需要撤换工程师，应至少于易人前7天以书面形式通知承包人，后任继续履行合同文件约定的前任的权利和义务，不得更改前任作出的书面承诺。

（2）工程师的职责。工程师按合同约定履行职责。发包人对于工程师行使的权力范围一般都有一定的限制，如对委托监理的工程师要求其在行使认可索赔权力时，如索赔额超过一定限度，必须先征得发包人的批准。工程师的具体职责如下：

1）工程师的委派。在施工过程中，不可能所有的监督和管理工作都由工程师亲自完成。工程师可委派工程师代表，行使合同约定的自己的职权，并可在认为必要时撤回委派。委派和撤回均应提前7天以书面形式通知承包人，负责监理的工程师还应将委派和撤回通知发包人。委派书和撤回通知作为合同附件。工程师代表在工程师授权范围内向承包人发出的任何书面形式的函件，与工程师发出的函件效力相同。

2）工程师的指令。工程师的指令、通知由其本人签字后，以书面形式交给承包人代表，承包人代表在回执上签署姓名和收到时间后生效。确有必要时，工程师可发布口头指令，并在48h内给予书面确认，承包人对工程师的指令应予执行。工程师不能及时给予书面确认的，承包人应于工程师发出口头指令后7天内提出书面确认要求。工程师在承包人提出确认要求后48h内不予答复的，视为口头指令已被确认。

承包人认为工程师指令不合理，应在收到指令后24h内提出修改指令的书面报告，工程师在收到承包人报告后24h内作出修改指令和继续执行原指令的决定，并以书面形式通知承包人。紧急情况下，工程师要求承包人立即执行的指令或承包人虽有异议，但工程师决定仍继续执行的指令，承包人应予执行。因指令错误发生的费用和给承包人造成的损失由发包人承担，延误的工期相应顺延。对于工程师代表在其权限范围内发出的指令和通知，视为工程师发出的指令和通知。但工程师代表发出指令失误时，工程师可以纠正。

3）工程师应当及时履行自己的职责。工程师应按合同约定，及时向承包人提供所需指令、批准并履行约定的其他义务。由于工程师未能按合同约定履行义务造成工期延误，发包人应承担延误造成的追加合同价款，并赔偿承包人有关损失，顺延延误的工期。

4. 承包方项目经理的产生和职责

（1）承包方项目经理的产生。承包方项目经理是由承包人单位法定项目经理人授权的，派驻施工现场的承包方总负责人。他代表承包人负责工程施工的组织、实施。承包方施工质量、进度管理方面的好坏与承包方项目经理的水平、能力、工作热情有很大关系。项目经理的姓名、职务在专用条款内约定。

承包方如需要更换项目经理，应至少提前7天以书面形式通知发包人，并征得发包人同意，后任继续行使合同约定的前任的职权，履行前任的义务，不得更改前任作出的书面承诺。发包人可以与承包人协商，建议更换其认为不称职的项目经理。

（2）项目经理的职责。

1）代表承包方向发包人提出要求和通知。承包方项目经理有权代表承包方向发包人提出要求和通知。承包方的要求和通知，以书面形式由承包方项目经理签字后送交工程师，工程师在回执上签署姓名和收到时间后生效。

2）组织施工。项目经理按工程师认可的施工组织设计（或施工方案）和依据合同发出的指令、要求组织施工。在情况紧急且无法与工程师联系时，应当采取保证人员生命和工程财产安全的紧急措施，并在采取措施后48h内向工程师提交报告。责任在发包人或第三人，由发包人承担由此发生的追加合同价款，相应顺延工期；责任在承包人，由承包人承担费用，不顺延工期。

（二）工程项目施工合同的履行

施工合同一经依法订立，即具有法律效力，双方当事人应当按合同约定严格履行。

1. 安全施工

（1）安全施工与检查。承包人应遵守工程建设安全生产的有关管理规定，严格按安全标准组织施工，并随时接受行业安全检查人员依法实施的监督检查，采取必要的安全防护措施，消除事故隐患。由于承包人安全措施不力造成事故的责任和因此发生的费用，由承包人承担。

发包人应对其在施工场地的工作人员进行安全教育，并对他们的安全负责。发包人不得要求承包人违反安全管理的规定进行施工。因发包人原因导致的安全事故，由发包人承担相应的责任及发生的费用。

（2）安全防护。承包人在动力设备、输电线路、地下管道、密封防震车间、易燃易爆地段以及临街交通要道附近施工时，施工开始前应向工程师提出安全防护措施，经工程师认可后实施，防护措施费用由发包人承担。

实施爆破作业，在放射、毒害性环境中施工（含存储、运输、使用）及使用毒害性、腐蚀性物品施工时，承包人应在施工前14天以书面形式通知工程师，并提出相应的安全防护措施，经工程师认可后实施，由发包人承担安全防护措施费用。

（3）事故处理。发生重大伤亡及其他安全事故，承包人应按有关规定立即上报有关部门并通知工程师，同时按政府有关部门要求处理，由事故责任方承担发生的费用。

发包人承包人对事故责任有争议时，应按政府有关部门的认定处理。

2. 不可抗力

不可抗力包括因战争、动乱、空中飞行物体坠落或其他非发包人承包人责任造成的爆炸、火灾，以及专用条款约定的、雨、雪、洪水、地震等自然灾害。

不可抗力事件发生后，承包人应立即通知工程师，在力所能及的条件下迅速采取措施，尽力减少损失，发包人应协助承包人采取措施。不可抗力事件结束后48h内承包人向工程师通报受害情况和损失情况，及预计清理和修复费用。不可抗力事件持续发生，承包人应每隔7天向工程师报告一次受害情况。不可抗力事件结束后14天内，承包人向工程师提交清理和修复费用的正式报告及有关资料。

因不可抗力事件导致的费用及延误的工期，由双方按以下方法分别承担：

（1）工程本身的损害、第三方人员伤亡和财产损失以及运至施工场地用于施工的材料和待安装的设备的损害，由发包人承担。

（2）承发包双方人员伤亡由其所在单位负责，并承担相应费用。

（3）承包人机械设备损坏及停工损失，由承包人承担。

（4）停工期间，承包人应工程师要求留在施工场地的必要的管理人员及保卫人员的费用由发包人承担。

（5）工程所需清理、修复费用，由发包人承担。

（6）延误的工期相应顺延。

3. 保险

工程开工前，发包人为建设工程和施工场地内的所有人员及第三方人员生命财产办理保险，支付保险费用；运至施工场地内用于工程的材料和待安装设备，由发包人办理保险，并交付保险费用；发包人可以将有关保险事项委托承包人办理，费用由发包人承担。

承包人必须为从事危险作业的职工办理意外伤害保险，并为施工场地内所有人员生命财产和施工机械设备办理保险，支付保险费用。保险事故发生时，承包人发包人有责任尽力采取必要的措施，防止或者减少损失。

4. 担保

承发包双方为了全面履行合同，应互相提供以下担保：

（1）发包人向承包人提供履约担保，按合同约定支付工程价款及履行合同约定的其他义务。

（2）承包人向发包人提供履约担保，按合同约定履行自己的各项义务。

一方违约后，另一方可要求提供担保的第三方承担相应责任。

5. 工程分包

工程分包，是指经合同约定和发包单位认可，从工程承包人承包的工程中承包部分工程的行为。承包人与分包单位签订分包合同，分包合同签订后，发包人与分包单位之间不存在直接的合同关系，分包单位应对承包人负责，承包人对发包人负责。非经发包人同意，承包人不得将承包工程的任何部分分包。

工程分包不能解除承包人任何责任与义务。承包人应在分包场地派驻相应管理人员，保证本合同的履行。分包单位的任何违约行为或疏忽导致工程损害或给发包人造成其他损失，承包人承担连带责任。

分包工程价款由承包人与分包单位结算。分包人未经承包人同意不得以任何形式向分包单位支付各种工程款项。

6. 专利技术及特殊工艺

发包人要求使用专利技术或特殊工艺，必须负责办理相应的申报手续，承担申报、试验、使用等费用；承包人提出使用专利技术或特殊工艺，应取得工程师认可，承包人负责办理申报手续并承担有关费用。擅自使用专利技术侵犯他人专利权的，责任者承担全部后果及所发生的费用。

7. 文物和地下障碍物

在施工中发现古墓、古建筑遗址等文物及化石或其他有考古、地质研究等价值的物品时，承包人应立即保护好现场并于 4h 内以书面形式通知工程师，工程师应于收到书面通知后 24h 内报告当地文物管理部门，承发包双方按文物管理部门的要求采取妥善保护措施。发包人承担由此发生的费用，顺延延误的工期。如发现后隐瞒不报，致使文物遭受破坏，责任者依法承担相应责任。

施工中出现影响施工的地下障碍物时，承包人应于 8h 内以书面形式通知工程师，同时提出处置方案，工程师收到处置方案后 24h 内予以认可或提出修正方案。发包人承担由此发生的费用，顺延延误的工期。所发现的地下障碍物有归属单位时，发包人应报请有关部门协同处置。

三、工程项目施工合同的违约责任

1. 发包人的违约责任

当发生下列情况时，发包人违约：

(1) 发包人不按合同约定按时支付工程预付款。

(2) 发包人不按合同约定支付工程款（进度款），导致施工无法进行。

(3) 发包人无正当理由不支付竣工结算价款。

(4) 发包人不履行合同义务或不按合同约定履行义务的其他情况。

发包人承担违约责任，赔偿因其违约给承包人造成的经济损失，顺延延误的工期。双方在专用条款内约定发包人赔偿承包人损失的计算方法或者发包人应当支付违约金的数额或计算方法。

2. 承包人的违约责任

当发生下列情况时，承包人违约：

(1) 因承包人原因不能按照协议书约定的竣工日期或工程师同意顺延的工期竣工。

(2) 因承包人原因工程质量达不到协议书约定的质量标准。

(3) 承包人不履行合同义务或不按合同约定履行义务的其他情况。

承包人承担违约责任，赔偿因其违约给发包人造成的损失。双方在专用条款内约定承包人赔偿发包人损失的计算方法或者承包人应当支付违约金的数额或计算方法。

一方违约后，另一方要求违约方继续履行合同时，违约方承担上述违约责任后仍应继续履行合同。

四、工程项目施工合同的变更与解除

（一）工程设计变更

在施工过程中有时会发生设计变更，对施工进度产生很大的影响。因此，应尽量减少设计变更，如果必须对设计进行变更，则应严格按照国家规定和合同约定进行。

1. 发包人对原设计进行变更

施工中发包人需对原工程设计进行变更，应提前 14 天以书面形式向承包人发出变更通知。变更超过原设计标准或批准的建设规模时，发包人应报规划管理部门和其他有关部门重新审查批准，并由原设计单位提供变更的相应图纸和说明。

因发包人进行的变更导致合同价款的增减及造成的承包人损失，由发包人承担，延误的工期相应顺延。

2. 承包人对原设计进行变更

施工中承包人不得对原工程设计进行变更。承包人在施工中提出的合理化建议涉及对设计图纸或施工组织设计的变更及对材料、设备的换用，须经工程师同意。工程师同意后由原设计单位提供变更的相应图纸和说明。变更超过原设计标准或批准的建设规模时，发包人应报规划管理部门和其他有关部门重新审查批准。承包人未经工程师同意擅自变更设计的，承包人承担由此发生的费用，并赔偿发包人的有关损失，延误的工期不予顺延。

工程师同意采用承包人合理化建议，所发生的费用和获得的收益，由承发包双方另行

约定分担或分享。

3. 设计变更事项

承包人按照工程师发出的变更通知及有关要求，进行下列需要的变更：

（1）更改工程有关部分的标高、基线、位置和尺寸。

（2）增减合同中约定的工程量。

（3）改变有关工程的施工时间和顺序。

（4）其他有关工程变更需要的附加工作。

（二）其他变更

合同履行中发包人要求变更工程质量标准及发生其他实质性变更，由双方协商解决。

（三）变更价款的确定

1. 变更价款的确定程序

承包人在工程变更确定后 14 天内，提出变更工程价款的报告，经工程师确认后调整合同价款。承包人在确认变更后 14 天内不向工程师提出变更价款报告时，视为该项变更不涉及合同价款的变更。工程师应在收到变更工程价款报告之日起 14 天内予以确认，工程师无正当理由不确认时，自变更工程价款报告送达之日起 14 天后视为变更工程价款报告已被确认。

工程师确认增加的工程变更价款作为追加合同价款，与工程进度款同期支付。工程师不同意承包人提出的变更价款，按合同约定的争议条款处理。

2. 变更价款的确定原则

变更合同价款按下列方法进行：

（1）合同中已有适用于变更工程的价格，按合同已有的价格变更合同价款。

（2）合同中只有类似于变更工程的价格，可以参照类似价格变更合同价款。

（3）合同中没有适用或类似于变更工程的价格，由承包人提出适当的变更价格，经工程师确认后执行。

（四）合同解除

施工合同订立后，当事人应当按照合同的约定履行。但在一定条件下，合同没有履行或者完全履行，当事人也可以解除合同。

1. 可以解除合同的条件

（1）承发包双方协商一致，可以解除合同。

（2）发包人不按合同约定支付工程款（进度款），双方又未达成延期付款协议，导致施工无法进行，承包人可停止施工，停止施工超过 56 天，发包人仍不支付工程款（进度款），承包人有权解除合同。

（3）当承包人将其承包的全部工程转包给他人或者肢解以后以分包的名义分别转包给他人时，发包人有权解除合同。

（4）有下列情形之一的，发包人承包人可以解除合同：因不可抗力致使合同无法履行；或因一方违约（包括因发包人原因造成工程停建或缓建）致使合同无法履行。

2. 解除合同的程序

一方依据上述（2）、（3）、（4）款约定要求解除合同的，应以书面形式向对方发出解除合同的通知，并在发出通知前 7 天告知对方，通知到达对方时合同解除。对解除合同有争议的，按照关于争议的约定处理。

3. 合同解除后的善后处理

合同解除后，承包人应妥善做好已完工程和已购材料、设备的保护和移交工作，按发包人要求将自有机械设备和人员撤出施工场地。发包人应为承包人撤出提供必要条件，支付以上所发生的费用，并按合同约定支付已完工程款。已经订货的材料、设备由订货方负责退货或解除订货合同，不能退还的贷款和因退货、解除订货合同发生的费用，由发包人承担。因未及时退货造成的损失由责任方承担。

合同解除后，不影响双方在合同中约定的结算和清理条款的效力。

第三节　工程项目施工索赔管理

一、工程项目施工索赔的概念及特征

（一）施工索赔的概念

索赔是当事人在合同实施过程中，根据法律、合同规定及惯例，对不应由自己承担责任的情况造成的损失，向合同的另一方当事人提出给予赔偿或补偿要求的行为。在工程建设的各个阶段，都有可能发生索赔，但在施工阶段索赔发生较多。

（二）索赔的特征

（1）索赔是双向的，不仅发包人可以向承包人索赔，承包人同样也可以向发包人索赔。由于实践中发包人在向承包人索赔的工程中占有主动地位，可以直接从应付给承包人的工程款扣抵，因此在工程实践中大量发生的、处理比较困难的是承包人向发包人的索赔。

（2）只有实际发生了经济损失或权利损害，一方才能向对方索赔。经济损失是指因对方因素造成合同外的额外支出，如人工费、材料费、机械费、管理费等额外开支；权利损害是指虽然没有经济上的损失，但造成了一方权利上的损害，如异常不利的气候条件造成工程进度的影响，承包人有权要求工期延长等。

（3）索赔是一种未经对方确认的单方行为。索赔是一种单方面行为，对对方尚未形成约束力，这种索赔要求能否得到最终实现，必须要通过确认（如双方协商、谈判、调解或仲裁、诉讼）后才能实现。

二、工程项目施工索赔的类型

（一）按索赔的合同依据分类

1. 合同中明示的索赔

合同中明示的索赔是指承包人所提出的索赔要求，在该工程项目的合同文件中有文字依据，承包人可以据此提出索赔要求，并取得经济补偿。这些在合同文件中有文字规定的合同条款，称为明示条款。

2. 合同中默示的索赔

合同中默示的索赔，即承包人的该项索赔要求，虽然在工程项目的合同条款中没有专门的文字叙述，但可以根据该合同的某些条款的含义，推论出承包人有索赔权。这种索赔要求，同样有法律效力，有权得到相应的经济补偿。这种有经济补偿含义的条款，在合同管理工作中被称为"默示条款"或称为"隐含条款"。

默示条款是一个广泛的合同概念，它包含合同明示条款中没有写入、但符合双方签订合同时设想的愿望和当时环境条件的一切条款。这些默示条款，或者从明示条款所表述的设想愿望中引申出来，或者从合同双方在法律上的合同关系引申出来，经合同双方协商一致，或被法律和法规所指明，都成为合同文件的有效条款，要求合同双方遵照执行。

（二）按索赔目的分类

1. 工期索赔

由于非承包人责任的原因而导致施工进程延误，要求批准顺延合同工期的索赔，称之为工期索赔。工期索赔形式上是对权利的要求，以避免在原定合同竣工日不能完工时，被发包人追究拖期违约责任。一旦获得批准合同工期顺延后，承包人不仅免除了承担拖期违约赔偿费的严重风险，而且可能提前工期得到奖励，最终仍反映在经济收益上。

2. 费用索赔

费用索赔的目的是要求经济补偿。当施工的客观条件改变导致承包人增加开支，要求对超出计划成本的附加开支给予补偿，以挽回不应由他承担的经济损失。

（三）按发生索赔的原因分类

1. 工程变更索赔

如工程量的增加，设计变更、施工程序的变更，发包人要求加快施工进度而引起的赶工费，业主或监理工程师的指令及签证，额外的试验或检查等，造成工期延长和费用增加，承包人对此提出索赔。

2. 工程款支付方面的索赔

如价格的调整，材料价格上涨；发包方拖延支付工程款，使承包方无法组织正常的施工，停工待料引起的索赔；合同额增减超过合同的规定幅度（如15%）等。

3. 工期引起的索赔

如施工图纸延期交付，工程停电、停水、道路开通等干扰事件的影响，温度、风力、大雪等天气因素的影响，材料、设备供应不及时，承包方按照发包方的指令对工程进行修改、返工等造成的工期拖延等，承包人对此提出索赔。

4. 不可抗力因素引起的索赔

在工程施工工程中，因自然条件的变化（如地震、风暴、洪水灾害的发生），以及一个有经验的承包人通常不能合理预见到不利施工条件或外界障碍（如地质断层、溶洞、地下障碍物）等引起的索赔。

5. 其他原因索赔

如法律法规变化，货币及汇率变化，劳务、生产资料价格变化等原因引起的索赔。

（四）按索赔的处理方式分类

1. 单一事件索赔

在某一索赔事件发生后，承包人即编制索赔文件，向工程师提出索赔要求。单一事件索赔的优点是涉及的范围不大，索赔的金额小，工程师证明索赔事件比较容易。同时，承包人也可以及时得到索赔事件产生的费用补偿。这是一种常用的索赔方式。

2. 综合索赔

又叫一揽子索赔，是将工程项目实施过程中发生的多起索赔事件，综合在一起，提出一个总索赔额。造成综合索赔的原因如下：

（1）承包人的施工过程受到严重干扰，如工程变更过多，无法执行原定施工计划等，且承包人难以保持准确的记录和及时收集足够的证据资料。

（2）施工过程中的某些变更或索赔事件，由于各方未能达成一致意见，承包人保留了进一步索赔的权力，如承包人先忙于合同实施，将单项索赔留到工程后期解决。

在上述两种条件下，无法采取单一事件索赔方式时，只好采取综合索赔。

三、工程项目施工索赔程序

（一）承包人的索赔

1. 发出索赔意向通知

索赔事件发生后，承包人应在索赔事件发生后的 28 天内向监理工程师递交索赔意向通知。该意向通知是承包人就具体的索赔事件向监理工程师和发包人表示的索赔愿望和要求。如果超过这个期限，监理工程师和发包人有权拒绝承包人的索赔要求。索赔事件发生后，承包人有义务做好施工现场的同期记录，并加大收集索赔证据的管理力度，以便于监理工程师随时检查和调阅，为判断索赔事件所造成的实际损害提供依据。

2. 递交索赔报告

承包人应在索赔意向通知提交后的 28 天内，或监理工程师可能同意的其他合理时间内递交正式的索赔报告。索赔报告的内容应包括：

（1）索赔的合同依据、事件发生的原因、对其权益影响的证据资料、此项索赔要求补偿的款项和工期展延天数的详细计算等有关资料。

（2）如果索赔事件的影响持续存在，28 天内还不能算出索赔额和工期展延天数时，承包人应按监理工程师合理要求的时间间隔（一般为 28 天），定期持续提交各个阶段的索赔证据资料和索赔要求。在该项索赔事件的影响结束后的 28 天内，提交最终详细报告。

3. 工程师审核索赔报告

（1）工程师审核承包人的索赔申请。工程师接到承包人的索赔报告后，应及时分析承包人报送的索赔资料，并对不合理的索赔事件提出各种质询。如事实和合同依据不足、承包人未能遵守索赔意向通知的要求、承包人没有采取适当措施避免或减少损失等，并要求承包人及时对监理工程师提出的各种质疑作出完整的答复，剔除承包人索赔要求中不合理部分，拟定自己计算的合理索赔款额和工期顺延天数。

（2）索赔成立条件。工程师判定承包人索赔成立的条件为：①与合同相对照，事件已造成了承包人施工成本的额外支出，或总工期延误；②造成费用增加或工期延误的原因，按合同约定不属于承包人应承担的责任，包括行为责任或风险责任；③承包人按合同规定的程序提交了索赔意向通知和索赔报告。

上述三个条件没有先后主次之分，应当同时具备。只有工程师认定索赔成立后，才按一定程序处理。

（3）对索赔报告的审查。

1）事态调查。通过对合同实施的跟踪、分析了解事件经过、前因后果，掌握事件详细情况。

2）损害事件原因分析。即分析索赔事件是由何种原因引起，责任应由谁来承担。在实际工作中，损害事件的责任有时是多方面原因造成，故必须进行责任分解，划分责任范围。按责任大小，承担责任。

3）分析索赔理由。主要依据合同文件判明索赔事件是否违反合同，是否在合同规定的赔偿范围之内。只有符合合同规定的索赔要求才有合法性、才能成立。如某合同规定，在工程总价5％范围内的工程变更属于承包人承担的风险。则发包人指令增加工程量在这个范围内时，承包人不能提出索赔。

4）实际损失分析。即分析索赔事件的影响，主要表现为工期的延长和费用的增加。如果索赔事件不造成损失，则无索赔可言。损失调查的重点是分析、对比实际和计划的施工进度，工程成本和费用方面的资料，在此基础核算索赔值。

5）证据资料分析。主要分析证据资料的有效性、合理性、正确性，这也是索赔要求有效的前提条件。如果在索赔报告中提不出证明其索赔理由、索赔事件的影响、索赔值的计算等方面的详细资料，索赔要求是不能成立的。如果工程师认为承包人提出的证据不能足以说明其要求的合理性时，可以要求承包人进一步提交索赔的证据资料。

4. 确定合理的补偿额

（1）监理工程师与承包人协商补偿。监理工程师核查后，初步确定应予以补偿的额度往往与承包人索赔报告中要求的额度不一致，甚至差额较大，主要原因大多为对承担事件损害责任的界限划分不一致，索赔证据不充分，索赔计算的依据和方法分歧较大等，因此双方应就索赔的处理进行协商。

（2）监理工程师索赔处理决定。在经过认真分析研究，与承包人、发包人广泛讨论后，监理工程师应该向发包人和承包人提出自己的"索赔处理决定"。监理工程师收到承包人送交的索赔报告和有关资料后，于28天内给予答复或要求承包人进一步补充索赔理由和证据。《建设工程施工合同示范文本》规定，监理工程师收到承包人递交的索赔报告和有关资料后，如果在28天内既未予以答复，也未对承包人作进一步要求的话，则视为承包人提出的该项索赔要求已经认可。

通常，监理工程师的处理决定不是终局性的，对发包人和承包人都不具有强制性的约束力。承包人对监理工程师的决定不满意，可以按合同中的争议条款提交约定的仲裁机构仲裁或诉讼。

5. 发包人审查索赔处理

当监理工程师确定的索赔额超过其权限范围时，必须报请发包人批准。发包人首先根据事件发生的原因、责任范围、合同条款审核承包人的索赔申请和监理工程师的处理报告，再依据工程建设的目的、投资控制、竣工投产日期要求以及针对承包人在施工中的缺陷或违反合同规定等的有关情况，决定是否同意监理工程师的处理意见。例如，承包人某项索赔理由成立，监理工程师根据相应条款规定，既同意给予一定的费用补偿，也批准顺延相应的工期。但发包人权衡了施工的实际情况和外部条件的要求后，一般情况下同意给承包人增加费用补偿额，以要求他采取赶工措施，按期或提前完工。这样的决定只有发包人才有权作出。

6. 承包人是否接受最终索赔处理

索赔报告一经发包人同意后，监理工程师即可签发有关索赔证书。承包人接受最终的索赔处理决定，索赔事件的处理即告结束。如果承包人不同意，通过协商双方达到互谅互让的解决方案，是处理争议的最理想方式。如达不成谅解，承包人有权提交仲裁或诉讼。

（二）发包人的索赔

承包人未能按合同约定履行自己的各项义务或发生错误而给发包人造成损失时，发包人也应按合同约定向承包人提出索赔。FIDIC《施工合同条件》中，业主的索赔主要限于施工质量缺陷和拖延工期等违约行为导致的业主损失。合同内规定业主可以索赔的条款见表 5-1。

表 5-1　　　　　　　　　　　　　业主可以索赔的条款

序　号	条款号	内　　容
1	7.5	拒收不合格的材料和工程
2	7.6	承包人未能按照工程师的指示完成缺陷修补工作
3	8.6	由于承包人的原因修改进度计划导致业主有额外投入
4	8.7	承包人拖期违约赔偿
5	2.5	业主为承包人提供的电、气、水等应收款项
6	9.4	工程未能通过竣工验收
7	11.3	缺陷通知期的延长
8	11.4	承包人未能补救缺陷
9	15.4	承包人违约终止合同后的支付
10	18.2	承包人办理保险未能获得补偿的部分

第四节　FIDIC 合同条件下的施工管理

一、FIDIC 合同条件体系

1. FIDIC 组织

FIDIC 即国际咨询工程师联合会，它于 1913 年在英国成立。经过多年发展，至今已有 60 多个国家和地区成为其会员，中国于 1996 年正式加入。FIDIC 是世界上多数独立的咨询工程师的代表，是最具权威的咨询工程师组织，它推动着全球范围内高质量、高水平的工程咨询服务业的发展。FIDIC 总部机构现设于瑞士洛桑。

2. FIDIC 合同条件体系概述

FIDIC 专业委员会编制了一系列规范性合同条件，构成了 FIDIC 合同条件体系。FIDIC 合同条件在世界上应用很广，不仅被 FIDIC 会员国采用，也被世界银行、亚洲开发银行等国际金融组织在招标文件中使用。在 FIDIC 合同条件体系中，对工程界影响最大的是 FIDIC《土木工程施工合同条件》。该合同主要用于房屋建筑工程和土木工程，也可以用于安装工程施工。

二、FIDIC《土木工程施工合同条件》的组成内容

（一）施工合同中的部分重要概念

1. 合同文件

通用条件的条款规定，对业主和承包商构成约束力的合同文件包括以下几方面的内容：

（1）合同协议书。合同协议书是指业主发出中标函的 28 天内，接到承包商提交的有效履约保证后，双方签署的法律性标准化格式文件。为了避免履行合同过程中产生争议，专用条件中最好注明接受的合同价格、基准日期和开工日期。

（2）中标函。中标函是指业主签署的对投标书的正式接受函，可能包含作为备忘录记载的合同签订前谈判时可能达成一致并共同签署的补遗文件。

（3）投标函。承包商填写并签字的法律性投标函和投标函附录，包括报价和对招标文件及合同条款的确认文件。

（4）合同专用条件。

（5）合同通用条件。

（6）规范。指承包商履行合同义务期间应遵循的准则，也是工程师进行合同管理的依据，即合同管理中通常所称的技术条款。

（7）图纸。

（8）资料表以及其他构成合同一部分的文件。

2. 合同履行中的几个期限的概念

（1）合同工期。合同工期是所签合同内注明的完成全部工程或分步移交工程的时间，加上合同履行过程中因非承包商应负责原因导致变更和索赔事件发生后，经工程师批准顺延工期之和。合同内约定的工期指承包商在投标书附录中承诺的竣工时间。合同工期的日历天数作为衡量承包商是否按合同约定期限履行施工义务的标准。

（2）施工期。施工期是指从工程师按合同约定发布的"开工令"中指明的应开工之日起，至工程证书接收注明的竣工日止的日历天数为承包商的施工期。用施工期与合同工期比较，判定承包商的施工是提前竣工，还是延误竣工。

（3）缺陷通知期。缺陷通知期即国内施工文本所指的工程保修期，自工程接收证书中学明的竣工日开始，至工程师颁发履约证书为止的日历天数。尽管工程移交前进行了竣工检验，但只是证明承包商的施工工艺达到了合同规定的标准，设置缺陷通知期的目的是为了考验工程在动态运行条件下是否达到了合同中技术规范的要求。因此，从开工之日起至颁发履约证书日止，承包商要对工程度的施工质量负责。合同工程度缺陷通知期及分阶段移交工程的缺陷通知期，应在专用条件内具体约定。次要部位工程通常为半年；主要工程及设备大多为一年；个别重要设备也可以约定为一年半。

（4）合同有效期。自合同签字日起至承包商提交给业主的"结清单"生效日止，施工承包合同对业主和承包商均具有法律约束力。颁发履约证书只是表示承包商的施工义务终止，合同约定的权利义务并未完全结束，还剩有管理和结算等手续。结清单生效指业主已按工程师签发的最终支付证书中的金额付款，并退还承包商的履约保函。结清单一经生效，承包商在合同内享有的索赔权利也自行终止。

3. 合同价格

通用条件中分别定义了"接受的合同款额"和"合同价格"的概念。"接受的合同款额"指业主在"中标函"中对实施、完成和修复工程缺陷所接受的金额，来源于承包商的投标报价并对其确认。"合同价格"指按照合同各条款的约定，承包商完成建造和保修任务后，对所有合格工程有权获得的全部工程款。最终结算的合同价可能与中标函中注明接受的合同款额不一定相等，究其原因，涉及以下几方面因素的影响：

（1）合同类型特点。《施工合同条件》适用于大型复杂工程采用单价合同的承包方式。为了缩短建设周期，通常在初步设计完成后就开始施工招标，在不影响施工进度的前提下陆续发放施工图，因此，承包商据以报价的工程量清单中，各项工作内容项下的工程量一般为概算工程量。合同履行过程中，承包商实际完成的工程量可能多于或少于清单中的估计量。单价合同的支付原则是，按承包商实际完成工程量乘以清单中相应工作内容的单价，结算该部分工作的工程款。

（2）可调价合同。大型复杂工程的施工期较长，通用条件中包括合同工期内因物价变化对施工成本产生影响后计算调价费用的条款，每次支付工程进度款时均要考虑约定可调价范围内项目当地市场价格的起伏变化。而这笔调价款没有包含在中标价格内，仅在合同条款中约定了调价原则和调价费用的计算方法。

（3）发生应由业主承担责任的事件。合同履行过程中，可能因业主的行为或他应承担风险责任的事件发生后，导致承包商增加施工成本，合同相应条款都规定应对承包商受到的实际损害给予补偿。

（4）承包商的质量责任。合同履行过程中，如果承包商没有完全地或正确地履行合同义务，业主可凭工程师出具的证明，从承包商应得工程款内扣减该部分给业主带来损失的款额。

（5）承包商延误工期或提前竣工。签订合同时双方需约定日拖期赔偿额和最高赔偿限额，如果因承包商应负责原因竣工时间迟于合同工期，将按日拖期赔偿额乘以延误天数计算拖期违约赔偿金，但以约定的最高赔偿限额为赔偿业主延迟发挥工程效益的最高款额。承包商通过自己的努力使工程提前竣工是否应得到奖励，在施工合同条件中列入可选择条款一类。业主要看提前竣工的工程或区段是否能让其得到提前使用的收益，而决定该条款的取舍。如果招标工作内容仅为整体工程中的部分工程且这部分工程的提前不能单独发挥效益，则没有必要鼓励承包商提前竣工，可以不设奖励条款。若选用奖励条款，则需在专用条件中具体约定奖金的计算办法。

（6）包含在合同价格之内的暂列金额。某些项目的工程量清单中包括有"暂列金额"款项，尽管这笔款额计入合同价格内，但其使用却归工程师控制。暂列金额实际上是一笔业主方的备用金，用于招标时对尚未确定或不可预见项目的储备金额。施工过程中工程师有权依据工程进展的实际需要经业主同意后，用于施工或提供物质、设备，以及技术服务等内容的开支，也可以作为供意外用途的开支。他有权全部使用、部分使用或完全不用。

工程师可以发布指示，要求承包商或其他人完成暂列金额项内开支的工作，因此，只有当承包商按工程师的指示完成暂列金额项内开支的工作任务后，才能从其中获得相应支付。由于暂列金额是用于招标文件规定承包商必须完成的承包工作之外的费用，承包商报价时不将承包范围内发生的间接费、利润、税金等滩入其中，所以他未获得暂列金额内的支付并不损害其利益。承包商接受工程师的指示完成暂列金额项内支付的工作时，应按工程师的要求提供有关凭证，包括报价单、发票、收据等结算支付的证明材料。

4. 指定分包商

指定分包商是由业主（或工程师）指定、选定，完成某项特定工作内容并与承包商签订分包合同的特殊分包商。合同条款规定，业主有权将部分工程项目的施工任务或涉及提供材料、设备、服务等工作内容发包给指定分保商实施。

合同内规定有承担施工任务的指定分包商，大多因业主在招标阶段划分合同包时，考虑到某部分施工的工作内容有较强的专业技术要求，一般承包单位不具备相应的能力，但如果以一个单独的合同对待又限于现场的施工条件或合同管理的复杂性，工程师无法合理地进行协调管理，为避免各独立合同之间的干扰，则只能将这部分工作发包给指定分包商实施。由于指定分包商是与承包商签订分包合同，因而在合同关系和管理关系方面与一般分包商处于同等地位，对其施工过程中的监督、协调工作纳入承包商的管理之中。

（二）对工程质量的控制

1. 对工程质量的检查和试验

（1）工程师可以进行合同内没有规定的检查和试验。为了确保工程质量，工程师可以根据工程施工的进展情况和工程部位的重要性进行合同没有规定的必要检查或试验。有权要求对承包商采购的材料进行额外的物理、化学等试验；对已覆盖的工程进行重新剥露检查；对已完成的工程进行穿孔检查。合同条件规定属于额外的检验包括：合同内没有指明或规定的检验；采用与合同规定不同方法进行检验；在承包商有权控制的场所之外进行的检验（包括合同内规定的检验情况），如在工程师指定的检验机构进行。

（2）检验不合格的处理。进行合同没有规定的额外检验属于承包商投标阶段不能合理预见的事件，如果检验合格，应根据具体情况给承包商以相应的费用和工期损失补偿。若检验不合格，承包商必须修复缺陷后在相同条件下进行重复检验，直到合格为止并且承担额外检验费用，损失的工期不予补偿。对于承包商未通知工程师检查而自行隐蔽的任何工程部位，工程师要求进行剥露或穿孔检查时，不论检验结果表明质量是否合格，均由承包商承担全部费用。

2. 承包商执行工程师的有关指示

（1）承包商应执行工程师发布的与质量有关的指令。除了法律或客观上不可能实现的情况以外，承包商应认真执行工程师对有关工程质量发布的指示，而不论指令的内容在合同内是否写明。例如，工程师为了探查地基覆盖层情况，要求承包商进行地质钻探或挖深坑。如果工程量清单中没有包括这项工作，则应按变更工作对待，承包商完成工作后有权获得相应补偿。

（2）调查缺陷原因。在缺陷责任期满前的任何时候，承包商都有义务根据工程师的指示调查工程中出现的任何缺陷或其他不合格之处的原因，将调查报告报送工程师，并抄送业主。调查费用由造成质量缺陷的责任方承担。

3. 对承包商设备的控制

工程质量的好坏和施工进度的快慢，很大程度上取决于投入施工的机械设备。合同条件规定承包商自有的施工机械、设备、临时工程和材料（不包括运送人员和材料的运输设备），一经运抵施工现场后就被视为专门为本合同工程施工所用。虽然承包商拥有所有权和使用权，但未经工程师批准不能将其中的任何一部分运出施工现场。

（三）FIDIC 合同条款下的计量

FIDIC 土木工程施工合同为典型的单价合同，施行量价分离的原则。工程量清单中所罗列的工程数量为预估的工程数量，承包商对此进行报价，并由此计算合同总额，并按合同总额开具相应的保函或保证金。在合同实施过程中，具体支付由实际所完成或发生的工程量根据工程量清单中的相应单价进行支付。因而，FIDIC 合同实施后所完成的营业额和投标时的合同额大多是不一致的。对于工程量的巨大变更，承包商可根据相应条款进行相应的费用索赔和工期延长。FIDIC 合同中对工程计量方法有明确的规定，并根据确定的计量方法列出了相应的工程量清单。例如，在土方开挖时，工程量是以净开挖量计量的，即不计算工作空间或开挖面以外的工程量；井点排水，一般都包括在开挖单价以内，如果排水时水量超过从现场地质数据推测的合理流量，则可根据合同第 12 条（不利自然条件）进行相应的索赔。土木工程施工涉及大量的隐蔽工程，所以承包商在施工过程中必须严格遵守施工程序及设计图纸，施工过程中一旦发生例外情况必须及时向工程师或其代表确认，并做好详尽的现场施工记录，一旦发生争议可在第一时间提供相应的证据。

案例：

[背景材料]

某厂房建设场地原为农田。按设计要求在厂房建造时，厂房地坪范围内的耕植土应清除，基础必须埋在老土层下 2.00m 处。为此，业主在"三通一平"阶段就委托土方施工公司清除了耕植土并用好土回填压实至一定设计标高，故在施工招标文件中指出，施工单位无须再考虑清除耕植土问题。然而，开工后，施工单位在开挖基坑（槽）时发现，相当一部分基础开挖深度虽已达到设计标高，但仍未见老土，且在基础和场地范围内仍有一部分深层的耕植土和池塘淤泥等必须清除。

[问题]

1. 在工程中遇到地基条件与原设计所依据的地质资料不符时，承包商应该怎么办？

2. 根据修改的设计图纸，基础开挖要加深加大。为此，承包商提出了变更工程价格和延长工期的要求。请问承包商的要求是否合理？为什么？

3. 对于工程施工中出现变更工程价款和工期的事件之后，甲、乙双方需要注意哪些时效性问题？

[案例解析]

问题 1：

承包商应该按以下步骤进行：

第一步，根据《建设工程施工合同（示范文本）》的规定，在工程中遇到地基条件与原设计所依据的地质资料不符时，承包方应及时通知甲方，要求对原设计进行变更。

第二步，在建设工程施工合同文件规定的时限内，向甲方提出设计变更价款和工期顺延的要求。甲方如确认，则调整合同；如不同意，应由甲方在合同规定的时限内，通知乙方就变更价格协商，协商一致后，修改合同。若协商不一致，按工程承包合同纠纷处理方式解决。

问题 2：

承包商的要求合理。因为工程地质条件的变化，不是一个有经验的承包商能够合理预见到的，属于业主风险。基础开挖加深加大必然增加费用和延长工期。

问题 3：

在出现变更工程价款和工期事件之后，主要应注意的时效性问题有：乙方提出变更工程价款和工期的时间；甲方确认的时间；双方对变更工程价款和工期不能达成一致意见时的解决办法和时间。

复 习 思 考 题

1. 简述工程项目合同的定义及种类。
2. 什么是合同的法律特征和效力？
3. 要约与承诺应当符合哪些条件？
4. 订立工程项目施工合同应当具备哪些条件？
5. 确定合同价款的方式有哪几种？
6. 解决合同争议的方式有哪些？
7. 工程项目施工合同的管理中工程师是如何产生的？
8. 工程师的职责有哪些？
9. 工程项目施工合同中的不可抗力包括哪些情况？
10. 什么条件下，建设工程施工合同可以解除？
11. 简述工程项目施工索赔的概念及特征。
12. 简述合同工期的概念。
13. 《土木工程施工合同条件》指定分包商的特点有哪些？
14. 《土木工程施工合同条件》中如何对工程质量进行控制？

第六章 工程项目生产要素管理

本章学习目标

通过本章的学习，读者应能：

（1）了解项目生产要素管理的概念、意义和程序。

（2）了解人力资源管理的内容；熟悉劳务组织管理。

（3）掌握人力资源管理的任务和劳动力的动态管理。

（4）了解材料管理的三个层次；熟悉材料的供应管理；掌握材料管理的任务，材料的现场管理。

（5）了解机械设备管理权限，机械设备的装备管理，机械设备的维修保养；掌握机械设备管理的任务，机械设备的使用管理。

（6）了解项目技术管理中组织体系，技术开发，工法的概念；熟悉技术管理的主要内容，工程文件档案资料；掌握技术管理基本制度。

（7）了解项目资金筹措，工程预付款、进度款、工程竣工结算的基本知识；掌握工程项目资金收支预测，资金管理要点。

第一节 工程项目生产要素管理概述

工程项目的生产要素是指生产力作用于工程项目的有关要素，也就是投入到工程项目中的人力资源、材料、机械设备、技术及资金等诸要素。

工程项目建设周期长、资金投入量大、参与单位多、协调内容多、需要多种生产要素的合理配置。建筑施工企业作为工程项目建设期的主要实施者，其对各种生产要素的管理尤为重要。

一、工程项目生产要素管理的基本概念

1. 人力资源管理

人力资源是指在一定时间和空间条件下劳动力数量和质量的总和。工程项目中的人力资源管理关键在使用，使用的关键在提高效率，提高效率的关键是如何调动职工的积极性。

2. 材料管理

工程项目材料管理是指项目经理部为顺利完成工程项目施工任务，合理使用和节约材料，努力降低材料成本，围绕材料计划申请、订货、采购、运输、存储、发放及消耗等所进行的一系列组织和管理工作。

3. 机械设备管理

工程项目的机械设备，主要是指大、中、小型机械，既是固定资产，又是劳动手

段。施工项目机械设备管理的环节，包括机械设备的选择、使用、保养、维修、改造、更新。

4. 技术管理

工程项目技术管理，是对各项技术工作要素和技术活动过程的管理。技术工作要素包括技术人才、技术装备、技术规程、技术资料等；技术活动过程指技术计划、技术运用、技术评价等。

5. 资金管理

资金管理，也就是财务管理，它主要有以下环节：编制资金计划，筹集资金，投入资金，资金使用（支出），资金核算与分析等。

二、工程项目生产要素管理的意义

工程项目生产要素管理的最根本意义具体有以下几点：

（1）进行生产要素优化配置，即适时、适量、比例适当、位置适宜地配备或投入生产要素，以满足施工需要。

（2）进行生产要素的优化组合，即投入项目的各种生产要素协调地在项目中发挥作用，有效地形成生产力，生产出理想的产品（工程）。

（3）在工程项目运转过程中，对生产要素进行动态管理。项目的实施过程是一个不断变化的过程，对生产要素的需求在不断变化，平衡是相对的，不平衡是绝对的。因此，生产要素的配置和组合也就需要不断调整，这就需要动态管理。动态管理的目的和前提是优化配置与组合；动态管理是优化配置和组合的手段与保证。动态管理的基本内容就是按照项目的内在规律，有效地计划、组织、协调、控制各生产要素，使之在项目中合理流动，在动态中寻求平衡。

（4）在工程项目运行中，合理地、节约地使用资源，以取得节约资源（资金、材料、设备、劳动力）的目的。

三、工程项目生产要素管理的一般程序

1. 编制生产要素使用计划

对各种生产要素在项目中的投入量、投入时间、投入步骤做出合理安排，以满足建筑工程项目实施的需要。

2. 生产要素的供应

按编制的计划，从资源的来源、投入到实施，使计划得以实现。

3. 生产要素的使用控制

根据各种资源的特性，设计出科学的措施，进行动态配置和组合，协调投入，合理使用，不断纠正偏差，以尽可能少的资源满足项目的使用。

4. 生产要素的核算

在生产要素的使用过程中，要进行资源核算，节约使用资源。

5. 生产要素使用效果分析与改进

一方面是对管理效果的总结，找出经验和问题，评价管理活动；另一方面又为管理提供储备和反馈信息，以指导以后的管理活动。

第二节　工程项目人力资源管理

一、项目人力资源管理概述

1. 项目人力资源管理的目的

项目人力资源管理的目的是调动所有项目参与人员的积极性，在参加建设的组织内部和外部建立有效的工作机制，以实现项目目标。

2. 项目人力资源管理的内容

项目人力资源管理的主要内容是根据项目目标，不断地获得项目所需人员，并将其整合到项目班子中，使之与项目组织融为一体，在项目目标实现的过程中，激励并保持项目部人员对工作的积极性。对他们工作的优点和缺点进行评价，必要时对他们进行培训，以保证最大限度地挖掘其潜能，高效率地实现项目目标。

3. 项目人力资源管理的任务

（1）编制项目组织和人力资源规划。人力资源规划是指根据项目对人力资源的需要和供给状况的分析及估计、对职务编制、人力配置、教育培训、人力资源管理政策、招聘和选择等内容进行的人力资源部门的职能性计划。人力资源规划是识别、确定和分派项目角色、职责和报告关系的过程。人力资源规划只有充分地考虑了项目内外环境的变化，才能适应需要，真正做到为项目目标服务。内部变化主要指项目本身的变化，如员工的流动变化等；外部变化指政府有关人力资源政策的变化、人才市场的变化等。

（2）项目管理班子人员的获取。项目管理班子的人员可通过外部招聘方式获得，也可以通过对参加项目建设的组织内部成员进行重新分配获得。项目组织人员招聘和选择可以按以下三个原则进行：公开原则，用人之长原则，择优原则。选择合适的获取人员的政策、方法、技术和工具，以便在适当的时候获得项目所需高素质的并且能互相合作的人员。

（3）项目管理班子成员的管理。明确每个项目成员的职责、权限和个人绩效考评标准，以确保项目成员对工作的正确理解，作为进行评估的基础。按照绩效考评方法考评个人业绩，提倡员工采取主动行动弥补业绩中的不足，鼓励员工在事业上取得更大成绩。严格管理项目成员工作，以提高工作效率。

（4）搞好团队建设。建设高效团队是人力资源管理的重要内容，其核心目标是在项目经理的直接领导下，将项目成员有效的组织起来，创造出一种开放自信，团结协作的气氛，使项目成员有统一感，为实现项目目标，完成具体项目所需完成的各项任务而共同协作努力。

二、施工项目的劳务组织和管理

1. 施工劳务组织形式

目前建筑业产业结构发生了深刻变化，最为明显的是建筑施工企业管理层和劳务层的"两层分离"。"两层分离"使得大量的施工劳务从建筑施工企业里剥离出来。此外，大量的农村剩余劳动力涌进了城市的建筑施工行业，成为劳务层的主力，其劳务组织结构较为松散，作业队伍规模普遍较小，人员流动性大，作业队伍不稳定，技术水平参差不齐，劳动者权益难以得到保证，劳资纠纷经常发生，社会保险、意外伤害保险等难以落实。因此，科学、有效、规范地对建筑劳务进行管理对于提高施工质量、技术水平、安全生产、劳务权益保护等具有重要意义。施工劳务的组织有三种形式：

（1）施工企业直接雇佣劳务是指与施工企业签订有正式劳动合同的施工企业自有的劳务。

（2）成建制的分包劳务是指从施工总承包企业或专业承包企业那里分包劳务作业的分包企业，这种劳务形式使劳务能够以集体的、企业的形态进入二级建筑市场。

（3）零散用工一般是指建筑企业为完成某项目而临时雇佣的不成建制的施工劳务。

2．施工劳务管理

对建筑劳务的管理涉及政府、行业、总包和分包企业等众多部门。从总承包单位对建筑劳务的管理商角度，一方面要加强对建筑劳务的技术与质量管理，保证劳务能够按照设计要求完成合格的建筑产品；另一方面要给劳务以合理的报酬与待遇。要理顺总承包企业与劳务分包关系。总承包企业与劳务企业是合同关系，双方的责任、权利、义务必须靠公平、详尽的合同来约束。

三、劳动力的动态管理

劳动力的动态管理是指根据生产任务和施工条件的变化，对劳动力进行各种平衡与协调以解决劳务失衡、劳务与生产要求脱节等问题的动态过程，其目的是实现劳动力动态的优化组合。

1．劳动力动态管理的原则

（1）动态管理以进度计划与劳务合同为依据。

（2）动态管理应始终以劳动力市场为依托，允许劳动力在市场内作充分的合理流动。

（3）动态管理应以动态平衡和日常调度为手段。

（4）动态管理应以达到劳动力优化组合和充分调动作业人员的积极性为目的。

2．劳动力动态管理的内容

（1）对施工现场的劳动力进行跟踪平衡，进行劳动力补充与削弱，向企业劳动管理部门提出申请计划。

（2）按计划在项目中分配劳务人员并向作业班组下达施工任务书。

（3）解决施工要求与劳动力数量、工种、技术能力相互配合等相互矛盾，尤其要解决农忙时劳动力不足的问题。

（4）进行工作考核并按合同支付劳务报酬兑现奖罚。

第三节　工程项目材料管理

一、项目材料管理概述

1．项目材料管理的具体任务

（1）编好材料供应计划，合理组织货源，做好供应工作。

（2）按施工计划进度需要和技术要求，按时、按质、按量配套供应材料。

（3）严格控制、合理使用材料，以降低消耗。

（4）加强仓库管理，控制材料储存，切实履行仓库保管和监督的职能。

（5）建立健全材料管理规章制度，使材料管理条理化。

2. 项目材料管理的 3 个层次

（1）经营管理层是企业的主管领导和总部各有关部门。主要负责材料管理制度的建立，担负监督、协调职能。

（2）执行层是企业主管部门和项目有关职能部门。主要是依据企业的有关规定，合理计划组织材料进场，控制其合理消耗，担负计划、控制、降低成本的职能。

（3）劳务层是各类材料的直接使用者。依据经营层、执行层所制定的消耗制度和合理的消耗数量合理地使用材料，不断降低单位工程材料消耗水平。

二、材料的供应管理

材料的供应管理。它包括材料从项目采购供应前的策划，供方的评审与评定，合格供方的选择、采购、运输、仓储供应到施工现场（或加工地点）的全过程。

1. 材料的计划与供应管理

材料计划管理。项目开工前，项目经理部向企业材料部门提出一次性计划，作为供应备料依据；在施工中，根据工程变更和调整的施工预算，及时向企业材料部门提出调整供料月计划，作为动态供料的依据；根据施工图纸、施工进度，在加工周期允许时间内提出加工制品计划，作为供应部门组织加工和向现场送货的依据；根据施工平面图对现场设施的设计，按使用日期提出施工设施用料计划，上报供应部门，作为送料的依据；按月对材料计划的执行情况进行检查，不断改进材料供应。

项目部参与询价、定价和采购合同的签订，提供价格信息和合格供方，随时了解市场情况，以便分公司物资部门及时确定材料、品种和供应单位。分公司物资部门根据项目经理部定期编制的项目材料月度计划，保质、保量、按时将材料供应到现场。

建设单位（业主）供应的材料，由分公司物资部门与建设单位（业主）签订材料供应办法，并与建设单位（业主）落实材料的选样工作。

全部材料按实际价格加运杂费计入项目成本，材料进退场及一、二次搬运所发生的人工费、运杂费计入项目成本。材料回收退库所发生的装卸人工费和运输费由项目部承担。发生材料代用的量差（增）由项目部承担。

2. 材料的采购管理

为了加强项目材料的采购管理，建立规范的采购运行机制，保护国家利益、企业利益和招投标当事人的合法权益，提高经济效益，保证工程质量，工程主要材料的采购均实行招投标制。采购活动应属于企业管理行为。各工程施工项目经理部只是参与招投标采购的询价等过程，不得私自采购工程项目所需的大宗材料。远离分公司的单个工程项目应在分公司（或公司）的授权下方可组织工程材料的采购工作。另外，为满足施工项目材料特殊需要，调动项目管理层的积极性，企业应给项目经理部一定的材料采购权，负责采购供应特殊材料和零星材料。

施工单位应成立工程材料采购领导小组，以物质部门为主成立工程材料招投标采购中心，负责工程材料招投标采购全过程的管理。

3．材料的运输管理

材料运输是材料供应工作的重要环节，是企业管理的重要组成部分，是生产供应与消费的桥梁，材料运输管理要贯彻"及时、准确、安全、经济"的原则，搞好运力调配、材料发运与接运，有效地发挥运力作用。

材料运输要选择合理的运输路线、运输方式和运输工具，以最短的路程、理想的速度、最少的环节、最低的费用把材料运到目的地，避免对流运输、重复运输、迂回运输、倒流运输和过远运输，提高运输工具的使用效率。

三、材料的现场管理

材料的现场管理，它包括材料进场验收、保管出库、拨料、领料、耗用过程的跟踪检查，材料盘点，剩余物资的回收利用等全过程。

1．材料的进场验收

为了把住质量和数量关，在材料进场时必须根据进料计划、送料凭证、材质证明（包括厂名、品种、出厂日期、出厂编号、试验报告等）和产品合格证，进行材料的数量和质量验收；验收工作按相关质量验收规范和计量检测规定进行；验收内容包括品种、规格、型号、质量、数量、证件等；验收要做好记录、办理验收手续；要求复检的材料须有取样送检证明报告；新材料未经试验鉴定，不得用于工程；现场配制的材料，应经试配，使用前需经认证；对不符合计划要求或质量不合格的材料应拒绝验收。

2．材料的储存与保管

材料在库存管理中采用 A、B、C 分类法，即分清主要材料、次要材料、一般材料，找出材料的管理重点。

进库的材料应经过验收后入库，建立台账；现场的材料必须防火、防盗、防雨、防变质、防损坏；施工现场材料的放置要按施工平面布置图实施，做到位置正确、保管处置得当、符合堆放保管制度；有保质期的材料应定期检查，防止过期，并做好标识。易损材料应保护好外包装，防止损坏；要日清、月结、定期盘点、账实相符。

3．材料的领发

凡有定额的工程用料，凭限额领料单领发材料；施工设施用料也实行定额发料制度，以用料计划进行总控制；超限额的用料，用料前应办理手续，填制限额领料单，注明超耗原因，经签发批准后实施；建立领发料台账，记录领发状况和节超状况。

4．材料的使用监督

现场材料管理责任者应对现场材料的使用进行分工监督。监督的内容包括：是否按材料做法合理用料，是否严格执行配合比，是否认真执行领发料手续，是否做到谁用谁清、随清随用、工完料尽地清，是否按规定进行用料交底和工序交接，是否做到按施工平面图堆料，是否按要求保护材料等。检查是监督的手段，检查要做到情况有记录、原因有分析、责任有明确、处理有结果。

5．材料的回收

班组余料必须回收，及时办理退料手续，并在限额领料单中登记扣除。余料要造表上报，按供应部门的安排办理调拨和退料。设施用料、包装物及容器，在使用周期结束后组织回收。建立回收台账，处理好经济关系，实行以旧换新，包装回收，修旧利废等。

6. 周转材料管理

周转材料的管理，就是项目在实施过程中，根据施工生产的需要，及时、配套地组织材料进场，各种周转材料均应按规格分别码放，阳面朝上，垛位见方；露天存放的周转材料应夯实场地，垫高有排水措施，按规定限制高度，垛间要留有通道；零配件要装入容器保管，按计划发放；按退库验收标准回收，做好记录；建立维修制度；按周转材料报废规定进行报废处理。通过合理的计划，精心保养，监督控制周转材料在项目施工过程的消耗，加速其周转，避免人为的浪费和不合理的消耗。

第四节　工程项目机械设备管理

一、项目机械设备管理概述

1. 机械设备管理的意义

通过对施工所需要的机械设备进行优化配置，按照机械运转的客观规律，合理地组织机械以及操作人员，大大地节约资源。

2. 机械设备管理的任务

在设备使用寿命期内，科学地选好、管好、养好、修好机械设备，提高设备利用率和劳动生产率，稳定提高工程质量，获得最大的经济效益。

3. 机械设备的管理权限

企业机械设备管理部门统一管理项目经理部使用的机械设备。项目经理部应编制机械设备使用计划报企业审批。远离公司本部的项目经理部可由企业法定代表人授权，项目经理部就地解决机械设备来源。项目经理部负责对进入现场的机械设备（机械施工分包人的机械设备除外）做好使用中的维护和管理。

二、机械设备合理装备管理

1. 机械设备装备计划

项目经理部根据施工项目的现实需要，编制机械设备装备计划和机械设备租赁计划。

2. 机械设备装备选择的技术条件

有关技术条件是：生产效率高；可靠程度高；保证工程进度与质量的需要；易维护保养；耗能低；安全环保性能强。

3. 选择的经济评估

选择一个机械设备除考虑技术条件与适用性外，还要进行技术可行性分析。

4. 机械设备装备的原则

（1）机械化和半机械化相结合。

（2）减轻劳动强度。

（3）发挥现有机械设备能力。

（4）充分利用社会机械设备资源，同时将企业自身闲置的机械设备向社会开放。

5. 企业装备机械设备的形式

（1）从本企业专业机械租赁公司租用施工机械设备。

（2）从社会上的市场上租用机械设备。

（3）分包工程施工队伍自带的施工机械设备。

（4）企业为施工项目购置机械设备。

三、机械设备的使用管理

机械设备使用管理是机械设备管理的一个基本环节，正确、合理地使用设备，可充分发挥设备的效率，保持较好的工作性能，减少磨损，延长设备的使用寿命。机械设备使用管理的主要工作如下：

（1）人机固定。实行机械使用、保养责任制。机械设备要定机定人或定机组，明确责任，在降低使用消耗、提高效率上，与个人经济利益结合起来。

（2）实行操作证制度，专机的专门操作人员必须经过培训和统一考试，确认合格，发给操作证。这是保证机械设备得到合理使用的必要条件。

（3）操作人员必须坚持搞好机械设备的例行保养，经常保持机械设备的良好状态。

（4）遵守磨合期使用规定。这样可以防止机件早期磨损，延长机械使用寿命和修理周期。

（5）实行单机或机组核算。根据考核的成绩实行奖惩，这也是一项提高机械设备管理水平的重要措施。

（6）建立设备档案制度。这样就能了解设备的情况，便于使用与维修。

（7）合理组织机械设备施工。必须加强维修管理，提高机械设备的完好率和单机效率，并合理地组织机械的调配，搞好施工的计划工作。

（8）培养机务队伍。应采取办训练班、进行岗位练兵等形式，有计划、有步骤地做好培养和提高工作。

（9）搞好机械设备的综合利用。机械设备的综合利用是指现场安装的施工机械尽量做到一机多用。尤其是垂直运输机械，必须综合利用，使其效率充分发挥，它既负责垂直运输各种构件材料，同时又可作为回转范围内的水平运输、装卸车等。因此，要按小时安排好机械的工作，充分利用时间，大力提高其利用率。

（10）要努力组织好机械设备的流水施工。当施工的推进主要靠机械而不是人力的时候，划分施工段的大小必须考虑机械的服务能力，将机械作为分段的决定因素。要使机械连续作业，不停歇，必要时"歇人不歇马"，使机械三班作业。一个施工项目有多个单位工程时，应使机械在单位工程之间流水，减少进出场时间和装卸费用。

（11）机械设备安全作业。项目经理部在机械作业前应向操作人员进行安全操作交底，使操作人员对施工要求、场地环境、气候等安全生产要素有清楚的了解。项目经理部按机械设备的安全操作要求安排工作和指挥，不得要求操作人员违章作业，也不得强令人员在机械存在问题时操作，更不得指挥和允许操作人员野蛮施工。

（12）为机械设备的施工创造良好条件。现场环境、施工平面图布置应适合机械作业要求，交通道路畅通无障碍，夜间施工安排好照明。协助机械部门落实现场机械标准化。

四、机械设备的维修与保养

1. 机械设备的磨损

机械设备的磨损可分为以下三个阶段：

（1）磨合磨损。这一阶段是初期磨损，包括制造或大修理中的磨合磨损及使用初期的走合磨损，这段时间较短。此时，只要执行适当的走合期使用规定就可降低初期磨损，延长机械使用寿命。

（2）正常工作磨损。这一阶段零件经过走合磨损，光洁度提高了，磨损较少，在较长时间内基本处于稳定的均匀磨损状态。这个阶段后期，条件逐渐变坏，磨损逐渐加快，进入第三阶段。

（3）事故性磨损。此时，由于零件配合的间隙扩展而负荷加大，磨损激增，可能很快磨损。如果磨损程度超过了极限而不及时修理，就会引起事故性损坏，造成修理困难和经济损失。

2. 机械设备的保养

机械设备保养目的是为了保持机械设备的良好技术状态，提高设备运转的可靠性和安全性，减少零件的磨损，延长使用寿命，降低消耗，提高机械施工的经济效益。保养分为例行保养和强制保养。例行保养属于正常使用管理工作，它不占用机械设备的运转时间，由操作人员在机械运转间隙进行。其主要内容是：保持机械的清洁，检查运转情况，防止机械腐蚀，按技术要求润滑等。强制保养是隔一定周期，需要占用机械设备的运转时间而停工进行的保养。强制保养是按照一定周期和内容分级进行的。保养周期根据各类机械设备的磨损规律、作业条件、操作维护水平及经济性四个主要因素确定。

3. 机械设备的修理

机械设备的修理，是对机械设备的自然损耗进行修复，排除机械运行的故障，对损坏的零部件进行更换、修复。对机械设备的预检和修理，可以保证机械的使用效率，延长使用寿命。

机械设备的修理可分为大修、中修和零星小修。

（1）大修是对机械设备进行全面的解体检查修理，保证各零部件质量和配合要求，使其达到良好的技术状态，恢复可靠性和精度等工作性能以延长机械的使用寿命。

（2）中修是大修间隔期间对少数部件进行大修的一次性平衡修理，对其他不进行大修的只执行检查保养。中修的目的是对不能继续使用的部分进行大修，使用整机状况达到平衡，以延长机械设备的大修间隔。

（3）零星小修是临时安排的修理，其目的是消除操作人员无力排除的突然故障、个别零件损坏，或一般事故性损坏等问题，一般都是和保养相结合，不列入修理计划之中。而大修、中修需要列入修理计划，并按计划预检修制度执行。大修和中修由企业进行管理，小修与保养由项目经理部负责管理。

第五节　工程项目技术管理

一、工程项目技术管理概述

1. 项目技术管理的基本任务

在工程项目施工全过程中，运用管理的五项职能（计划、组织、领导、协调、控制）促进技术工作的开展，正确贯彻国家的技术政策和上级有关技术工作的指示与决定，科学地组织各项技术工作，建立良好的技术工作秩序，保证项目施工过程符合技术规范、规程，使经济与技术、质量与进度达到统一，确保实现施工承包合同规定的工期、质量和造价目标。

2. 项目技术管理的作用

工程项目技术管理的作用为实现项目目标提供强有力的技术支持和可靠的技术保障。

二、工程项目技术管理的组织体系

（1）项目经理部必须在企业总工程师和技术管理部门的指导和参与下建立技术管理体系。应根据项目规模设项目总工程师、主任工程师或工程师作为技术负责人，其下设技术部门、工长和班组长。

（2）项目技术负责人应履行以下主要职责：①领导施工项目的技术管理工作；②主持制订项目的技术管理工作计划；③组织有关人员熟悉与审查图纸，主持编制施工项目管理实施规划并组织实施；④进行技术交底；⑤组织做好测量及其核定；⑥指导质量检验与试验；⑦审定技术措施计划并组织实施；⑧参加各类工程验收，处理质量事故；⑨组织各项技术资料的签证、收集、整理和归档；⑩领导技术学习，交流技术经验。

三、工程项目技术管理的主要内容

1. 技术管理基础性工作

（1）技术责任制及技术管理制度。

（2）技术标准及方法。

（3）试验、检验、计量及技术装备。

（4）技术文件、资料及档案。

2. 施工过程的技术管理工作

（1）技术准备阶段。包括图纸的熟悉、审查及会审，编制施工组织设计，技术交底。

（2）工程实施阶段。包括工程变更及洽商，技术措施的采取，技术检验，材料及半成品的试验与检验，技术问题的处理，规范、标准的贯彻，季节性施工技术措施的采取，工程技术资料的签证、收集、整理和归档等。

（3）技术开发管理工作。包括开展新技术，新结构，新材料，新工艺，新设备的研究与开发，技术改造与革新，制定新的技术措施等。

（4）技术经济分析与评价。论证技术工作在技术上是否可行，在经济上是否合理；优化施工组织设计，优选新技术开发与推广项目，并对实施后的实际效果进行全面系统的技术评价与经济分析。

3. 项目技术管理的运作流程

参与工程项目投标——设计交底——图纸会审——设计变更——工程洽商——编制施工组织设计——确定关键工作——技术交底——工程控制——预检与隐蔽工程验收——施工技术资料——工程结构验收——技术总结——处理竣工后的有关技术问题。

四、工程项目技术管理的基本制度

（一）熟悉图纸及图纸审查制度

图纸审查分为内部自审阶段、外部会审阶段和现场签证阶段。

1. 图纸审查制度的目的

主要是：领会设计意图、明确技术要求，发现设计图纸中的差错与问题，提出修改与洽谈意见，使之在施工开始之前改正。

2. 图纸审查的依据

主要有：

（1）施工图设计、建筑总平面等资料文件。

（2）调查、搜集的原始资料。

（3）设计、施工验收规范和有关技术规定。

3. 图纸审查的主要内容

（1）审查建筑物或构筑物的设计功能和使用要求是否符合环保、防火及美化城市方面的要求。

（2）审查图纸是否完整、齐全，以及施工图纸和设计资料是否符合国家有关工程建设的设计、施工方面的方针和政策。

（3）审查图纸与说明书在内容上是否一致，以及与其他各组成部分之间有无矛盾和错误。

4. 图纸会审

图纸会审是指工程各参建单位在收到施工图设计文件后，对图纸进行全面细致的熟悉，审查出施工图存在的问题及不合理情况并提交设计院进行处理的一项重要活动。图纸会审由建设单位负责组织并记录，也可请监理单位代为组织。

（二）施工技术交底制度

施工技术交底是施工企业内部的技术交底，是由上至下逐级进行的。因此，施工技术交底受建筑施工企业管理体制、建筑项目规模和工程承包方式等影响，其种类有所不同。对于实行三级管理、承包大型工程的企业，施工技术交底可分为公司技术负责人（总工程师）对工区技术交底、工区技术负责人（主任工程师）对施工队技术交底、施工队技术负责人（技术员）对班组工人技术交底三级。各级的交底内容与深度也不相同。对于一般性工程，两级交底就足够了。

1. 施工技术交底时，应注意以下要求

（1）技术交底要贯彻设计意图和上级技术负责人的意图与要求。

（2）技术交底必须满足施工规范和技术操作规程的要求。

（3）对重点工程、重要部位、特殊工程和推广应用新技术、新工艺、新材料、新结构的工程，在技术交底时更应全面、具体、详细、准确。

（4）对易发生工程质量和安全事故的工种与工程部位，技术交底时应特别强调。

（5）技术交底必须在施工前的准备工作时进行。

（6）技术交底是一项技术性很强的工作，必须严肃认真、全面、规范，所有技术交底均须列入工程技术档案。

2. 施工技术交底的方法

施工技术交底应根据工程规模和技术复杂程度不同采取相应的方法。

（1）书面交底。把交底的内容写成书面形式，向下一级有关人员交底。这种交底方式内容明确，责任到人，事后有据可查，因此，交底效果较好，是一般工地最常用的交底方式。

（2）会议交底。通过召集有关人员举行会议，向与会者传达交底的内容，对多工种同时交叉施工的项目，应将各工种有关人员同时集中参加会议，除各专业技术交底外，还要把施工组织者的组织部署和协作意图交代给与会者。

（3）口头交底。适用于人员较少，操作时间短，工作内容较简单的项目。

（4）挂牌交底。将交底的内容、质量要求写在标牌上，挂在施工场所。这种方式适用于操作内容固定、操作人员固定的分项工程。如混凝土搅拌站，常将各种材料的用量写在标牌上。

（5）样板交底。对于有些质量和外观感觉要求较高的项目，为使操作者对质量指标要求和操作方法、外观要求有直观的感性认识，可组织操作水平较高的工人先做样板，其他工人现场观摩，待样板做成且达到质量和外观要求后，其他工人以此为样板施工。这种交底方式通常在高级装饰质量和外观要求较高的项目上采用。

（6）模型交底。对于技术较复杂的设备基础或建筑构件，为使操作者加深理解，常做成模型进行交底。

以上几种交底方式各具特点，实际中可灵活运用，采用一种或几种同时并用。

（三）材料验收制度

建立和健全材料检验制度，做好材料、构配件和设备的试验检查工作，是合理使用资源、节约成本和确保工程质量的关键措施。

在施工中，使用的所有原料、材料、构配件和设备等物资，必须由供应部门提供合格证明和检验单，对各种材料在使用前应按规定抽样检验，新材料要经过技术鉴定合格后才能在工程上使用。

施工企业必须加强对材料检验工作的领导，要健全机构，配齐人员，充实试验仪器，提高试验检验的工作质量。同时，要抓好施工现场材料及试件的送检工作。

（四）技术复核和施工日志制度

1. 技术复核制度

在现场施工中，为避免发生重大差错，对重要的或影响工程全局的术工作，必须依据设计文件和有关技术标准进行复核工作。

2. 施工日志制度

施工日志，是在工程项目施工的全过程中有关技术方面的原始记录，对改进和提高技术管理水平有重要意义。单位工程技术负责人应从工程施工开始到工程竣工为止，不间断地详细记录每天的施工情况。

（五）工程质量检查和验收制度

在现场施工过程中，为了保证工程的施工质量，必须根据国家规定的质量标准逐项检查操作质量和中间产品质量。

1. 施工单位的自检系统

施工单位是施工质量的直接实施者和责任者，施工单位的自检体系表现在以下几点：作业活动的作业者必须在作业结束后进行自检；不同工序交接、转换必须由相关人员交接检查；专职质检员的专检。

2. 检验批、分项、分部工程的验收

一检验批（分项、分部工程）完成后，施工单位应首先自行检查验收，确认符合设计文件，相关验收的规定，然后向监理工程师提交申请，由监理工程师予以检查、确认。

3. 隐蔽工程验收

指将被其后工程施工所隐蔽的分项、分部工程，在隐蔽前所进行的检查验收。隐蔽工程施工完毕，施工单位在自检合格后，填写《报验申请表》，并附上相关质量证明资料，报送项目监理机构；监理工程师收到报验申请后，首先核对质量证明资料，然后与施工单位专职质检员及相关施工人员一起到现场，经现场检查，如符合质量要求，在《报验申请表》或隐蔽验收检查记录上签字确认。

4. 竣工验收

在一个单位工程或整个工程项目完工后，施工单位应先进行竣工自检，自检合格后，向项目监理机构提交《工程竣工报验单》，总监理工程师组织专业监理工程师进行竣工初验，初验合格后，施工单位参加由建设单位组织参建各方的正式竣工验收。

（六）工程技术档案制度

建立工程技术档案制度是为了系统地积累施工技术资料，为了给施工工程交工后的合理利用、维护、维修及其他工程施工提供依据。

五、技术组织措施和技术开发

1. 技术组织措施和技术开发的意义

施工企业要提高技术水平，必须合理采用先进的技术组织措施，同时要抓住薄弱环节不断开发技术。技术组织措施的目的在于把实践证明是成功的技术和施工经验推广应用到施工中去，技术开发的出发点在于攻克难关，创造出新的技术来代替落后的技术。因此，积极编制技术组织措施和开展技术革新活动，对企业有效地推动施工生产的发展有着十分重要的意义。

2. 技术组织措施

技术组织措施是施工企业为完成施工生产任务，提高工程质量，加快工程施工进度，保证安全施工，节约原材料和劳动力，降低成本，提高经济效益，在技术和管理上采取的措施。

技术组织措施的内容如下：

（1）改进施工工艺和操作技术，加强施工速度，提高劳动生产率的措施。

（2）提高工程质量的措施。

（3）推广新技术、新工艺和新材料的措施。

（4）提高机械化施工水平、改进机械设备和组织管理以提高完好利用率的措施。

（5）节约原材料、动力、燃料和劳动力，降低成本，提高经济效益的措施。

3. 技术开发

技术开发是对企业现有技术水平进行改进、更新和提高的工作。它导致技术发展量的变化，使企业的技术水平不断提高。

技术开发的主要内容如下：

（1）改进施工工艺和改革操作方法。

（2）改革原材料和资源的利用方法。

（3）改进施工机具，提高机具利用率。

（4）管理手段的现代化。

（5）施工生产组织的科学化。

六、建设工程文件档案资料

1. 建设工程文件的概念

建设工程文件是指在工程建设过程中形成的各种形式的信息记录，包括工程准备文件、监理文件、施工文件和竣工图和竣工验收文件。

（1）工程准备阶段文件。工程准备文件是指工程开工以前，在立项、审批、征地、勘察、设计、招投标等工程准备阶段形成的文件

（2）监理文件。监理单位在工程设计、施工等监理过程中形成的文件。

（3）施工文件。施工单位在施工过程中形成的文件。

（4）竣工图。工程竣工验收后，真实反映建设工程项目施工结果的图样。

（5）竣工验收文件。竣工验收文件是指建设工程项目竣工验收活动中形成的文件。

2. 建设工程档案的概念

工程档案是在工程建设活动中直接形成的具有归档保存价值的文字、图标、声像等各种形式的历史记录。

3. 建设工程文件档案资料概述

建设工程文件和档案组成建设工程文件档案资料。建设工程档案资料的管理涉及到建设单位、监理单位、施工单位等以及地方城建档案管理部门。对于一个建设工程而言，归档有三方面含义：①各参建单位将本单位在工程建设过程中形成的文件向本单位档案管理机构移交；②各参建单位将本单位在工程建设过程中形成的文件向建设单位档案管理机构移交；③建设单位按现行《建设工程文件归档整理规范》要求，将总的该建设工程文件档案向地方城建档案管理部门移交。

七、工法

1. 工法的概念

工法，是建筑业经常使用的一个词，各个国家称谓不同，我国建设部颁发的《施工企业实行工法制度的试行管理办法》对"工法"定义为："工法是指以工程为对象、工艺为核心，运用系统工程的原理，将先进技术与科学结合起来，经过工程实践形成的综合配套技术的应用方法。"

2. 工法的特征

（1）工法的主要服务对象是工程建设，而不是其他方面的东西。工法来自工程实践，并从中总结出确有经济效益和社会效益的施工规律，又要回到施工实践中去应用，为工程建设服务。这就是工法的针对性和实践性所在。

（2）工法既不是单纯的施工技术，也不是单项技术，而是技术和管理相结合、综合配套的施工技术。工法不仅有工艺特点（原理）、工艺程序等方面的内容，而且还要有配套的机具、质量标准、劳动组织、技术经济指标等方面的内容，综合地反映了技术和管理的结合，内容上类似于施工成套技术。

（3）工法是用系统工程原理和方法总结出来的施工经验，具有较强的系统性、科学性和实用性。系统有大有小，工法也有大小之分。如针对建筑群或单位工程的，可能是大系统；针对分部或分项工程的，可能是子系统，但都必须是一个完整的整体。因此，概括地说，工法就是用系统工程原理总结出来的综合配套的施工方法。

（4）工法的核心是工艺，而不是材料、设备，也不是组织管理。如"软黏土深层搅拌加固工法"，就是利用水泥与软黏土的搅拌，水化后可获得强度的原理来加固软土地基，这种加固地基的方法是利用水泥作固化剂，通过特制的深层搅拌机械，在地基深部将软黏土与水泥强制拌和，使软黏土硬结成具有一定强度的水泥加固土，从而提高地基的强度。用深层搅拌工艺加固软土地基就是该工法的核心。至于采用什么样的机械设备，如何去组织施工，以及保证质量、安全措施等，都是为了保证工艺这个核心。

（5）工法是企业标准的重要组成部分，是施工经验的总结，是企业宝贵的无形资产，并为管理层服务。工法应具有新颖性、适用性，从而对保证工程质量、提高施工效率、降低工程成本有重大的作用。

第六节　工程项目资金管理

一、工程项目资金的筹措

1. 项目资金来源

为项目筹措资金，可以通过多种不同的渠道，采用多种不同的方式。我国现行的项目资金来源主要有以下几种：

（1）财政资金。包括财政无偿拨款和拨改贷资金。

（2）银行信贷资金。包括基本建设贷款、技术改造贷款、流动资金贷款和其他贷款等。

（3）发行国家投资债券、建设债券、专项建设债券以及地方债券等。

（4）在资金暂时不足的情况下，还可以采用租赁的方式解决。

（5）企业资金。主要是企业自有资金、集资资金（发行股票及企业债券）和向产品用户集资。

（6）利用外资。包括利用外国直接投资，进行合资、合作建设以及利用世界银行贷款。

2. 施工过程所需要的资金来源

施工过程所需要的资金来源，一般是在承发包合同条件中规定的，由发包方提供的工程备料款和分期结算工程款提供。资金来源：预收工程备料款、已完施工价款结算、内部银行贷款、其他项目资金的调剂等。

3. 筹措资金的原则

（1）充分利用自有资金。其优点是调度灵活，不必支付利息，比贷款的保证性强。

（2）必须在经过收支对比后，按差额筹措资金，避免造成浪费。

（3）把利息的高低作为选择资金来源的主要标准，尽量利用低利率贷款。

二、施工项目资金收支预测

1. 项目资金收入预测

项目资金收入是按合同价款收取的。在实施工程项目合同的过程中，从收取工程预付款（预付款在施工后以冲抵工程价款方式逐步扣还给业主）开始，每月按进度收取工程进度款，直到最终竣工结算，按时间测算出价款数额，做出项目收入预测表，绘出项目资金按月收入图及项目资金按月累加收入图。

资金收入测算工作应注意以下几个问题：

（1）由于资金测算工作是一项综合性工作。因此，要在项目经理主持下，由职能人员参加共同分工负责完成。

（2）加强施工管理，确保按合同工期要求完成工程，免受延误工期惩罚，造成经济损失。

（3）严格按合同规定的结算办法测算每月实际应收的工程进度款数额，同时要注意收款滞后时间因素，即按当月完成的工程量计算应取的工程进度款，不一定能够按时收取，但应力争缩短滞后时间。

按上述原则测算的收入，形成了资金收入在时间上、数量上的总体概念，为项目筹措资金，加快资金周转，合理安排资金使用提供科学依据。

2. 项目资金支出预测

（1）项目资金支出预测的依据。①成本费用控制计划；②项目施工规划；③各类材料、物资储备计划。

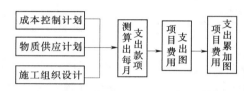

图6-1　项目费用支出预测程序图

根据以上依据测算出随着工程的实施每月预计的人工费、材料费、施工机械使用费、物资储运费、临时设施费、其他直接费和施工管理费等各项支出，使整个项目的支出在时间上和数量上有一个总体概念，以满足资金管理上的需要。

（2）项目资金支出预测程序。

（3）项目资金支出预测应注意的问题。

1）从实际出发，使资金支出预测更符合实际情况。资金支出预测，在投标报价中就已开始做了，但不够具体。因此，要根据项目实际情况，将原报价中估计的不确定因素加以调整，使之符合实际。

2）必须重视资金支出的时间价值。资金支出的测算是从筹措资金和合理安排、调度资金的角度考虑的，一定要反映出资金支出的时间价值，以及合同实施过程中不同阶段的资金需要。

（4）资金收入与支出对比。

将施工项目资金收入预测累计结果和支出预测累计结果绘制在一个坐标图上，如图6-2所示。图中曲线A是施工计划曲线，曲线B是资金预计支出曲线，曲线C是预计资金收入曲线。B、C曲线之间的距离是相应时间收入与支出资金数之差，即应筹措的资金数量。图6-2中以a、b间的距离是本施工项目应筹措资金的最大值。

三、施工项目资金管理要点

（1）施工项目资金管理应以保证收入、节约支出、防范风险和提高经济效益为目的。

（2）承包人应在财务部门设立项目专用账号进行项目资金收支预测，统一对外收支与结算。项目经理部负责项目资金的使用管理。

（3）项目经理部应编制年、季、月度资金收支计划，上报企业主管部门审批实施。

（4）项目经理部应按企业授权，配合企业财务部门及时进行资金计收。包括：①新开工项目按工程施工合同收取预付款或开办费；②根据月

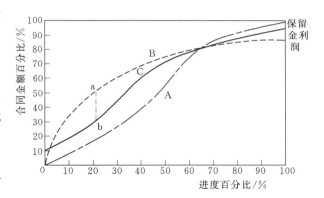

图6-2　施工项目资金收支对比图

度统计报表编制"工程进度款结算单"，于规定日期报送监理工程师审批结算，如发包人不能按期支付工程进度款并超过合同支付的最后限期，项目经理部应向发包人出具付款违约通知书，并按银行的同期贷款利率计息；③根据工程变更记录和证明发包人违约的材料，及时计算索赔金额，列入工程进度款结算单；④发包人委托代购的工程设备或材料，必须签订代购合同，收取设备订货预付款或代购款；⑤工程材料价差应按规定计算，及时请发包人确认，与进度款一起收取；⑥工期奖、质量奖、措施奖、不可预见费及索赔款，应根据施工合同规定与工程进度款同时收取；⑦工程尾款应根据发包人认可的工程结算金额及时回收。

（5）项目经理部按公司下达的用款计划控制资金使用，以收定支，节约开支；应按会计制度规定设立财务台账，记录资金支出情况，加强财务核算，及时盘点盈亏。

（6）项目经理部应坚持做好项目的资金分析，进行计划收支与实际收支对比，找出差异，分析原因，改进资金管理。项目竣工后结合成本核算与分析进行资金收支情况和经济效益总分析，上报企业财务主管部门备案。企业应根据项目的资金管理效果对项目经理部进行奖惩。

（7）项目经理部应定期召开发包、分包、供应、加工各单位的代表碰头会，协调工程进度、配合关系、甲方供料及资金收付等事宜。

四、工程预付款，工程进度款及工程结算

（一）工程预付款

1. 工程预付款的概念

工程预付款是工程施工合同订立后由发包人按照合同约定在正式开工前预先付给承包人的工程款是施工准备及支付材料构件订货款的资金主要来源。预付时间应不迟于约定的开工日期前7天，发包人不按约定预付，承包人在约定预付时间7天后向发包人发出要求预付的通知，发包人收到通知后仍不能按要求预付，承包人可在发出通知7天后停止施工，发包人应从约定之日起向承包人支付应付款的贷款利息，并承担违约责任。

2. 工程预付款额度

工程预付款额度一般是根据施工工期、工程工作量、主要材料和构件费用占工作量的比例及材料储备周期等因素经测算来确定。

（1）在合同条件中约定。

（2）公式计算法：

$$工程预程预付款＝\frac{工程总价\times 材料比重（％）}{年度施工天数}\times 材料储备定额天数$$

3. 工程预付款的扣回

以抵扣的方式将原已支付的预付款陆续扣回。

（1）合同中约定，可采用等比率或等额扣款的方式。

（2）从未施工工程尚需的主要材料及构件的费用相当于工程预付工程款数额时扣起，从每次中间结算工程价款中按材料及构件比重抵扣工程价款，至竣工之前全部扣清。工程预付款起扣点的计算公式为

$$T＝P-\frac{M}{N}$$

式中：T 为起扣点，即工程预付款开始扣回的累计完成工程金额；P 为工程承包合同金额；M 为工程预付款数额；N 为主要材料、构件所占比重。

（二）工程结算方式

1. 按月结算

2. 分段结算

3. 竣工后一次结算

（三）工程进度款

1. 计算

（1）工程量计算：按实计算在该月实际完成的工程量并经监理审查认可。

（2）单价计算：根据合同约定计价方法来计算。有固定综合单价和可调工料单价法。

（3）根据该月已完成的各分项工程量及按照所采用的单价种类，分别计算各分项工程的直接工程费、措施费、间接费、利润、税金以及该分项工程量及总费用，将各分项工程计算出的费用相加得到该项当月完成工程量的总费用。

2. 工程进度款的支付

《建设工程施工合同》的相应规定为"在确定计量结果后 14 天内，发包人应向承包人支付工程款（进度款）""发包人超过约定的支付时间不支付工程款，承包人可向发包人发出要求付款的通知"。

（四）竣工结算

1. 程序

工程项目竣工验收报告经发包人认可后 28 天内，承包人向发包人递交竣工结算报告及完整的结算资料，双方按合同价款及专用条款约定的合同价款调整内容进行竣工结算。

2. 审查竣工结算

（1）核对合同条款：工程是否按合同要求完成全部内容并验收合格；合同规定的结算方法有无漏洞，如有漏洞应明确结算方法及要求。

（2）检查隐蔽工程验收记录：隐蔽工程施工记录和验收签证的手续完备，工程量与竣工图一致才可列入结算。

（3）落实设计变更签证：设计变更有设计单位出具的通知单及图纸，校审人员签字，加盖公章，经建设单位及监理审查同意签证，重大变更经原审批单位审批，才可列入结算。

按图核实工程量，执行合同规定的定额单价并防止计算误差。

案例：

[案例背景]

李强是公司的项目经理，其风格非常严厉，他要求团队成员严格遵循他的指示，强调使用正式和非正式的控制方法，在他负责的项目中，很多人感到不满，甚至有骨干提出辞职，后来这些骨干员工调到了别的项目。李强负责的几个项目完成得都不错，成本控制在预算范围内，进度也能够保证，用户对项目的评价很满意，项目回款也比较及时。令部门经理比较苦恼的是，李强做过的项目很难选择出接班人。

陈刚是某项目的技术骨干，被公司任命为项目经理管理一个项目。他是目标管理的强烈支持者，他主张用目标的方式来定义所有的工作任务，然后让项目相关的人来制定必要的过程和方法。工作问题可以找他咨询，但下面的人发现他不愿意涉及工作的细节，陈刚当了两个月的项目经理之后，部门经理发现情况不妙，任务没有按时完成，阶段目标有可能滞后。部门经理走访了项目组成员，和项目组中的两三个核心成员交谈后，他得知项目组一致认为陈刚不清楚他要监督的工作，没有担当好经理人的角色。员工对缺乏指导感到失望。

[案例解析]

大家都来谈谈这两位项目经理在项目管理中有哪些问题。分析总结如下：

在对李强进行评价之前，我们先来考虑一个问题：项目成功的定义是什么？如果仅从单个项目的角度出发，只要项目的进度、成本、质量三个方面满足预定的目标，就可以认为项目成功了。项目是公司运营的载体，如果从公司整体利益及长远发展的角度去考虑，那么项目成功的含义应该更广泛，还应满足一些软性目标，如人才得到培养、项目经验得到积累、管理方式、管理意识的形成等。从这种意义上来讲，我们认为李强的项目是存在问题的，因为项目人员没有成长，项目没有接班人。

李强的问题在于：

（1）他的管理风格单一，对所有组员都采用一种强硬的管理方式，而没有考虑组员的特点和成熟水平，而采用恰当的管理方法。

（2）他处事独断，没有将权力适当地下放，成员没有参与项目决策和问题处理的机会。

（3）团队建设有问题，内部缺乏必要的沟通，他没有考虑自己的管理方法给员工带来的感受。当过分的"控制"让团队成员的创造性受到了限制，影响到成员的发展时，人才的流失则成为必然，从而也导致没有可以接替自己的助手。

陈刚的问题在于"缺乏管理和控制"：

（1）陈刚也犯了和李强同样的错，管理风格单一。陈刚没有考虑到组员的水平有差异、需要项目经理提供的指导力度不同，而一贯采用有目标、无指导的方式。项目经理应该认真的了解团队成员的不同特点，因人施"管"：对于自我管理能力强、积极主动、有创意的成员要少控制，多利用目标管理；对于执行力强、但缺乏创新意识的成员要多控制、指导，多用过程管理或目标划分的更细些。

（2）对项目的监控和跟踪不够，陈刚对项目的进展情况不了解，无法准确判断能否如期完成项目目标，不能发现项目中存在问题；对于组员提出的问题，陈刚没有通过有效的方法解决。当项目经理由于精力或能力问题，无法同时承担项目管理和技术负责两种职责时，应该适当的将权力下放，指定合适的负责人，以协助项目经理进行跟踪管理、处理问题。

（3）内部沟通有问题，项目经理和组员之间没有畅通的沟通渠道，大家都不清楚对方的真实的想法和感受。团队建设更无从谈起。

复 习 思 考 题

1. 工程项目生产要素管理包括哪些内容？管理的意义是什么？
2. 简述工程项目生产要素管理的一般程序。
3. 项目人力资源管理的任务是什么？
4. 简述劳动力动态管理的原则和内容。
5. 项目材料管理有哪三个层次？
6. 简述项目材料管理的主要内容。如何探索节约材料的新途径？
7. 简述机械设备管理的主要内容。
8. 简述项目技术管理的主要内容和主要制度。
9. 简述项目资金管理的要点。

第七章　工程项目风险管理

本章学习目标

通过本章的学习，读者应能：

（1）了解项目和建设项目风险的基本概念及风险管理的基本程序与方法。

（2）熟悉风险决策的基本概念和基本原理。

（3）掌握风险识别的概念和方法，重点掌握风险分析与评估的工具和方法，掌握建设项目风险控制的程序、方法和措施。

第一节　工程项目风险管理概述

一、风险概述

（一）风险的定义

风险（Risk）定义的角度不同，因而有不同的解释，其中，较为通用的如下：

（1）风险是损失或收益发生的不确定性，即风险是由不确定性和损失（收益）两个要素构成。

（2）风险是在一定条件下，一定时期内，某一事件的预期结果与实际结果间的变动程度，变动程度越大，风险越大；反之，则越小。

由风险的定义可知，风险要具备两方面的条件：一是不确定性，二是产生损失后果，否则就不能称为风险。

（二）风险的本质

风险的本质是构成风险属性，影响风险的产生、存在和发展的因素。在认知风险的本质时，除涉及风险的定义外，还应明确下列概念：风险因素、风险事件、损失，以及三者之间的关系。

1. 风险因素

造成损失的内在或间接原因，通常，风险因素可分为以下三种：

（1）自然风险因素：指有形的，并能直接导致某种风险的因素。例如环境污染就是影响人身健康的自然风险因素。

（2）道德风险因素：其为无形的因素，是指由于人的品德、素质不良，促使风险事件发生的因素。例如诈骗、偷工减料等行为。

（3）心理风险因素：也是无形的因素，是指由于人主观上的疏忽或过失而导致风险事件发生的因素。例如，投保后疏于对损失的防范，以及心存侥幸导致损失的发生等。

2. 风险事件

又称风险事故，是指直接导致损失发生的偶发事件，它可能引起损失和人身伤亡，例如火灾、地震、偷盗、抢劫等事件。注意把风险事件与风险因素区别开来，例如，汽车的制动系统失灵导致车祸中人员伤亡，这里制动系统失灵是风险因素，而车祸是风险事件。

3. 损失

损失是指非故意的、非计划的和非预期的经济价值的减少，通常以货币单位来衡量。损失一般可分为直接损失和间接损失两种。例如某企业因为遭受火灾导致设备损毁是属于直接损失；而对设备的修理或重置而支出的费用，以及由于该设备损毁以至于无法生产产品造成的利润损失和支付的违约金等属于间接损失。

4. 三者之间的关系

一般风险因素、风险事件和损失三者的关系组成一条因果关系链条，如图 7-1 所示。即风险因素的产生或增加，导致了风险事件的发生，风险事件的发生则又成为导致损失的直接原因。认识这种关系的内在规律是研究风险管理和保险的基础。风险作用链条图展现了风险作用的动态过程，对防御风险，降低风险损失有着十分重要和意义。

图 7-1 风险作用链条图

二、风险的分类

不同的风险具有不同的特性，为有效地管理风险，有必要对各种风险进行分类。

1. 按风险后果划分

（1）纯粹风险（也称为纯风险）。纯粹风险导致的结果只有两种，即没有损失或有损失。例如自然灾害，一旦发生，将会导致重大损失，甚至人员伤亡；如果不发生，只是不造成损失而已，但不会带来额外的收益。此外，政治、社会方面的风险一般也都表现为纯粹风险

（2）投机风险。投机风险是指导致的结果有三种，即没有损失、有损失或获得利益。例如，一项重大投资活动可能因决策错误或因遇到不测事件而使投资者蒙受灾难性的损失；但决策正确，经营有方或赶上大好机遇，则有可能给投资人带来巨额利润。投机风险具有极大的诱惑力，人们常常注意其有利的一面，而忽视其带来厄运的可能。

2. 按风险来源划分

（1）自然风险。自然风险是指由于自然力的不规则变化导致财产损毁或人员伤亡，如风暴、地震等。

（2）人为风险。人为风险是指由于人类活动导致的风险。人为风险又可以细分为行为风险、政治风险、经济风险、技术风险和组织风险等。

3. 按风险的形态划分

（1）静态风险。静态风险是由于自然力的不规则变化或由于人的行为失误导致的风

险。从发生的后果来看,静态风险多属于纯粹风险。

(2) 动态风险。动态风险是由于人类需求的改变,制度的改进和政治、经济、社会、科技等环境的变迁导致的风险。从发生的后果来看,动态风险既可属于纯粹风险,又可属于投机风险。

4. 按风险可否管理划分

(1) 可管理风险。可管理风险是指用人的智慧、知识等可以预测、可以控制的风险。

(2) 不可管理风险。不可管理风险是指用人的智慧、知识等无法预测和无法控制的风险。

风险能否管理取决于风险不确定性是否可以消除以及活动主体的管理水平。要消除风险的不确定性,就必须掌握有关的数据、资料和其他信息,随着数据、资料和其他信息的积累以及管理水平的提高,有些不可管理的风险可以变为可管理风险。

5. 按风险的影响范围划分

(1) 局部风险。局部风险是指由于某个特定因素导致的风险,其损失的影响范围较小。

(2) 总体风险。总体风险影响范围大,其风险因素往往无法控制,如经济、政治等因素。

6. 按风险后果的承担者划分

按风险后果的承担者,项目风险可分为政府风险、业主风险、承包商风险、投资方风险、设计单位风险、监理单位风险、供应商风险、担保方风险和保险公司风险等,这样划分有助于合理分配风险、提高项目对风险的承受能力。

7. 按潜在损失的特性划分

(1) 财产风险。财产风险是指各类财物遭受损毁、灭失或贬值的风险。如厂房、住宅、电器、车辆等不动产或物质由于自然灾害或意外事故而遭受的损失。

(2) 人身风险。人身风险是指由于人的疾病、伤残、死亡所造成的风险。这种风险不仅会给个人和家庭带来损失,而且也会给单位带来损失。

(3) 责任风险。责任风险是指个人或团体由于违背法律或道义准则,给他人造成财产或人身伤害时应负的法律等责任。如侵犯知识产权、产品责任事故等行为主体都应承担这种风险。

三、风险的基本性质

1. 风险的客观性

风险的客观性,首先表现在它的存在不是以个体的意志为转移的。从根本上说,这是因为决定风险的各种因素对风险主体是独立存在的,不管风险主体是否意识到风险的存在,在一定条件下仍有可能变为现实。其次,还表现在它是无时不有、无所不在的,它存在于人类社会的发展过程中,潜藏于人类从事的各种活动之中。

2. 风险的不确定性

风险的不确定性是指风险的发生是不确定的,即风险的程度有多大、风险何时何地有可能转变为现实均是不确定的。这是由于人们对客观世界的认识受到各种条件的限制,不可能准确预测风险的发生。

风险的不确定性并不代表风险完全不可测度，有的风险可以测度，有的风险不可测度。例如，项目投资，对不同投资方案的不同收益和损失的可能性，可以根据有关情况、数据，运用各种方法进行测度；对于经济风险、政治风险和自然风险就很难测度甚至无法测度。

3. 风险的不利性

风险一旦发生，就会使风险主体产生挫折、失败、甚至损失，这对风险主体是极为不利的。风险的不利性要求我们在承认风险、认识风险的基础上，做好决策，尽可能地避免风险，将风险的不利性降至最低。

4. 风险的可变性

风险的可变性是指在一定条件下风险可以转化。风险的可变性包括以下内容：

（1）风险性质的变化。在汽车没有普及之前，因汽车引起的车祸被视为特定风险，当汽车已成为主要交通工具之后，车祸成为基本风险。

（2）风险量的变化。随着社会的发展，预测技术的不断完善，人们抵御风险的能力增强，在一定程度上对某些风险能够加以控制，使其频率降低，造成损失的范围和损失的程度减少。

（3）某些风险在一定空间和时间范围内被消除。如新中国成立后，我国消除了多种传染病。

（4）新的风险产生。随着项目和其他活动的展开，会有新的风险出现。如进行项目建设时，为了加快进度而采取边勘察、边设计、边施工的方法，这时就可能产生质量、安全或造价风险。

5. 风险的相对性

风险的相对性是针对风险主体而言的，即使在相同的风险情况下，不同的风险主体对风险的承受能力是不同的，主要与收益的大小、投入的大小和风险主体的地位以及拥有的资源量有关。

6. 风险同利益的对称性

风险同利益的对称性是指对风险主体来说，风险和利益必然是同时存在的，即风险是利益的代价，利益是风险的报酬。如果没有利益而只有风险，那么谁也不会去承担这种风险；另一方面，为了实现一定的利益目标，必须以承担一定的风险为前提。

四、工程项目风险管理

（一）工程项目风险特点

工程项目建设过程是一个周期长、投资多、技术要求高、系统复杂的生产消费过程，在该过程中，未确定因素、随机因素和模糊因素大量存在，并不断变化，由此而造成的风险直接威胁工程项目的顺利实施和成功。工程项目的风险有以下特点。

1. 风险存在的普遍性和客观性

在项目的全生命周期内，风险是无处不在的，无时没有的，只能降低风险发生的概率和减少风险造成的损失，或是分散转移风险，而不能从根本上完全消除风险。

2. 风险影响的全局性

风险的影响常常不是局部的某一段时间或某一个方面的，而是全局的。例如反常的气候条件造成工程的停滞，会影响整个后期的工作。

3. 不同的主体对同样风险的承受能力是不同的

人们的风险承受能力与收益的大小、投入的大小、项目活动的主体的地位和拥有的资源有关。

4. 工程项目的风险一般是很大的，其变化是复杂的

工程项目建设是一个既有确定因素，又有随机因素、模糊因素和未确知因素的复杂系统，风险的性质和造成的后果在工程建设中极有可能发生变化。

（二）风险管理的定义

项目风险会对项目产生正面或负面的影响，在这里我们仅对负面影响进行研究。

项目风险管理是指通过风险识别、风险分析和风险评价去认识项目的风险，并以此为基础合理地使用各种风险应对措施、管理方法及技术和手段，对项目风险实行有效控制，妥善处理风险事件造成的不利后果，以最少的成本保证项目总体目标实现的管理过程。

（三）风险管理的过程

风险管理就是一个识别、确定和度量风险，并制订、选择和实施风险处理方案的过程。风险管理应是一个系统的、完整的过程，一般也是一个循环过程。风险管理过程包括风险识别、风险评估、风险应对、风险监控四方面内容。

风险管理的全过程如图 7-2 所示。

（1）风险识别。是风险管理中的首要步骤，是指通过一定的方式，系统而全面地识别出影响建设工程目标实现的风险事件并加以适当归类的过程。必要时，还需对风险事件的后果做出定性的评估。

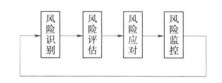

图 7-2 风险管理的全过程示意图

（2）风险评估。是风险管理的第二步。它是将建设工程风险事件发生的可能性和损失后果进行定量化的分析。这个过程在系统地识别建设工程风险与合理地作出风险决策之间起着重要的桥梁作用。风险评估的结果主要在于确定各种风险事件发生的概率及其对建设工程目标影响的严重程度，如投资增加的数额、工期延误的天数等。

（3）风险应对。是针对风险分析的结果，为提高实现目标的机会，降低风险的负面影响而制订风险应对策略和应对措施的过程。

一般来说，风险管理中所运用的对策有以下四种：风险回避、损失控制、风险自留和风险转移。

（4）风险监控。在制订了风险应对策略后，风险不会即行消失，而且可能会在项目执行过程中增大或减弱。因此，在项目的执行过程中，需要时刻监视风险的发展与变化情况，并确定随着某些风险的消失而带来的新风险。风险监控就是跟踪已识别的风险，监视剩余风险和识别新的风险，修改风险管理计划，保证风险计划的实施，并评估风险计划的

效果。风险监控的目的包括监视项目风险的状况，检查风险对策是否有效，监控机制是否运行，不断识别新风险并制订对策。

（四）风险管理的目标

风险管理目标的确定一般要满足以下几个基本要求：

（1）风险管理目标与风险管理主体（如企业或建设工程的业主）总体目标的一致性。

（2）目标的现实性，即确定目标要充分考虑其实现的客观可能性。

（3）目标的明确性，以便于正确选择和实施各种方案，并对其效果进行客观的评价。

（4）目标的层次性，从总体目标出发，根据目标的重要程度，区分风险管理目标的主次，以利于提高风险管理的综合效果。

从风险管理目标与风险管理主体目标一致性的角度，建设工程风险管理的目标通常更具体地表述如下：

（1）实际投资不超过计划投资。

（2）实际工期不超过计划工期。

（3）实际质量满足预期的质量要求。

（4）建设过程安全。

因此，从风险管理目标的角度分析，建设工程风险可分为投资风险、进度风险、质量风险和安全风险。

（五）工程项目风险管理与项目管理的关系

风险管理是整个项目管理的一部分，其目的是保证项目总目标的实现。

（1）从项目的时间、质量和成本目标来看，风险管理与项目管理的目标是一致的，即通过风险管理来降低项目进度、质量和成本方面的风险，实现项目管理目标。

（2）从项目范围管理来看，项目范围管理的主要内容包括界定项目范围和对项目范围变动的控制。通过界定项目范围，可以明确项目范围，将项目的任务细分为更具体、更便于管理的部分，避免遗漏而产生风险。在项目进行过程中，各种变更是不可避免的，变更会带来某些新的不确定性，风险管理可以通过对风险的识别和分析来评价这些不确定性，从而向项目范围管理提出任务。

（3）从项目计划的职能来看，风险管理为项目计划的制定提供了依据。项目计划考虑的是未来，而未来必然存在着不确定性因素。风险管理的职能之一是减少项目整个过程中的不确定性，这有利于计划的准确执行。

（4）从项目沟通控制的职能来看，项目沟通控制主要是对沟通体系进行监控，特别要注意经常出现误解和矛盾的职能及组织间的接口，可以为风险管理提供信息。反过来，风险管理中的信息又可以通过沟通体系传输给相应的部门和人员。

（5）从项目实施过程来看，不少风险都是在项目实施过程中由潜在变为现实的。风险管理就是在风险分析的基础上，拟定出具体的应对措施，以消除、缓和、转移风险，利用有利机会避免产生新的风险。

（六）风险管理计划

风险管理计划主要说明如何把风险分析和管理步骤应用于项目管理之中。风险管理计划应详细说明风险识别、风险估计、风险评价和风险控制过程所涉及的方方面面以及如何评价项目整体风险。风险管理计划的主要内容见表 7-1。

表 7-1 风 险 管 理 计 划

1. 引言	（2）风险估计
（1）本文件的范围和目的	1）风险发生概率的估计
（2）概述	2）风险后果的估计
1）目标	3）估计准则
2）需要优先考虑规避的风险	4）估计误差的可能来源
（3）组织	（3）风险评价
1）领导人员	1）风险评价使用的方法
2）责任	2）评价方法的假设前提和局限性
3）任务	3）风险评价使用的评价基准
（4）风险规避策略的内容说明	4）风险评价结果
1）进度安排	
2）主要里程碑和审查行为	3. 风险管理
3）预算	（1）根据风险评价结果提出的建议
	（2）可用于规避风险的备选方案
2. 风险分析	（3）规避风险的建议方案
	（4）风险监督程序
（1）风险识别	
	4. 附录
1）风险情况调查、风险来源等	（1）项目风险形势估计
2）风险分类	（2）减轻风险的计划

第二节 工程项目风险识别

风险识别是风险管理的基础。风险识别是指风险管理人员在收集资料和调查研究的基础上，运用各种方法对尚未发生的潜在风险以及客观存在的各种风险进行系统的归类和全面的识别。风险识别的内容是：识别引起风险的主要因素、识别风险的性质、识别风险可能引起的后果。

一、风险识别的依据

项目风险识别的主要依据包括项目规划、风险管理计划、风险种类、历史资料、制约因素与假设条件等。

1. 项目规划

项目规划中的项目目标、任务、范围、进度计划、费用计划、资源计划、采购计划及项目承包商、业主方和其他利益相关方对项目的期望值等都是项目风险识别的依据。

2. 风险管理计划

项目风险管理计划是规划和设计如何进行项目风险管理的过程。它定义了项目组织及成员风险管理的行动方案及方式，指导项目组织选择风险管理方法。项目风险管理计划针对整个项目生命期制订如何组织和进行风险识别、风险评估、风险量化、风险应对及风险监控的规划。

3．风险种类

指那些可能对项目产生正面或负面影响的风险源。项目的风险种类应能反映出项目所在行业及应用领域的特征，掌握了各风险种类的特征规律，也就得到了识别风险的钥匙。

4．历史资料

项目风险识别的重要依据之一就是历史资料，即从本项目或其他相关项目的档案文件中，从公共信息渠道中获取对本项目有借鉴作用的风险信息。

5．制约因素与假设条件

项目建议书、可行性研究报告、设计图纸等项目计划和规划文件一般都是在若干假设、前提条件下估计或预测出来的。这些前提和假设在项目实施期间可能成立，也可能不成立。因此，项目的前提和假设之中隐藏着风险。

项目必然处于一定的环境之中，受到内外许多因素的制约。其中国家的法律、法规和规章等因素是项目活动主体无法控制的。这些构成了项目的制约因素，是项目管理人员所不能控制的，这些制约因素中隐藏着风险。

二、风险识别的特点和原则

（一）风险识别的特点

风险识别有以下几个特点：

（1）个别性。任何风险都有与其他风险不同之处，没有两个风险是完全一致的。

（2）主观性。风险识别都是由人来完成的，由于个人的专业知识水平（包括风险管理方面的知识）、实践经验等方面的差异，同一风险由不同的人识别的结果就会有较大的差异。

（3）复杂性。工程项目所涉及的风险因素和风险事件均很多，而且关系复杂、相互影响。

（4）不确定性。这一特点可以说是主观性和复杂性的结果。由风险的定义可知，风险识别本身也是风险。因而避免和减少风险识别的风险也是风险管理的内容。

风险识别的特点之一是不确定性。

（二）风险识别的原则

在风险识别过程中应遵循以下原则：

（1）由粗及细，由细及粗。由粗及细是指对风险因素进行全面分析，并通过多种途径对工程项目风险进行分解，逐渐细化，以获得对工程项目风险的广泛认识，从而得到工程项目初始风险清单。而由细及粗是指从工程项目初始风险清单的众多风险中，确定那些对工程项目目标实现有较大影响的工程项目风险，作为主要风险，即作为风险评价以及风险对策决策的主要对象。

（2）严格界定风险内涵并考虑风险因素之间的相关性。

（3）先怀疑，后排除。不要轻易否定或排除某些风险，要通过认真的分析进行确认或排除。

（4）排除与确认并重。对于肯定不能排除但又不能肯定予以确认的风险按确认考虑。

（5）必要时，可做实验论证。

（三）风险识别的过程

由于工程项目风险识别的方法与风险管理理论中提出的一般的风险识别方法有所不

同，因而其风险识别的过程也有所不同。工程项目的风险识别往往是通过对经验数据的分析、风险调查、专家咨询以及实验论证等方式，在对工程项目风险进行多维分解的过程中，认识工程项目风险，建立工程项目风险清单。风险识别的结果是建立工程项目风险清单。在工程项目风险识别过程中，核心工作是工程项目风险分解和识别工程项目风险因素、风险事件及后果。

（四）工程项目风险的分解

工程项目风险的分解可以按以下途径进行：

（1）目标维：即按工程项目目标进行分解，也就是考虑影响工程项目投资、进度、质量和安全目标实现的各种风险。

（2）时间维：即按工程项目实施的各个阶段进行分解，也就是考虑工程项目实施不同阶段的不同风险。

（3）结构维：即按工程项目组成内容进行分解，也就是考虑不同单项工程、单位工程的不同风险。

（4）因素维：即按工程项目风险因素的分类分解，如政治、社会、经济、自然、技术等方面的风险，常用的组合分解方式是由时间维、目标维和因素维三方面从总体上进行工程项目风险的分解。

三、风险识别方法

1. 文件资料审核

从项目整体和详细的范围层次两个方面对项目计划、项目假设条件和约束因素、以往项目文件资料的审核中识别风险因素。

2. 信息收集整理

（1）头脑风暴法。头脑风暴法是最常用的风险识别方法，它借助于专家的经验，通过会议方式去分析和识别项目风险。会议的领导者要善于发挥专家和分析人的创造性思维，让他们畅所欲言发表自己的看法，对风险源进行识别，但不进行评论，然后根据风险类型进行风险分类。

（2）德尔菲法。德尔菲法是邀请专家匿名参加项目风险分析，主要通过信函方式来进行。调查员使用问卷方式征询专家对项目风险方面的意见，再将问卷意见整理、归纳，并匿名反馈给专家，以便进一步讨论。这个过程经过几个回合，可以在主要的项目风险上达成一致意见。其过程可简单表示如下：

匿名征求专家意见→归纳、统计→匿名反馈→归纳、统计……，若干轮后停止。

应用德尔菲法应注意：①专家人数不宜太少，一般 10～50 人为宜；②对风险的分析往往受组织者、参加者的主观因素影响，因此有可能发生偏差；③预测分析的时间不宜过长，时间越长准确性越差。

（3）访谈法。访谈法是通过对资深项目经理或相关专家进行访谈来识别风险。负责访谈的人员首先要选择合适的访谈对象；其次，应向访谈对象提供项目内外部环境、假设条件和约束条件的信息。访谈对象依据自己的丰富经验，掌握的项目信息，对项目风险进行识别。

（4）SWOT 技术。SWOT 技术综合运用项目的优势（strength）与劣势（weakness）、机会（opportunity）与威胁（threat）等方面因素，从多视角对项目风险进行识别。

3. 检查表

检查表是有关人员利用他们所掌握的丰富知识设计而成的,用它进行风险识别时,将项目可能发生的许多潜在风险列于一个表上,供识别人员进行检查核对,用来判别某项目是否存在表中所列或类似的风险。检查表中所列都是历史上类似项目曾发生过的风险,是项目风险管理经验的结晶,对项目管理人员具有开阔思路、启发联想、抛砖引玉的作用。检查表应尽可能详细列举项目所有的风险类别,见表7-2。使用检查表的优点是它使风险识别能按照系统化、规范化的要求去识别风险,且简单易行。但它的不足之处是专业人员不可能编制一个包罗万象的检查表,因而使检查表具有一定的局限性。

表 7-2 工程项目风险检查表

风险因素		检查内容
技术风险	设计	1. 设计内容是否齐全? 有无缺陷、错误、遗漏 2. 是否符合规范要求 3. 是否考虑施工的可能性
	施工	1. 施工工艺是否落后 2. 施工技术方案是否合理 3. 采用的新方法、新技术是否成熟 4. 施工安全措施是否得当 5. 是否考虑了现场条件
	其他	1. 工艺设计是否先进 2. 工艺流程是否合适
非技术风险	自然与环境	1. 是否有洪水、地震、台风、滑坡等不可抗力发生 2. 对工程地质与水文气象条件是否清楚 3. 施工对周围环境有何影响
	政治与经济环境	1. 法律和规章制度是否发生变化 2. 是否出现通货膨胀或紧缩 3. 汇率是否发生变动,市场是否发生动荡
	人员	1. 所需人员是否到位 2. 项目目标及分工是否明确 3. 关键成员变动或离开时有何措施
	资金	1. 资金是否到位? 万一资金不到位有何措施 2. 有无费用控制措施
	管理	1. 项目是否获得明确的授权 2. 能否与项目利益相关者保持良好的沟通 3. 是否具备有效的激励与约束机制
	合同	1. 合同类型的选择是否得当 2. 合同条款有无遗漏 3. 项目成员在合同中的责任、义务是否清楚 4. 索赔管理是否有力
	物资供应	1. 项目所需物资能否按时供应 2. 出现规格、数量、质量问题时如何解决
	组织协调	上级部门、业主、设计、施工、监理等各方如何保持良好的协调

4．流程图法

流程图是将项目全过程，按其内在的逻辑关系制成流程图。针对流程中的关键环节和薄弱环节进行调查和分析，找出风险存在的原因，从中发现潜在风险威胁，分析风险发生后可能造成的损失和对项目全过程的影响有多大。

运用流程图分析，项目人员可以明确地发现项目所面临的风险。但流程图分析法侧重于流程本身，而无法显示问题发生阶段的损失值或损失发生的概率。

5．因果分析图

因果分析图又称鱼刺图，它通过带箭头的线，将风险问题与风险因素之间的关系表示出来。一般风险因素包括人、机器设备、材料、方法（工艺）和环境等方面。

6．财务报表法

通过分析资产负债表、现金流量表、营业报表及有关补充资料，可以识别企业当前的所有资产、责任及人身损失风险。将这些报表与财务预测、预算结合起来，可以发现企业或建设工程未来的风险。

采用财务报表法进行风险识别，要对财务报表中所列的各项会计科目作深入的分析研究，并提出分析研究报告，以确定可能产生的损失，还应通过一些实地调查以及其他信息资料来补充财务记录。

7．工作分解结构（WBS）

识别风险先要弄清楚项目的组成、各组成部分的性质、它们之间的关系、项目同环境之间的关系，这些可利用工作分解结构来完成。

在工程项目风险识别中可采用按工程项目结构进行分解。例如，对建筑工程可根据工程项目一般的分解方法，将其分解为单项工程、单位工程、分部工程和分项工程。然后，从工程项目的最小单位开始逐步识别风险。

四、风险识别的结果

1．项目风险表

又称项目风险清单，可将已识别出的项目风险列入表内，该表的详细程度可表述至WBS的最低层，对项目风险的描述应该包括：

（1）已识别项目风险发生概率大小的估计。

（2）项目风险发生的可能时间、范围。

（3）项目风险事件带来的损失。

（4）项目风险可能影响的范围。

项目风险表还可以按照项目风险的紧迫程度、项目费用风险、进度风险和质量风险等类别单独进行风险排序和评价。

2．划分风险等级

找出风险因素后，为了在采取控制措施时能区分轻重缓急，故需要给风险因素划定一个等级。通常按事故发生后果的严重程度进行划分：

（1）一级：后果小，可以忽略，可不采取措施。

（2）二级：后果较小，暂时还不会造成人员伤亡和系统损坏。应考虑采取控制措施。

（3）三级：后果严重，会造成人员伤亡和系统损坏。需立即采取控制措施。

（4）四级：灾难性后果，必须立即予以排除。

3．风险预警信号

又称风险征兆、风险触发器，它表示风险即将发生。例如，高层建筑中的电梯不能按期到货，就可能出现工期拖延，所以它是项目工期风险的征兆；由于通货膨胀发生，可能会使项目所需设备材料的价格上涨，从而出现突破项目预算的费用风险，价格上涨就是费用风险的征兆。

第三节　工程项目风险评估

风险评估是项目风险管理的第二步，项目风险评估包括风险估计与风险评价两个内容。风险评估的主要任务是确定风险发生概率的估计和评价、风险后果严重程度的估计和评价、风险影响范围大小的估计和评价，以及对风险发生时间的估计和评价。

一、风险评估的步骤

通常的风险评估步骤如下：

（1）确定风险评估的目的与要求，并收集资料。

（2）选择适宜的风险评估方法。

（3）对识别出的风险进行定性和定量分析。

（4）确定工程项目的风险评估基准。

（5）确定工程项目整体风险水平。

（6）综合风险评估。

（7）修正并得出结论。

二、风险评估的方法

风险评估一般分为定性风险评估和定量风险评估。

（一）定性风险评估

定性风险评估是通过观察和分析，借助经验判断来评估风险的概率和后果。

1．风险概率及后果

风险概率是表示风险发生的可能性大小。风险后果是指风险事件发生对项目目标产生的影响。

风险估计的首要工作是确定风险事件的概率分布。一般来讲，风险事件的概率分布应当根据历史资料来确定；当项目管理人员没有足够的历史资料来确定风险事件的概率分布时，可以利用理论概率分布进行风险估计。

（1）历史资料法。在项目情况基本相同的条件下，可以通过观察各个潜在风险在长时期内已经发生的次数，就能估计每一可能事件的概率时，这种估计就是每一事件过去已经发生的概率。

（2）理论概率分布法。当项目的管理者没有足够的历史信息和资料来确定项目风险事件的概率时，可根据理论上的某些概率分布来补充或修正，从而建立风险的概率分布图。

常用的概率分布是正态分布，正态分布可以描述许多风险的概率分布，如交通事故、财产损失、加工制造的偏差等。除此之外，在风险评估中常用的理论概率分布如离散分布、等概率分布、阶梯形分布、三角形分布和对数正态分布等。

（3）主观概率。由于项目的一次性和独特性，不同项目的风险往往存在差别。因此，项目管理者在很多情况下要根据自己的经验，测度项目风险事件发生的概率或概率分布，这样得到的项目风险概率被称为主观概率。主观概率的大小常常根据人们长期积累的经验，对项目活动及其有关风险的了解进行估计。

（4）风险事件后果的估计。风险事件造成的损失大小要从三方面来衡量：风险损失的性质、风险损失范围的大小和风险损失的时间分布。

风险损失的性质是指属于政治性的、经济性的，还是技术性的。风险损失范围的大小包括：风险可能带来损失的严重程度、损失的变化幅度和分布情况，损失的严重程度和变化幅度分别用损失的数学期望和方差表示。项目风险影响是指项目风险会对哪些项目的参与者造成损失。风险损失的时间分布是指项目风险事件是突发的，还是随时间推移逐渐致损的，风险损失是在项目风险事件发生后马上就感受到，还是需要随时间推移而逐渐显露出来，以及这些损失可能发生的时间。

2. 矩阵图分析

（1）风险影响度分析表，见表 7-3。

表 7-3　　　　　　　　　　　　风险对项目主体目标影响度评价

项目目标	很低 0.05	低 0.1	一般 0.2	高 0.4	很高 0.8
成本	不明显的成本增加	成本增加 <5%	成本增加介于 5%~10%	成本增加介于 10%~20%	成本增加>20%
进度	不明显的进度拖延	总体项目拖延 <5%	总体项目拖延 5%~10%	总体项目拖延 10%~20%	总体项目拖延 >20%
范围	范围减少几乎察觉不到	范围的很少部分受到影响	范围的主要部分受到影响	范围的减少不被业主接受	项目的最终产品实际上没用
质量	几乎察觉不到质量降低	只有在要求很高时质量才会受到影响	质量的降低应得到业主批准	质量的降低无法被业主接受	项目的最终产品实际上不能使用

（2）风险发生概率与影响程度评价，见表 7-4。

表 7-4　　　　　　　　　　　　风险发生概率与影响程度评价

一个具体风险的风险值=概率 P×影响度 I					
概率	$I=0.05$	$I=0.10$	$I=0.20$	$I=0.40$	$I=0.80$
0.9	0.05	0.09	0.18	0.36	0.72
0.7	0.04	0.07	0.14	0.28	0.56
0.5	0.03	0.05	0.10	0.20	0.40
0.3	0.02	0.03	0.06	0.12	0.24
0.1	0.01	0.01	0.02	0.04	0.08

（二）定量风险评估

一般在定性风险评估后就可以进行定量风险评估。定量风险评估过程的目标是量 每一风险的概率及其对项目造成的后果，也分析项目总体风险的程度。

1. 盈亏平衡分析

盈亏平衡分析就是要确定项目的盈亏平衡点，在平衡点上销售收入等于生产成本。此点就是用以标志项目不亏不盈的生产量，用来确定项目的最低生产量。盈亏平衡点越低，项目盈利的机会就越大，亏损的风险越小，因此，盈亏平衡点表达了项目生产能力的最低容许利用程度。

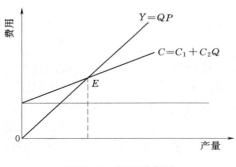

图 7-3 盈亏平衡图

盈亏平衡分析有三个变量：产量、销售量和成本。成本又分为固定成本和可变成本，其中可变成本与生产量成正比。

（1）图解法。假设项目生产单一产品，先估算出项目的总固定成本（C_1）、单位可变成本（C_2）、单位产品销售价格（P）。按照正常生产年度的产量（Q）做出固定生产成本和可变生产成本线，即按公式 $C=C_1+C_2Q$ 绘出生产总成本线；按正常年度的生产销售量（Q）乘以单位产品销售价格（P），求得总收入线（$Y=QP$）。生产总成本线与销售收入线相交的点即是盈亏平衡点（图 7-3 中的 E 点）。从盈亏平衡图上标志的平衡点说明，该点的总成本与总收益相等；高于此点标志项目获得利润；低于此点项目就亏损。

（2）数解法。

1）以实际产量（或销售量）表示平衡点：

销售收入 $\qquad\qquad\qquad Y=QP$

生产成本 $\qquad\qquad\qquad C=C_1+C_2Q$

因为在平衡点上的销售收入 $Y=$ 生产成本 C

所以 $\qquad\qquad\qquad\qquad QP=C_1+C_2Q$

所以 $\qquad\qquad\qquad\qquad Q=\dfrac{C_1}{P-C_2}$

2）以销售收入表示平衡点：

$$Y=\frac{C_1}{P-C_2}P$$

3）以生产能力的利用率表示平衡点：

$$R=\frac{C_1}{r-C_2Q}$$

式中：R 为达到项目设计生产能力的利用率；r 为达到设计生产能力时的销售收益。

【例 7-1】 某项目年生产某种产品 200 万件，每件销售价 7 元，可变单位成本 5 元，固定成本 200 万元。试进行盈亏平衡分析。

年销售收入为 $\qquad\qquad\qquad 200\times7=1400$（万元）

年可变成本为 $\qquad\qquad\qquad 200\times5=1000$（万元）

（1）该项目产量盈亏平衡点

$$Q=\frac{C_1}{P-C_2}=\frac{200}{7-5}=100（万件）$$

说明该项目生产量超过 100 万件就不会亏本。

（2）该项目销售收入盈亏平衡点

$$Y=\frac{C_1}{P-C_2}\times P=\frac{200}{7-5}\times 7=700（万元）$$

或 $Y=Q\times P=100\times 7=700（万元）$。

说明该项目销售收入达到 700 万元就不至于亏本。

（3）该项目的生产能力利用率

$$R=\frac{C_1}{r-C_2 Q}=\frac{200}{1400-5\times 200}\times 100\%=50\%$$

说明该项目只要达到设计生产能力的 50%，就不会亏损。

需要说明的是，如果生产能力利用率特别高，说明项目风险比较多；如果生产能力利用率特别低，说明固定资产投资过大。

2. 决策树分析

决策树分析表示项目所有可供选择的行动方案、行动方案之间的关系、行动方案的后果，以及这些后果发生的概率。

决策树是形象化的一种决策方法，用逐级逼近的计算方法，从出发点开始不断产生分枝以表示所分析问题的各种发展可能性，并以各分枝的损益期望值中最大者（如求最小，则为最小者）作为选择的依据。

决策树的画法如下：

（1）先画一个方框作为出发点，叫做决策点。

（2）从决策点向右引出若干条线，每条线代表一个方案，叫做方案枝。

（3）在每个方案枝的末端画一个圆圈，叫做状态点；在每个枝上都注明该种后果出现的概率，故称概率枝。

图 7-4　决策树

（4）如果问题只需要一级决策，在概率枝末端画△表示终点，并写上各个自然状态的损益值。

（5）如果是多级决策，则用决策点□代替终点△，重复上述步骤继续画出决策树（图 7-4）。

【例 7-2】　承包商向某工程投标，采取两种策略：一种是投高标，中标机会为 0.2，不中标机会为 0.8；另一种是投低标，中标与不中标机会均为 0.5。投标不中时，则损失投标准备费 5 万元。根据表 7-5 数据，用决策树做出决策。根据条件绘决策树（图 7-5）。

表 7-5

方案	效果	可能获利/万元	概率
高标	好	500	0.3
	一般	300	0.5
	赔	—100	0.2
低标	好	350	0.2
	一般	200	0.6
	赔	—150	0.2

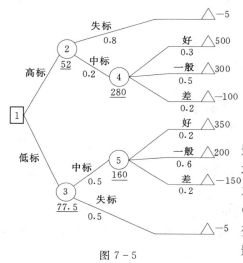

图 7-5

高标：$500 \times 0.3 + 300 \times 0.5 - 100 \times 0.2 = 280$ 万

$280 \times 0.2 - 5 \times 0.8 = 52$ 万

低标：$350 \times 0.2 + 200 \times 0.6 - 150 \times 0.2 = 160$ 万

$160 \times 0.5 - 5 \times 0.5 = 77.5$ 万

最大损益期望值为 77.5 万，故取低标策略。

3. 敏感性分析

敏感性分析就是研究分析，由于客观条件的影响（如政治形势、通货膨胀、市场竞争等）使项目的投资、成本、价格、工期等主要变量因素发生变化，导致项目的主要经济效果评价指标（如净现值、收益率、折现率、还本期等）发生变动的敏感程度。如果变量的变动对评价指标的影响不大时，这种方案称为不敏感方案；反之，若变量的变化幅度很小，而指标的反应很敏感，甚至否定了原方案，则认为该项目对变量的不确定性是很敏感的，这种方案称为敏感性方案。由此可见，后者具有较大的潜在风险，而前者较为可靠。

通过敏感性分析，就要在诸多不确定因素中，找出对经济效益指标反应敏感的因素，以及不敏感因素，并计算出这些因素在一定范围内变化时，有关经济效益指标变动的数量，然后建立主要变量因素与经济效益指标之间的对应关系。

此外，还有蒙特卡罗模拟法、CIM 模型等方法。

第四节 风险应对与监控

一、风险应对

风险应对就是对项目风险提出处置意见和方法（即风险对策）。

工程项目常用的风险对策有风险回避、风险转移、损失控制和风险自留。

（一）风险回避

考虑到风险事件的存在和发生的可能性，主动放弃或拒绝实施可能导致风险损失的方案。通过回避风险，可以在风险事件发生之前完全彻底地消除某一特定风险可能造成的种种损失，而不仅仅是减少损失的影响程度。回避风险是对所有可能发生的风险尽可能地规避，这样可以直接消除风险损失。回避风险具有简单、易行、全面、彻底的优点。能将风险发生的概率保持为零，从而保证项目的安全运行。

回避风险的具体方法有：放弃或终止某项活动；改变某项活动的性质；放弃某项不成熟工艺等。如初冬时期，为避免混凝土受冻，不用矿渣水泥而改用硅酸盐水泥。

在采取回避风险时，应注意以下几点：

（1）当风险可能导致损失频率和损失幅度极高，且对此风险有足够的认识时，这种策略才有意义。

（2）当采用其他风险策略的成本和效益的预期值不理想时，可采用风险回避的策略。

（3）不是所有的风险都可以采取回避策略的，如地震、洪灾、台风等。

（4）由于回避风险只是在特定范围内及特定的角度上才有效，因此，避免了某种风险，又可能产生另一种风险。

（二）风险转移

风险转移是指一些单位和个人为避免承担风险损失，而有意识地将损失或与损失有关的财务后果转嫁给其他单位或个人去承担。

根据风险管理的基本理论，工程项目风险应当由各有关方分担，而风险分担的原则就是：任何一种风险都应当由最适宜承担该风险或最有能力进行损失控制的一方承担。因此，风险转移成为工程项目风险管理中非常重要的并得到广泛应用的一项对策。

1. 控制型非保险转移

控制型非保险转移，转移的是损失的法律责任，它通过合同或协议，消除或减少转让人对受让人或第三者的损失责任。有三种形式：

（1）出售。通过买卖合同将风险转移给其他单位和个人。这种方式的特点是：在出售项目所有权的同时也就把与之有关的风险转移给了受让人。

（2）分包。转让人通过分包合同，将他认为项目风险较大的部分转移给非保险业的其他人。如一个大跨度网架结构项目，对总承包单位来讲，他们认为高空作业多，吊装复杂，风险较大。因此，可以将网架的拼装和吊装任务分包给有专用设备和经验丰富的专业施工单位来承担。

（3）开脱责任合同。通过开脱责任合同，风险承受者免除转移者对承受者承受损失的责任。

2. 财务型非保险转移

财务型非保险转移是转让人通过合同或协议寻求外来资金补偿其损失。有两种形式：

（1）免责约定。免责约定是合同不履行或不完全履行时，如果不是由于当事人一方的过错引起，而是由于不可抗力的原因造成的，违约者可以向对方请求部分或全部免除违约责任。例如，《经济合同法》第三十四条第二款第四项规定：建筑工程项目未验收，发包方提前使用，发现质量问题，承包方享有免除责任的权力；再如，建筑安装工程承包合同中，发包方无故不按合同规定期限验收合格的建设工程项目而造成损失的，承包方可免除责任，并有权要求发包方偿付逾期违约金。

（2）保证合同。保证合同是保证人提供保证，使债权人获得保障。通常保证人以被保证人的财产抵押来补偿可能遭受到的损失。

3. 保险与担保

（1）保险是通过专门的机构，根据有关法律，运用大数法则，签订保险合同，当风险事故发生时，就可以获得保险公司的补偿，从而将风险转移给保险公司。例如建筑工程一切险、安装工程一切险和建筑安装工程第三者责任险。

（2）担保是指为他人的债务、违约或失误负间接责任的一种承诺。在项目管理上的担保是指银行、保险公司或其他非银行金融机构为项目风险负间接责任的一种承诺。常用的担保方式为保证、抵押、质押、留置和定金。提供担保者和被担保者之间经常签订担保合同。

（三）损失控制

损失控制是指损失发生前消除损失可能发生的根源，并减少损失事件的频率，在风险事件发生后减少损失的程度。故损失控制的基本点在于消除风险因素和减少风险损失。来说，损失控制方案应当是预防损失措施和减少损失措施的有机结合。损失控制是一种主动、积极的风险对策。

1. 损失预防

损失预防是指损失发生前为了消除或减少可能引起损失的各种因素而采取的各种具体措施，也就是设法消除或减少各种风险因素，以降低损失发生的频率。

（1）工程法。以工程技术为手段，通过对物质因素的处理，来达到损失控制的目的。具体措施包括：预防风险因素的产生、减少已存在的风险因素、改变风险因素的基本性质、改善风险因素的空间分布、加强风险单位的防护能力等。

（2）教育法。通过安全教育培训，消除人为的风险因素，防止不安全行为的出现，达到损失控制的目的。例如，进行安全法教育、安全技能教育和风险知识教育等。

（3）程序法。以制度化的程序作业方式进行损失控制，其实质是通过加强管理，从根本上对风险因素进行处理。例如，制定安全管理制度、制定设备定期维修制度和定期进行安全检查等。

2. 损失抑制

损失抑制是指损失发生时或损失发生后，为了减小损失幅度所采取的各项措施。

（1）分割。将某一风险单位分割成许多独立的、较小的单位，以达到减小损失幅度的目的。例如，同一公司的高级领导不同时乘坐同一交通工具，这是一种化整为零的措施。

（2）储备。增加风险的单位。例如，储存某项备用财产或人员，以及复制另一套资料或拟定另一套备用计划。当原有财产、人员、资料及计划失效时，这些备用的人、财、物、资料可立即使用。

（3）拟定减小损失幅度的规章制度。例如，在现场建立巡逻制度。

3. 损失控制计划系统

在采用损失控制这一风险对策时，所制订的损失控制措施应当形成一个周密的、完整的损失计划系统。就施工阶段而言，该计划系统一般应由预防计划、灾难计划和应急计划三部分组成。

（1）预防计划。是指为预防风险损失的发生而有针对性地制订的各种措施。它一般包括组织措施、管理措施、合同措施、技术措施。

1）组织措施。它是指建立损失控制的责任制度，明确各部门和人员在损失控制方面的职责分工和协调方式。同时建立相应的工作制度和会议制度，还包括必要的人员培训等。

2）管理措施。它包括风险分离和风险分散。所谓风险分离，是指将各风险单位间隔开，以避免发生连锁反应或互相牵连。这种处理方式可以将风险局限在一定范围内，从而达到减少损失的目的。例如，在施工现场将易发生火灾的木工加工场尽可能设在远离现场办公用房的位置。所谓风险分散，是指通过增加风险单位以减轻总体风险压力，达到共同分担集体风险的目的。例如施工承包时，对于规模大、施工复杂的项目采取联合承包的方式就是一种分散承包风险的方式。

3）合同措施。它包括选择合适的合同结构，严密每一合同条款，且作出特定风险的相应规定。例如要求承包商加强履约保证和预付款保证等。

4）技术措施。它是在建设工程施工过程中常用的预防损失措施，例如建筑成品保护、周围建筑物防护等。与其他几方面措施相比，技术措施的显著特征是必须付出费用和时间两方面的代价，应当慎重比较后选择。

（2）灾难计划。是指预先制订的一组应对严重的、恶劣的紧急事件发生时，现场人员应当采取的工作程序和具体措施，以便于及时、妥善地进行事故处理，减少人员伤亡以及财产损失。

灾难计划是针对严重风险事件制订的，其内容应当满足以下要求：

1）安全撤离现场人员和及时援救伤亡人员。

2）控制事故的进一步发展，最大限度地减少资产和周围环境损害。

3）保证受影响区域的安全，尽快恢复正常。

（3）应急计划。是在风险损失基本确定后的处理计划。其目的是要使因严重风险事件而中断的工程实施过程尽快全面恢复，并减少进一步的损失，将事故的影响降低到最小。

应急计划中不仅要制订所要采取的措施，而且还要规定不同工作部门的工作职责。其内容一般包括：

1）调整建设工程的进度计划，以及材料和设备的采购计划。

2）收集整理保险索赔依据，分析计算保险索赔额，起草保险索赔报告。

3）全面审查可使用资金的情况，必要时需调整筹资计划等。

（四）风险自留

风险自留又称承担风险，它是一种由项目组织自己承担风险事故所致损失的措施。

1．风险自留的类型

（1）主动风险自留与被动风险自留。主动风险自留又称计划性风险自留，是指经合理判断、慎重研究后，将风险承担下来。被动风险自留又称非计划性风险自留，是指由于疏忽未探究风险的存在，而只好自己承担。

（2）全部风险自留与部分风险自留。全部风险自留是对那些损失频率高、损失幅度小，且当最大损失额发生时，项目组织有足够的财力来承担时采取的方法。部分风险自留是依靠自己的财力，处理一定数量的风险。

2. 风险自留的条件

有计划的风险自留，至少应当符合以下条件之一：

（1）自留风险损失费用低于保险公司所收取的保险费用。

（2）损失可以准确地预测，企业的期望损失低于保险人的估计。

（3）企业的最大潜在或期望损失较小。

（4）短期内企业有承受最大潜在或期望损失的经济能力。

（5）投资机会很好。

（6）内部服务或非保险人服务优良。

3. 风险自留的资金筹措

（1）设立风险准备金。风险准备金是从财务角度为风险做准备，在计划保险合同价中另外增加一笔费用，专门用于自留风险的损失支付。

（2）建立非基金储备。这种方式是指设立一定数量的备用金，但其用途不是专门用于支付自留风险损失的，而是将所有额外费用均包括在内的备用金。

（3）从现金净收入中支出。这种方式是指在财务上并不对自留风险做任何别的安排，在损失发生后从现金净收入中支出，或将损失费用记入当期成本，因此，此种方式是非计划性风险自留进行损失支付的方式。

二、风险监控

1. 风险监控

在工程项目的实施过程中，风险会不断发生变化，可能会有新的风险出现，出可能预测的风险会消失。项目风险监控就是在风险事件发生时，实施风险管理计划中预定的应对措施，跟踪已识别的风险，监视剩余风险和识别新的风险，保证风险计划的执行，并评估消减风险的有效性。

项目风险监控，即对项目风险的监视和控制。

风险监视是在采取风险应对措施后，对风险和风险因素的发展变化的观察和把握；风险控制则是在风险监视的基础上，采取的技术、作业或管理措施。在某一时段内，风险监视和控制交替进行，即发现风险后经常需要马上采取控制措施，或风险因素消失后立即调整风险应对措施。因此，常将风险监视和控制整合起来考虑。

2. 风险监控的依据

工程项目风险监控的主要依据包括：

（1）风险管理计划。对已识别的风险的管理活动都是按这一计划展开的，但在新的风险出现后要立即对其更新。

（2）风险应对计划。风险控制手段除了风险应对计划中的应对措施外，还应有根据实际情况确定的权变措施。

（3）在工程项目实施中新识别的风险。随着工程项目的进展，建设环境也在不断发生变化，新的风险常常也随之而生。

（4）实际发生了的风险事件。某一风险事件发生后，对工程项目的建设环境一般会有一定的影响。这对其他风险事件发生的可能性或可能的后果一般也会产生影响。

3. 风险监控的内容

具体风险监控的内容包括：

（1）风险应对措施是否按计划正在实施。

（2）风险应对措施是否如预期那样有效，或者是否需要制订新的应对方案。

（3）对工程项目的假设是否有效，以及假设条件的变化对项目整体目标实现的影响。

（4）风险的发生情况与预期的状态相比是否发生了变化。

（5）识别到的风险哪些已发生，哪些正在发生，哪些可能在后面发生。

（6）是否出现了新的风险因素和新的风险事件，他们的发展变化趋势又是如何等。

4. 风险监控技术和方法

（1）建立项目风险监控体系。项目风险监控体系的建立，包括制订项目风险监控的方针、项目风险控制的程序、项目风险责任制度、项目风险信息报告制度、项目风险预警制度和项目风险监控的沟通程序等。

（2）项目风险审核。项目风险审核是确定项目风险监控活动和有关结果是否符合项目风险管理计划和项目风险应对计划的安排，以及这些安排是否有效地实施并适合于达到预期目标的、有系统的检查。项目风险审核是开展风险监控的有效手段，也是作为改进项目风险监控活动的一种有效机制。

（3）挣值分析。挣值分析就是将计划工作与实际完成的工作进行比较，从而确定是否符合计划费用和进度的要求。如果产生的偏差较大，就需要进一步对项目风险进行识别、评估和量化。

（4）附加风险应对计划。项目实施过程中，如果出现了事前未预料到的风险，或者该风险对项目目标的影响较大，而且原有的风险应对措施又不足以应付时，为了控制风险，有必要编制附加风险应对计划。

（5）项目风险评价。通过风险识别，充分揭示出项目所面临的风险，通过风险分析，从量上确定风险发生的概率和损失的严重程度。但是否要采取监控措施？采取什么样的监控措施？监控到什么程度？采取监控措施后，原来的风险发生了什么变化？是否产生了新的风险？这些均要通过风险评价来解决。

项目风险评价按评价阶段不同可分为：事前评价、事中评价、事后评价和跟踪评价；按项目风险管理的内容不同可分为：设计风险评价、风险管理有效性评价、设备安全可靠性评价、行为风险评价、作业环境评价、项目筹资风险评价等；按评价方法不同可分为：定性评价、定量评价和综合评价。

案例：成都双流中小学灾后重建工程项目风险管理

承包商：中冶建工有限公司

（一）项目概况

成都双流中小学工程分为两部分：一部分是新棠湖小学，工程建筑面积为 27680m²，其中教学楼 20372m²，宿舍食堂综合楼 7308m²，绿化面积及相关配套设施 16000m²；另一部分是九江中学扩建工程，建筑面积 11452m²，其中教学楼 7588m²，宿舍食堂 3864m²，绿化面积及相关配套设施 7000m²。成都双流中小学工程项目（以下简称成都双流项目）是"5·12"大地震灾后重建工程，具有进入灾区承接工程项目里程碑的意义。

（二）项目特点及难点

（1）工作量大。小学工程项目在双流县城内，而九江中学扩建工程则在距双流县 30km 处的九江镇上，两个工程体量接近 4 万 m²，加之战线长，工期不变，又要根据两个工程项目的不同特点调解人工、材料、机械等因素，调动的工作量十分繁重。

（2）业主对项目非常重视。特别对工程质量要求非常高，各分部分项按照相应验收规范标准或图集验收后方可进入下道工序。合同约定工期只有 5 个月。

（三）管理过程与方法

1. 风险分析

由于工程的特殊性，公司下达任务非常急，项目经理及项目部管理人员对整个项目的情况不清楚，拿出经营策略乃当务之急。项目班子成员立即投入对合同的研究，分析合同风险，从而更好的执行合同。同时，项目经理多次组织项目管理人员召开项目风险评估会，集思广益，找出项目重大风险和一般风险。具体分析如下：

（1）成本方面的风险。

1）工作内容变更。按新图施工，项目不但没有利润，反而会亏损，新图对装饰装修、绿化、配套设施调整非常多（新图比较的是招标时的图纸）。

2）总价包干，没有二次经营的空间。过程签证，增加工作量不现实，还担心施工过程中甲方、设计为提高档次，进行设计变更。当然，其中合同价款里也包含了设计局部修改以及经监理、发包人同意的技术联络单而引起的工程价款增加或减少金额，但仅调整超过合同总价±2%那部分。例如：如总造价增加 2.5%，则增加价款 0.5%，总造价减少 2.5%，则减少价款 0.5%。

3）交工时付款额度风险。与甲方合同约定交工时付总工程款的 80%，因此，工程完工时与分包商决算的劳务款和材料供应商对账的材料款就显得压力过大。

（2）工期方面的风险。成都双流项目定额工期为 2 年，而合同约定工期只有 5 个月，如工期延误，延迟 1 天需缴纳 5 万元的违约金。更重要的是，该工程是汶川"5·12"大地震后的援建重点工程，是几百名灾后儿童集中安置及就学的场所，如果工期延误，企业声誉将严重受损，将面对来自社会舆论的压力。

（3）质量方面的风险。由于工期紧，难免会出现质量缺陷，甚至质量事故。甲方的"苛刻"验收标准，不但罚款数额大，一旦不达标又辜负了政府的期望，难以对社会交出满意的答卷。

（4）政治影响的风险。由于该工程是灾后援建的重点项目，一旦出现问题，上至中央，下至地方政府以及各大媒体知道了，将给公司乃至集团造成重大影响。

全面分析出各种潜在风险是实现项目管理目标的第一步。针对上述风险，如何规避风险成了项目部的头等大事。

2. 精细管理措施与风险控制

（1）成本风险的解决。成本方面的风险是难度最大的风险。由于是包干合同，要实现盈利，项目部的出路只有在少支出方面下工夫。

1）首先进行优化图纸。项目部经过分析研究将优化图纸对象进行了分类：①由于设计周期短，设计图纸可能不符合施工常情，且超过了投标时的约定标准；②设计提高装饰装修档次，致使投标报价不足；③新工艺或新材料的使用。对于这三类情况，我们采取了不同的方法：第一类，充分利用合同条款约定，甲方有义务优化图纸，且在不违背原则的前提下，必须进行修改。第二类，投标报价不足部分，快速、优质完成各分部分项工程，以获得甲方的同情和理解。第三类，如果同意采用新工艺或新材料替代，可降低成本。

2）在项目管理人员组织方面，精简原来过多的管理人员，精简人员 24 个，减少管理费的支出，节约费用 150 万元。

3）在招标采购方面，严格执行招标采购制度，千方百计寻找资源、信息，降低材料采购成本和专业分包成本。包括项目经理在内，亲自到各类建材市场了解信息，利用一切可获取的资源把所有材料和专业分包价格了解清楚，再通过招标降低大量成本。

4）充分利用总包的身份，将部分风险转移给分包商，防止分包商二次经营。如：①造成质量缺陷的，由相应分包商负责维修；②商品混凝土按图纸结算，浇筑混凝土过程中的损耗由商品混凝土供应商承担，并扣除钢筋所占结构构件的体积；③材料消耗量超过定额部分由相应分包商承担；④周转作业用料的丢失。通过招标文件、分包合同约定，由相应分包商承担。

（2）工期风险的解决。

运用软件及时跟进纠偏各分部分项工程所占的时间。工程实际实施只用了 4 个半月的时间就优质完成了教学楼主体结构，为此我部先后三次获得了甲方的奖励。

具体采取的措施如下：

1）转移工期风险，将延迟交工的风险合理转移给分包商，使分包商根据建筑实体情况组织了大量的劳动力。

2）在经济上采取措施，设置节点奖。如基础节点准时达到，奖励各分包商 5000 元。

3）调动管理人员积极性。如基础按期完成后，发放节点奖。

4）琢磨各分部分项工程的技术措施，精心进行组织设计，优化施工。如先上主体后回填，其好处是赢得工期。

5）因甲方原因造成工期延误的，打索赔报告，索赔工期，如拆迁场地未按时交付等。

（3）质量风险的解决。①转移质量风险，将质量问题与分包商的工程款相结合，严格要求；②项目管理人员随进度进程，对每个工序进行严格检查、监督，发现问题督促整改，经验收合格后方可进入下一道工序，以防出现重大质量缺陷。

（四）管理成效

本项目很好地贯彻了公司的管理制度，对风险进行了全面的、精细化的管理，实现了各项管理目标。项目不仅被评为成都市优质结构工程和成都市"芙蓉杯"（优质工程奖），最终还扭亏为盈，取得了较好的经济效益和社会效益。

复 习 思 考 题

1. 简述风险、风险因素、风险事件、损失的概念。

2. 风险的分类方法有哪几种？如何分类？

3. 简述风险管理的过程。

4. 简述风险识别的方法及应用。

5. 简述风险评估的主要方法。

6. 常用的风险对策有哪些？简述各种风险对策的要点。

7. 简述风险监控的概念。

8. 风险监控的技术和方法有哪些？

第八章　工程项目职业健康、安全与环境管理

本章学习目标

通过本章的学习，读者应能：

(1) 了解工程项目职业健康、安全与环境管理的含义及特点。

(2) 了解工程项目职业健康安全管理体系。

(3) 了解工程项目职业健康安全管理制度。

(4) 了解建设工程安全隐患的影响因素；安全事故应急预案构成。

(5) 掌握建设工程职业健康、安全与环境管理的要求。

(6) 掌握工程项目施工阶段的安全管理。

(7) 掌握建设工程安全隐患的处理；建设工程安全事故的分类与处理。

(8) 掌握建设工程现场文明施工及环境保护的具体措施。

第一节　工程项目职业健康、安全与环境管理概述

一、工程项目职业健康、安全与环境管理的含义

健康（Health）、安全（Safety）和环境（Environment）管理简称"HSE管理"，是指对健康、安全与环境进行全面综合管理。由于三者多与职业行为相关，因此又被称为职业健康、安全与环境管理。

职业健康安全管理的目的是在生产活动中，通过职业健康安全生产的管理活动，进行对影响生产的具体因素的状态控制，使生产因素中的不安全行为和状态减少或消除，且不引发事故，以保证生产活动中人员的健康和安全。对于建设工程项目，职业健康安全管理的目的是防止和减少生产安全事故、保护产品生产者的健康与安全、保障人民群众的生命和财产免受损失；控制影响工作场所内员工、临时工作人员、合同方人员、访问者和其他有关部门人员健康和安全的条件和因素；考虑和避免因管理不当对员工健康和安全造成的危害。

环境保护是我国的一项基本国策。对环境管理的目的是保护生态环境，使社会的经济发展与人类的生存环境相协调。对于建设工程项目，环境保护主要是指保护和改善施工现场的环境。企业应当遵照国家和地方的相关法律法规以及行业和企业自身的要求，采取措施控制施工现场的各种粉尘、废水、废气、固体废弃物以及噪声、振动对环境的污染和危害，并且要注意对资源的节约和避免资源的浪费。

二、建设工程职业健康安全与环境管理的特点

依据建设工程产品的特性，建设工程职业健康安全与环境管理有以下特点。

（一）复杂性

建设项目的职业健康安全和环境管理涉及大量的露天作业，受到气候条件、工程地质和水文地质、地理条件和地域资源等不可控因素的影响较大。

（二）多变性

一方面是项目建设现场材料、设备和工具的流动性大；另一方面由于技术进步，项目不断引入新材料、新设备和新工艺，这都加大了相应的管理难度。

（三）协调性

项目建设涉及的工种甚多，包括大量的高空作业、地下作业、用电作业、爆破作业、施工机械、起重作业等较危险的工程，并且各工种经常需要交叉或平行作业。

（四）持续性

项目建设一般具有建设周期长的特点，从设计、实施直至投产阶段，诸多工序环环相扣。前一道工序的隐患，可能在后续的工序中暴露，酿成安全事故。

（五）经济性

产品的时代性、社会性与多样性决定环境管理的经济性。

三、建设工程职业健康、安全与环境管理的要求

（一）建设工程项目决策阶段

建设单位应按照有关建设工程法律法规的规定和强制性标准的要求，办理各种有关安全与环境保护方面的审批手续。对需要进行环境影响评价或安全预评价的建设工程项目，应组织或委托有相应资质的单位进行建设工程项目环境影响评价和安全预评价。

（二）工程设计阶段

设计单位应按照有关建设工程法律法规的规定和强制性标准的要求，进行环境保护设施和安全设施的设计，防止因设计考虑不周而导致生产安全事故的发生或对环境造成不良影响。在进行工程设计时，设计单位应当考虑施工安全和防护需要，对涉及施工安全的重点部分和环节在设计文件中应进行注明，并对防范生产安全事故提出指导意见。

对于采用新结构、新材料、新工艺的建设工程和特殊结构的建设工程，设计单位应在设计中提出保障施工作业人员安全和预防生产安全事故的措施建议。在工程总概算中，应明确工程安全环保设施费用、安全施工和环境保护措施费等。

设计单位和注册建筑师等执业人员应当对其设计负责。

（三）工程施工阶段

建设单位在申请领取施工许可证时，应当提供建设工程有关安全施工措施的资料。对于依法批准开工报告的建设工程，建设单位应当自开工报告批准之日起 15 日内，将保证安全施工的措施报送建设工程所在地的县级以上人民政府建设行政主管部门或者其他有关部门备案。

对于应当拆除的工程，建设单位应当在拆除工程施工 15 日前，将拆除施工单位资质等级证明，拟拆除建筑物、构筑物及可能涉及毗邻建筑的说明，拆除施工组织方案，堆放、清除废弃物的措施的资料报送建设工程所在地的县级以上地方人民政府主管部门或者其他有关部门备案。

施工企业在其经营生产的活动中必须对本企业的安全生产负全面责任。企业的代表人是安全生产的第一负责人，项目经理是施工项目生产的主要负责人。施工企业应当具备安全生产的资质条件，取得安全生产许可证的施工企业应设立安全机构，配备合格的安全人员，提供必要的资源；要建立健全职业健康安全体系以及有关的安全生产责任制和各项安全生产规章制度。对项目要编制切合实际的安全生产计划，制订职业健康安全保障措施；实施安全教育培训制度，不断提高员工的安全意识和安全生产素质。

建设工程实行总承包的，由总承包单位对施工现场的安全生产负总责并自行完成工程主体结构的施工。分包单位应当接受总承包单位的安全生产管理，分包合同中应当明确各自安全生产方面的权利、义务。分包单位不服从管理导致生产安全事故的，由分包单位承担主要责任，总承包单位和分包单位对分包工程的安全生产承担连带责任。

（四）工程验收试运行阶段

工程竣工后，建设单位应向审批建设工程项目环境影响报告书、环境影响报告或者环境影响登记表的环境保护行政主管部门申请，对环保设施进行竣工验收。环保行政主管部门应在收到申请环保设施竣工验收之日起 30 日内完成验收。验收合格后，才能投入生产和使用。对于需要试生产的建设工程项目，建设单位应当在项目投入试生产之日起 3 个月内向环保行政主管部门申请对其项目配套的环保设施进行竣工验收。

第二节　工程项目职业健康安全管理

一、工程项目职业健康安全管理体系简介

（一）工程项目职业健康安全管理体系标准

职业健康安全管理体系是企业总体管理体系的一部分。《职业健康安全管理体系要求》（GB/T 28001—2011）和《职业健康安全管理体系实施指南》（GB/T 28002—2011）作为我国推荐性标准的职业健康安全管理体系标准，目前被企业普遍采用，用以建立职业健康安全管理体系，这两个标准标准覆盖了国际上的 OHSAS 18000 体系标准。

（二）职业健康安全管理体系与环境管理体系的建立步骤

1. 领导决策

最高管理者亲自决策，以便获得各方面的支持和在体系建立过程中所需的资源保证。

2. 成立工作组

最高管理者或授权管理者代表成立工作小组负责建立体系。工作小组的成员要覆盖组织的主要职能部门，组长最好由管理者代表担任，以保证小组对人力、资金、信息的获取。

3. 人员培训

培训的目的是使有关人员了解建立体系的重要性，了解标准的思想和内容。

4. 初始状态评审

初始状态评审是对组织过去和现在的职业健康安全与环境的信息、状态进行收集、调查分析、识别和获取现有的适用的法律法规和其他要求，进行危险源辨识和风险评价、环境因素识别和重要环境因素评价。评审的结果将作为确定职业健康安全与环境方针、制定管理方案、编制体系文件的基础。

5. 制定方针、目标、指标和管理方案

方针是组织对其职业健康安全与环境行为的原则和意图的声明，也是组织自觉承担其责任和义务的承诺。方针不仅为组织确定了总的指导方向和行为准则，而且是评价一切后续活动的依据，并为更加具体的目标和指标提供一个框架。

职业健康安全及环境目标、指标的制定是组织为了实现其在职业健康安全及环境方针中所体现出的管理理念及其对整体绩效的期许与原则，与企业的总目标相一致。

管理方案是实现目标、指标的行动方案。为保证职业健康安全和环境管理体系目标的实现，需结合年度管理目标和企业客观实际情况，策划制定职业健康安全和环境管理方案，方案中应明确旨在实现目标指标的相关部门的职责、方法、时间表以及资源的要求。

6. 管理体系策划与设计

体系策划与设计时依据制定的方针、目标和指标、管理方案确定组织机构职责和筹划各种运行程序。文件策划的主要工作有：

（1）确定文件结构。

（2）确定文件编写格式。

（3）确定各层文件名称及编号。

（4）制定文件编写计划。

（5）安排文件的审查、审批和发布工作。

7. 体系文件编写

体系文件包括管理手册、程序文件、作业文件三个层次。

（1）体系文件编写原则。职业健康安全与环境管理体系是系统化、结构化、程序化的管理体系，是遵循 PDCA 管理模式并以文件支持的管理制度和管理办法。

体系文件编写应遵循以下原则：标准要求的要写到、文件写到的要做到、做到的要有有效记录。

（2）管理手册的编写。管理手册是对组织整个管理体系的整体性描述，它为体系的进一步展开以及后续程序文件的制定提供了框架要求和原则规定，是管理体系的纲领性文件。手册可使组织的各级管理者明确体系概况，了解各部门的职责权限和相互关系，以便统一分工和协调管理。

管理手册除了反映了组织管理体系需要解决的问题所在，也反映出了组织的管理思路和理念。同时也向组织内外部人员提供了查询所需文件和记录的途径，相当于体系文件的索引。

其主要内容包括方针、目标、指标、管理方案；管理、运行、审核和评审工作人员的主要职责、权限和相互关系；关于程序文件的说明和查询途径；关于管理手册的管理、评审和修订工作的规定。

（3）程序文件的编写。程序文件的编写应符合以下要求：程序文件要针对需要编制程序文件体系的管理要素；程序文件的内容可按"4W1H"的顺序和内容来编写，即明确程序中管理要素由谁做（who），什么时间做（when），在什么地点做（where），做什么（what），怎么做（how）；程序文件一般格式可按照目的和适用范围、引用的标准及文件、术语和定义、职责、工作程序、报告和记录的格式以及相关文件等顺序来编写。

（4）作业文件的编制。作业文件是指管理手册、程序文件之外的文件，一般包括作业指导书（操作规程）、管理规定、监测活动准则及程序文件引用的表格。其编写的内容和格式与程序文件的要求基本相同。在编写之前应对原有的作业文件进行清理，摘其有用，删除无关。

8. 文件的审查、审批和发布

文件编写完成后应进行审查，经审查、修改、汇总后进行审批，然后发布。

（三）职业健康安全管理体系的运行

1. 管理体系的运行

体系运行是指按照已建立的要求实施，其实施的重点围绕培训意识和能力，信息交流，文件管理，执行控制程序，监测，不符合、纠正和预防措施，记录等活动推进体系的运行工作。

2. 管理体系的维持

（1）内部审核。内部审核是组织对其自身的管理体系进行的审核，是对体系是否正常进行以及是否达到了规定的目标所作的独立的检查和评价，是管理体系自我保证和自我监督的一种机制。

（2）管理评审。管理评审是由组织的最高管理者对管理体系的系统评价，判断组织的管理体系面对内部情况的变化和外部环境是否充分适应有效，由此决定是否对管理体系作出调整，包括方针、目标、机构和程序等。

（3）合规性。为了履行对合规性承诺，合规性评价分公司级和项目组级评价两个层次进行。

二、工程项目职业健康安全管理制度

由于工程项目规模大、周期长、参与人数多、环境复杂多变，安全生产的难度很大。因此，通过建立各项制度，规范工程项目的生产行为，对于提高工程项目安全生产水平是非常重要的。《建筑法》《中华人民共和国安全生产法》（以下简称《安全生产法》）、《安全生产许可证条例》《建设工程安全生产管理条例》《建筑施工企业安全生产许可证管理规定》等建设工程相关法律法规和部门规章，对政府部门、有关企业及相关人员的建设工程安全生产和管理行为进行了全面的规范，确立了一系列工程项目建设安全生产管理制度。现阶段正在执行的主要安全生产管理制度包括安全生产责任制度；安全生产许可制度；政府安全生产监督检查制度；安全生产教育培训制度；安全措施计划制度；特种作业人员持证上岗制度；专项施工方案专家论证制度；危及施工安全工艺、设备、材料淘汰制度；施工起重机械使用登记制度；安全检查制度；生产安全事故报告和调查处理制度；"三同时"制度；安全预评价制度；意外伤害保险制度等。

（一）安全生产责任制度

安全生产责任制是最基本的安全管理制度，是所有安全生产管理制度的核心，是一个组织的岗位责任制度和经济责任制度的重要组成部分，也是基本的职业健康安全管理制度。安全生产责任制是按照安全生产管理方针和"管生产的同时必须管安全"的原则，将各级负责人员、各职能部门及其工作人员和各岗位生产工人在安全生产方面应做的事情及应负的责任加以明确规定的一种制度。具体来说，就是将安全生产责任分解到相关单位的主要负责人、项目负责人、班组长以及每个岗位上的作业人员身上。

《建设工程安全生产管理条例》第四条做了如下规定"建设单位、勘察单位、设计单位、施工单位、工程监理单位及其他与建设工程安全生产有关的单位，必须遵守安全生产法律、法规的规定，保证建设工程安全，依法承担建设工程安全生产责任"。《建设工程安全生产管理条例》对工程项目参与各方的安全责任做了详细规定。

（二）安全生产许可制度

《安全生产许可证条例》规定国家对建筑施工企业实施安全生产许可制度。其目的是为了严格规范安全生产条件，进一步加强安全生产监督管理，防止和减少生产安全事故。

国务院建设主管部门负责中央管理的建筑施工企业安全生产许可证的颁发和管理；其他企业由省、自治区、直辖市人民政府建设主管部门进行颁发和管理，并接受国务院建设主管部门的指导和监督。

企业进行生产前，应当依照该条例的规定向安全生产许可证颁发管理机构申请领取安全许可证，并提供该条例第六条规定的相关文件、资料。安全生产许可证颁发管理机关应当自收到申请之日起 4～5 日内审查完毕，经审查符合该条例规定的安全生产条件的，颁发安全生产许可证；不符合该条例规定的安全生产条件的，不予颁发安全生产许可证，书面通知企业并说明理由。

安全生产许可证的有效期为 3 年。安全生产许可证有效期满需要延期的，企业应当于期满前 3 个月向原安全生产许可证颁发管理机关办理延期手续。

企业在安全生产许可证有效期内，严格遵守有关安全生产的法律法规，未发生死亡事故的，安全生产许可证有效期届满时，经原安全生产许可证颁发管理机关同意，不再审查，安全生产许可证有效期延期 3 年。

企业不得转让、冒用安全生产许可证或者使用伪造的安全生产许可证。

（三）政府安全生产监督检查制度

政府安全监督检查制度是指国家法律、法规授权的行政部门，代表政府对企业的安全生产过程实施监督管理。《建设工程安全生产管理条例》第五章"监督管理"对建设工程安全监督管理的规定内容如下。

国务院负责安全生产监督管理的部门依照《安全生产法》的规定，对全国建设工程安全生产工作实施综合监督管理。

县级以上地方人民政府负责安全生产监督管理的部门依照《安全生产法》的规定，对本行政区域内建设工程安全生产工作实施综合监督管理。

国务院建设行政主管部门对全国的建设工程安全生产实施监督管理。国务院铁路、交通、水利等有关部门按照国务院规定的职责分工，负责有关专业建设工程安全生产的监督管理。

县级以上地方人民政府建设行政主管部门对本行政区域内的建设工程安全生产实施监督管理。县级以上地方人民政府交通、水利等有关部门在各自的职责范围内，负责本行政区域内的专业建设工程安全生产的监督管理。

县级以上人民政府负有建设工程安全生产监督管理职责的部门在各自的职责范围内履行安全监督检查职责时，有权纠正施工中违反安全生产要求的行为，责令立即排除检查中发现的安全事故隐患，对重大隐患可以责令暂时停止施工。建设行政主管部门或者其他有关部门可以将施工现场安全监督检查委托给建设工程安全监督机构具体实施。

（四）安全生产教育培训制度

企业安全生产教育培训一般包括对管理人员、特种作业人员和企业员工的安全教育。

1. 管理人员的安全教育

（1）企业领导的安全教育。

（2）项目经理、技术负责人和技术干部的安全教育。

（3）行政管理干部的安全教育。

（4）企业安全管理人员的安全教育。

（5）班组长和安全员的安全教育。

2. 特种作业人员的安全教育

特种作业人员必须经专门的安全技术培训并考核合格，取得《中华人民共和国特种作业操作证》后，方可上岗作业。

特种作业人员应当接受以其所从事的特种作业相应的安全技术理论培训和实际操作培训。已经取得职业高中、技工学校及中专以上学历的毕业生从事与其所学专业相应的特种作业，持学历证明经考核机关发证同意，可以免予相关专业的培训。

跨省、自治区、直辖市从业的特种作业人员，可以在户籍所在地或者从业所在地参加培训。

3. 企业员工的安全教育

企业员工的安全教育主要有新员工上岗前的三级安全教育、改变工艺和变换岗位安全教育、经常性安全教育三种形式。

（1）新员工上岗前的三级安全教育。三级安全教育通常是指进厂、进车间、进班组三级；对建设工程来说，具体指企业（公司）、项目（或工区、工程处、施工队）、班组三级。

企业新员工上岗前必须进行三级安全教育。企业新员工须按规定通过三级安全教育和实际操作训练，并经考核合格后方可上岗。

（2）改变工艺和变换岗位时的安全教育。

（3）经常性安全教育。

（五）安全措施计划制度

安全措施计划制度是指企业进行生产活动时，必须编制安全措施计划，它是企业有计划地改善劳动条件和安全卫生设施，防止工伤事故和职业病的重要措施之一，对企业加强劳动保护，改善劳动条件，保障职工的安全和健康，促进企业生产经营的发展都起着积极作用。

（六）特种作业人员持证上岗制度

《建设工程安全生产管理条例》第二十五条规定，垂直运输机械作业人员、起重机械安装拆卸工、爆破作业人员、期中信号工、登高架设作业人员等特种作业人员，必须按照国家有关规定经过专门的安全作业培训，并取得特种作业资格证书后，方可上岗作业。

特种作业人员必须按照国家有关规定经过专门的安全培训，并取得特种作业操作资格证书后，方可上岗作业。专门的安全作业培训，是指由有关主管部门组织的专门针对特种作业人员的培训，也就是特种作业人员在独立上岗作业前，必须进行与本工种相适应的、专门的技术理论学习和实际操作训练。经培训考核合格，取得特种作业操作资格证书后，才能上岗作业。特种作业操作资格证书在全国范围内有效，离开特种作业岗位一定时间后，应当按照规定重新进行实际操作考核，经确认合格后方可上岗作业。对于未经培训考核，及从事特种作业的，条例第六十二条规定了行政处罚；造成重大安全事故，构成犯罪的，对直接责任人员，依照刑法的有关规定追究刑事责任。

特种作业操作证有安全监管总局统一式样、标准及编号。特种作业操作证有效期为6年，在全国范围内有效。特种作业操作证每三年复审一次。特种作业人员在特种作业操作证有效期内，连续从事本工种10年以上，严格遵守有关安全生产法律法规的，经原考核发证机关或者从业所在地考核发证机关同意，特种作业操作证的复审时间可以延长至每6年一次。特种作业操作证申请复审或延期复审前，特种作业人员应当参加必要的安全考试并合格。安全培训时间不少于8个学时，主要是培训法律、法规、标准、是管理和有关新工艺、新技术、新装备等知识。

（七）专项施工方案专家论证制度

依据《建筑工程安全生产管理条例》第二十六条规定：施工单位应当在施工组织设计中编制安全技术措施和施工现场临时用电方案，对下列达到一定规模的危险性较大的分部工程编制专项施工方案，并附具安全要算结果，经施工单位技术负责人、总监理工程师签字后实施，由专职安全生产管理人员进行现场监督，包括基坑支护与降水工程；土方开挖工程；模板工程；起重吊装工程；脚手架工程；拆除、爆破工程；国务院建设行行政主管闭门部门或者其他有关部门规定的其他危险性较大的工程。

对上述所列工程中涉及深基坑、地下室暗挖工程、高大模板工程的专项施工方案，施工单位还应当组织专家进行论证、审查。

（八）危及施工安全工艺、设备、材料淘汰制度

严重危及施工安全的工艺、设备、材料是指不符合生产安全要求，极有可能导致生产安全事故发生，致使人民生命和财产遭受重大损失的工艺、设备和材料。

《建设工程安全生产管理条例》第四十五条规定："国家对严重危及施工安全的工艺、设备、材料实行淘汰制度。具体目录由我部会同国务院其他有关部门制定并公布。"本条明确规定，国家对严重危及施工安全的工艺、设备和材料实行淘汰制度。这一方面有利于保障安全生产；另一方面也体现了优胜劣汰的市场经济规律，有利于提高生产经营单位的工艺水平，促进设备更新。

根据本条的规定，对严重危及施工安全的工艺、设备和材料，实行淘汰制度，需要国务院建设行政主管部门会同国务院其他有关部门确定哪些是严重危及施工安全的工艺、设备和材料，并且以明示的方法予以公布。对于已经公布的严重危及施工安全的工艺、设备和材料，建设单位和施工单位都应当严格遵守和执行，不得继续使用此类工艺和设备，也不得转让他人使用。

（九）施工起重机械使用登记制度

《建设工程安全生产管理条例》第三十五条规定："施工单位应当自施工起重机械和整

体提升脚手架、模板等自升式架设设施验收后合格之日起三十日内，向建设行政主管部门或者其他部门登记。登记标志应当置于或者附着于该设备的显著位置"。

这使对施工起重机械的使用进行监督和管理的一项重要制度，能够有效防止不合格机械和设施投入使用；同时，该有利于监管部门及时掌握施工起重机械和整体提升脚手架、模板等自升式架设设施的使用情况，以利于监督管理。

进行登记应当提交施工起重机械有关资料，包括以下各项：

（1）生产方面的资料，如涉及文件、制造质量说明书、检验证书、使用说明书、安装证明等；使用有关情况资料，如施工单位对于这些机械和设施的管理制度和措施、使用情况、作业人员的情况等。

（2）监管部门应当对登记的施工起重机械建立相关档案，及时更新，加强监管，减少生产安全事故的发生。施工单位应当将标志置于显著位置，便于使用者监督，保证施工起重机械的安全使用。

（十）安全检查制度

1. 安全检查的目的

安全检查制度是清除隐患、防止事故、改善劳动条件的重要手段，是企业安全生产管理工作的一项重要内容。通过安全检查可以发现企业及生产过剩中的危险因素，以便地采取措施，保证安全生产。

2. 安全检查的方式

检查方式有企业组织的定期安全检查，各级管理人员的日常巡回检查，专业性检查，季节性检查，节假日前后的安全检查，班组自检，交接互检，交接检查，不定期检查等。

3. 安全检查的内容

安全检查的主要内容包括：查思想、查管理、查隐患、查整改、查伤亡事故处理等。安全检查的重点是检查"三违"和安全责任制的落实。检查后应编写安全检查报告，报告应包括以下内容：已达标项目，未达标项目，存在问题，原因分析，纠正和预防措施。

4. 安全隐患的处理程序

对查出的安全隐患，不能立即整改的要制定整改计划，定人、定措施、定经费、定完成日期，在未消除安全隐患前，必须采取可靠的防范措施，如有危及人身安全的紧急险情，应立即停工。应按照"登记—整改—复查—销案"的程序处理安全隐患。

（十一）生产安全事故报告和调查处理制度

关于生产安全事故报告和调查处理制度，《安全生产法》《建筑法》《建设工程安全生产管理条例》《生产安全事故报告和调查处理条例》《特种设备安全检查条例》等法律法规都对此做了相应的规定。

《安全生产法》第七十条规定"生产经营单位发生生产安全事故后，事故现场有关人员应当立即报告本单位负责人""单位负责人接到事故报告后，应当迅速采取有效措施，组织抢救，防止事故扩大，减少人员伤亡和财产损失，并按照国家有关规定立即如实报告当地负有安全生产监督管理职责的部门，不得隐瞒不报、谎报或者拖延不报，不得故意破坏事故现场、毁灭有关证据"。

《建筑法》第五十一条规定："施工中发生事故时，建筑施工企业应当采取紧急措施减少人员伤亡和事故损失，并按照国家有关规定及时向有关部门报告。"

《建设工程安全生产管理条例》第五十条对建设工程生产安全事故报告制度的规定为："施工单位发生生产安全事故，应当按照国家有关伤亡事故报告和调查处理的规定，及时、如实地向负责安全生产监督管理的部门、建设行政主管部门或者其他有关部门报告；特种设备发生事故的，还应当同时向特种设备安全监督管理部门报告。接到报告的部门应当按照国家有关规定，如实上报。"本条是关于发生伤亡事故时的报告义务的规定。一旦发生安全事故，及时报告有关部门是及时组织抢救的基础，也是认真进行调查分清责任的基础。因此，施工单位在发生安全事故时，不能隐瞒事故情况。

《特种设备安全检查条例》第六十二条："特种设备发生事故，事故发生单位应当迅速采取有效措施，组织抢救，防止事故扩大，减少人员伤亡和财产损失，并按照国家有关规定，及时、如实地向负有安全生产监督管理职责的部门和特种设备安全监督管理部门等有关部门报告。不得隐瞒不报、谎报或者拖延不报。"条例规定在特种设备发生事故时，应当同时向特种设备安全监督管理部门报告。这使因为特种设备的事故救援和调查处理专业性、技术性更强，因此，由特种设备安全监督部门组织有关救援和调查处理更方便一些。

2007年6月1日起实施的《生产安全事故报告个调查处理条例》对生产安全事故报告和调查处理制度作了更加明确的规定。

（十二）"三同时"制度

"三同时"制度是指凡是我国境内新建、改建、扩建的基本建设项目（工程），技术改建项目（工程）和引进的建设项目，其安全生产设施必须符合国家规定的标准，必须与主体工程同时设计、同时施工、同时投入生产和使用。安全生产设施主要是指安全技术方面的设施、职业卫生方面的设施、生产辅助性设施。

《中华人民共和国劳动法》第五十三条规定"新建、改建、扩建工程的劳动安全卫生设施必须与主体工程同时设计、同时施工、同时投入生产和使用"。

《安全生产法》第二十四条规定"生产经营单位仙剑、改建、扩建工程项目的安全设施，必须与主体工程同时设计、同时施工、同时投入生产和使用。安全设施投资应当纳入建设项目概算"。

新建、改建、扩建工程的初步设计要经过行业主管部门、安全生产管理部门、生产部门和工会的审查，同意后方可进行施工；工程项目完成后，必须经过主管部门、安全生产管理行政部门、卫生部门和工会的竣工检验；建设工程项目投产后，不得将安全设施闲置不用，生产设施必须和安全设施同时使用。

（十三）安全预评价制度

安全预评价是在建设工程项目前期，应用安全评价的原理和方法对工程项目的危险性、危险性进行预测性评价。

开展安全预评价工作，是贯彻落实"安全第一，预防为主"方针的主要手段，是企业实施科学化、规范化安全管理的工作基础。科学、系统地开展安全评价工作，不仅直接起到了消除危险有害因素、减少事故发生的作用，有利于全面提高企业的安全管理水平，而且有利于系统地、有针对性地加强对不安全状况的治理、改造，最大限度地降低安全生产风险。

（十四）意外伤害保险制度

根据《建筑法》第四十八条规定，建筑职工意外伤害保险是法定的强制性保险。2003年5月23日建设部公布了《建设部关于加强建筑意外伤害保险工作的指导意见》（建质〔2003〕07号），从九个方面对加强和规范建筑意外伤害保险工作提出了较详尽的规定，明确了建筑施工企业应当为施工现场从事施工作业和管理的人员，在施工活动过程中发生人身意外伤亡事故提供保障，办理建筑意外伤害保险、支付保险费，范围应当覆盖工程项目。同时，还对保险期限、金额、保费、投保方式、索赔、安全服务及行业自保等都提出了指导性意见。

三、工程项目施工阶段的安全管理

工程项目施工阶段的安全管理包括施工安全策划、编制施工安全计划、安全计划的实施、安全检查、安全计划验证与持续改进，直到工程竣工交付，其具体步骤如图8-1所示。

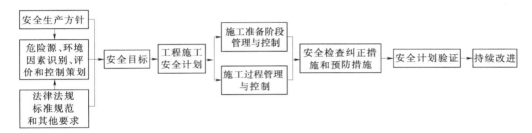

图8-1　工程项目施工安全管理程序图

（一）施工安全策划

针对项目的规模、结构、环境、技术特点、危险源与环境因素的识别、评价和控制策划结果、适用法律法规和其他管理要求、资源配置等因素进行工程项目的施工安全策划。

（二）编制施工安全计划

根据项目施工安全策划的结果，编制工程项目施工安全计划。工程项目施工安全计划的内容主要是规划、确定安全目标，确定过程控制要求，制订安全技术措施，配备必要资源，确保安全目标的实现。

施工安全计划应针对项目特点、项目实施方案及程序，依据安全法规和标准等加以编制，主要内容如下。

1. 项目概况

包括工程项目的性质和作用，建筑结构特征，建造地点特征，施工特征，以及可能存在的主要的不安全因素等。

2. 明确安全控制和管理目标

应明确项目安全控制和管理的总目标和子目标，目标要具体化。

3. 确定安全控制和管理程序

确定施工安全目标，编制施工安全计划，安全计划实施，安全计划验证，以及安全持续改进和兑现合同承诺。

4. 确定安全组织机构

包括项目的安全组织机构形式，安全组织管理层次，安全职责和权限，安全管理人员组成，以及建立安全管理规章制度。

5. 确定安全管理组织结构和职责权限

根据组织机构状况明确不同组织层次各相关人员的职责和权限，进行责任分配。包括安全管理组织机构形式，安全组织管理层次，制定职责和权限，确定安全管理人员，建立健全安全管理的规章制度等。

6. 确保安全资源配置

针对项目特点，提出安全管理和控制所必需的材料设施等资源要求和具体的配置方案，并列入资源需要量计划。

7. 制订安全技术措施

针对不安全因素确定相应措施，特别是要制订应急计划以应对可能出现的紧急情况以及发生危险情况时的联络方式。主要包括以下各项：①新工艺、新材料、新技术和新结构的安全技术措施；②预防自然灾害，如防雷击、防滑等措施；③高空作业的防护和保护措施；④安全用电和机电设备的保护措施；⑤防火防爆措施。

8. 落实安全检查评价和奖惩制度

确定项目的安全检查时间、安全检查人员组成、安全检查事项和方法、安全检查记录要求和结果评价，并编写安全检查报告。明确奖惩标准和方法，制定安全施工优胜者的奖励制度。

（三）施工安全计划的实施

1. 建立安全生产责任制

安全生产责任制以制度的形式明确各级领导、各职能部门、各类人员在施工生产活动中应负的责任，是最基本的一项安全管理制度。

2. 开展安全教育培训

安全培训是安全计划的核心内容之一，是让所有现场人员都明确安全计划和掌握安全生产知识的前提和保证。应界定不同层次的施工人员安全培训所要求的范围，公司对员工安全培训的要求应该高于国家或者当地政府所要求的最低限度。安全培训应包括四个基本步骤：培训前的准备、信息与知识的传授、培训效果评价和监督执行。

3. 安全技术交底

（1）总承包项目的安全技术交底应逐级进行，总承包项目部向分包商交底，分包商向施工人员交底。交底应采用书面文本，以通俗易懂的文字说明进行交底，交底与被交底人双方应签字认可。

（2）单位工程开工前，单位工程技术负责人必须将工程概况、施工方法、安全技术交底的内容、交底时间和参加人员、施工工艺、施工程序、安全技术措施，向承担施工的作业队负责人、工长、班组长和相关人员进行交底。

（3）结构复杂的分部分项工程施工前，应有针对性地进行全面、详细的安全技术交底，使执行者了解安全技术及措施的具体内容和施工要求，确保安全措施落到实处。

（4）应保存双方签字确认的安全技术交底的内容、时间和参加人员的记录。

（四）安全检查

对施工现场安全生产的安全检查应贯穿工程项目施工的全过程，以及时发现施工过程中存在的安全问题，并落实人员进行整改、消除隐患。同时，安全检查还包括对施工现场安全生产管理制度、安全管理资料等进行检查。安全检查的具体要求如下：

（1）项目经理部应以施工安全计划为依据，定期对计划的执行情况进行考核评价，验证计划的实施效果。

（2）项目经理部应通过安全检查了解安全生产状态，发现施工中的不安全行为和隐患，分析原因制订相应防范措施。

（3）安全检查的内容应根据施工过程的特点和计划目标的要求确定阶段性的安全检查内容，包括安全生产责任制、安全计划、安全组织机构、安全保证措施；安全技术交底、安全教育、安全持证上岗、安全设施、安全标识、操作行为、违规处理、安全记录等。

（4）各种安全检查都应配备必要的资源，确定检查负责人。抽调专业检查人员明确检查内容及要求。

（5）安全检查可采取随机抽样，现场观察、实地检测相结合的方法。应大量采用检测机械、仪表或工具，用数据说话，应检查现场管理人员和操作人员的违章指挥和违章作业行为，检查安全施工的常识，综合评价其安全素质。

（6）必须实事求是地记录安全检查结果，如实反映隐患部位、危险程度、形成的原因及处理意见。

（7）应根据安全记录进行全面的定性和定量分析，编制安全检查报告。检查报告的内容应包括：已达标项目、未达标项目所存在问题、原因分析、纠正措施、预防措施。

（五）工程项目施工安全计划验证与持续改进

项目负责人应定期组织具有资格的安全生产管理人员验证工程项目施工安全计划的实施效果。当工程项目施工安全管理中存在安全问题或安全隐患时，应提出解决措施，每次验证应做出记录，并予以保存。对重复出现的安全隐患问题，不仅要分析原因、采取措施、给予纠正，而且要追究责任，给予处罚。同时，应持续改进工程项目的安全业绩，不断提高安全管理的有效性和效率。

第三节　工程项目职业健康安全隐患和事故处理

一、建设工程安全隐患及安全隐患处理

（一）建设工程安全隐患

工程安全隐患包括三个部分的不安全因素：人的不安全因素、物的不安全状态和组织管理上的不安全因素。

1. 人的不安全因素

能够使系统发生故障或发生性能不良的事件的个人的不安全因素和违背安全要求的不安全行为。个人的不安全因素包括人员的心理、生理、能力中所具有不能适应工作、作业岗位要求的影响安全的因素。人的不安全行为指能造成事故的人为错误，是人为地使系统发生故障或发生性能不良事件，是违背设计和操作规程的错误行为。

2. 物的不安全状态

物的不安全状态是指能导致事故发生的物质条件，包括机械设备或环境所存在的不安全因素。物的不安全状态类型有：防护等装置缺陷；设备、设施等缺陷；个人防护用品缺陷；生产场地环境的缺陷。

3. 组织管理上的不安全因素

组织管理上的缺陷，也是事故潜在的不安全因素，作为间接的原因共有以下方面：技术上的缺陷；教育上的缺陷；生理上的缺陷；心理上的缺陷；管理工作上的缺陷；学校教育和社会、历史上的原因造成的缺陷。

（二）建设工程安全隐患处理

在工程项目建设过程中，安全事故隐患是难以避免的，但要尽可能预防和消除安全事故隐患的发生。首先需要项目参与各方加强安全意识，做好事前控制，建立健全各项安全生产管理制度，落实安全生产责任制，注重安全生产教育培训，保证安全生产条件所需资金的投入，将安全隐患消除在萌芽之中；其次是根据工程的特点确保各项安全施工措施的落实，加强对工程安全生产的检查监督，及时发现安全事故隐患；再者是对发现的安全事故隐患及时进行处理，查找原因，防止事故隐患的进一步扩大。

1. 安全事故隐患治理原则

（1）冗余安全治理原则。

（2）单项隐患综合治理原则。

（3）事故直接隐患与间接隐患并治原则。

（4）预防与减灾并重治理原则。

（5）重点治理原则。

（6）动态治理原则。

2. 安全事故隐患的处理

在建设工程中安全事故隐患的发现可以来自于各参与方，包括各建设单位、设计单位、监理单位、施工单位、供货商、工程监管部门等。各方对于事故安全隐患处理的义务和责任，以及相关的处理程序在《建设工程安全生产条例》中已有明确的界定。这里仅从施工单位角度谈其对事故安全隐患的处理方法。

（1）当场指正，限期纠正，预防隐患发生。对于违章指挥和违章作业行为，检查人员应当场指出，并限期纠正，预防事故的发生。

（2）做好记录，及时整改，消除安全隐患。对检查中发现的各类安全事故隐患，应做好记录，分析安全隐患产生的原因，制定消除隐患的纠正措施，报相关方审查批准后进行整改，及时消除隐患。对重大安全事故隐患排除前或者排除过程中无法保证安全的，责令从危险区域内撤出作业人员或者暂时停止施工，待隐患消除再行施工。

（3）分析统计，查找原因，制定预防措施。对于反复发生的安全隐患，应通过分析统计，属于多个部位存在的同类型隐患，即"通病"；属于重复出现的隐患，即"顽症"，查找产生"通病"和"顽症"的原因，修订和完善安全管理措施，制定预防措施，从源头上消除安全事故隐患的发生。

（4）跟踪验证。检查单位应对受检查单位的纠正和预防措施的实施过程和实施效果，进行跟踪验证，并保存验证记录。

二、工程安全事故应急预案

应急预案是对特定的潜在事件和紧急情况发生时所采取措施的计划安排是应急响应的行动指南。编辑应急预案的目的，是防止一旦紧急情况发生时出现混乱，按照合理的响应流程采取适当的救援措施，预防和减少可能随之引发的职业健康安全和环境影响。

应急预案的制定，首先必须与重大环境因素和重大危险源相结合，特别是与这些环境因素和危险源一旦控制失效可能导致的后果相适应，还要考虑在实施应急救援过程中可能产生新的伤害和损失。

（一）应急预案的构成

应急预案应形成体系，针对各级各类可能发生的事故和所有危险源制定专项应急预案和现场应急处置方案，并明确事前、事发、事中、事后的各个过程中相关部门和有关人员的职责。生产规模小、危险因素少的生产经营单位，综合应急预案和专项应急预案可以合并编写。

1. 综合应急预案

综合应急预案是从总体上阐述事故的应急方针、政策，应急组织结构及相关应急职责，应急行动、措施和保障等基本要求和程序，是应对各类事故的综合行文件。

2. 专项应急预案

专项应急预案是针对具体的事故类别（如基坑开挖、脚手架拆除等事故）、危险源和应急保障而制定的计划或方案，是综合应急预案的组成部分，应按照综合应急预案的程序和要求组织制定，并作为综合应急预案的附件。专项应急预案应制定明确的救援程序和具体的应急救援措施。

3. 现场处置方案

现场处置方案是针对具体的装置、场所或设施、岗位所制定的应急处置措施。现场处置方案应具体、简单、针对性强。现场处置方案应根据风险评估及危险性控制措施逐一编制，做到事故相关人员应知应会、熟练掌握，并通过应急演练，做到迅速反应、正确处置。

（二）安全事故应急预案编制的要求

（1）符合有关法律、法规、规章和标准的要求。

（2）结合本地区、本部门、本单位的安全生产实际情况。

（3）结合本地区、本部门、本单位的危险性分析情况。

（4）应急组织和人员的责任分工明确，并与其应急能力相适应。

（5）有明确、具体的事故预防措施和应急程序，并与其应急能力相适应。

（6）有明确的应急保障措施，并能满足本地区、本部门、本单位的应急工作要求。

（7）预案基本要素齐全、完整，预案附件提供的信息准确。

（8）预案内容与相关应急预案相互衔接。

三、建设工程安全事故的分类

职业安全事故分两大类型，即职业伤害事故和职业病。

职业伤害事故是指因生产过程及工作原因或与其相关的其他原因造成的伤亡事故。

（一）按照事故发生的原因分类

按照我国《企业伤亡事故分类标准》（GB 6441—1986）规定，职业伤害事故分为 20 类，其中与建筑业有关的有以下 12 类。

（1）物体打击：指落物、滚石、锤击、碎裂、崩块、砸伤等造成的人身伤害，不包括一爆炸而引起的物体打击。

（2）车辆伤害：指被车辆挤、压、撞和车辆倾覆等造成的人身伤害。

（3）机械伤害：指被机械设备或工具绞、碾、碰、割、戳等造成的人身伤害，不包括车辆、起重设备英气的伤害。

（4）起重伤害：指从事各种起重作业时发生的机械伤害事故，不包括上下驾驶室时发生坠落伤害，起重设备引起的触电及检修时制动失灵造成的伤害。

（5）触电：由于电流经过人体导致的伤害，包括雷击伤害。

（6）灼烫：指火焰引起的烧伤、高温物体引起的烫伤、强酸或强碱引起的灼伤、放射线引起的皮肤损伤，不包括电烧伤及火灾事故引起的烧伤。

（7）火灾：在火灾时造成的人体烧伤、窒息、中毒等。

（8）高处坠落：由于危险势能差引起的伤害，包括从架子、屋架上坠落以及平地坠入坑内等。

（9）坍塌：指建筑物、堆置物倒塌以及塌方等引起的事故伤害。

（10）火药爆炸：指在火药的生产、运输、储藏过程中发生的爆炸事故。

（11）中毒和窒息：指煤气、油气、沥青、化学、一氧化碳中毒等。

（12）其他伤害：包括扭伤、跌伤、冻伤、野兽咬伤等。

以上 12 类职业伤害事故中，在建设工程领域中最常见的是高处坠落、物体打击、机械伤害、触电、坍塌、中毒、火灾 7 类。

（二）按事故造成的人员伤亡或者直接经济损失分类

依据 2007 年 6 月 1 日起实施的《生产安全事故报告和调查处理条例》规定，按生产安全事故造成的人员伤亡或者直接经济损失，事故分为：

（1）特别重大事故，是指造成 30 人以上死亡，或者 100 人以上重伤（包括急性工业中毒，下同），或者 1 亿元以上直接经济损失的事故。

（2）重大事故，是指造成 10 人以上 30 人以下死亡，或者 50 人以上 100 人以下重伤，或者 5000 万元以上 1 亿元以下直接经济损失的事故。

（3）较大事故，是指造成 3 人以上 10 以下死亡，或者 10 人以上 50 人以下重伤，或者 1000 万元以上 5000 万元以下直接经济损失的事故。

（4）一般事故，是指造成 3 人以下死亡，或者 10 人以下重伤，或者 1000 万元以下直接经济损失的事故。

目前，在建设工程领域中，判别事故等级较多采用的是《生产安全事故报告和调查处理条例》。

四、建设工程安全事故处理

一旦事故发生，通过应急预案的实施，尽可能防止事态的扩大和减少事故的损失。通过事故处理程序，查明原因，制定相应的纠正和预防措施，避免类似事故的再次发生。

（一）事故处理的原则（"四不放过"处理原则）

国家对发生事故后的"四不放过"处理原则，其具体内容如下。

1. 事故原因未查清不放过

要求在调查处理伤亡事故时，首先要把事故原因分析清楚，找出导致事故发生的真正原因，未找到真正原因绝不轻易放过。并搞清各因素之间的因果关系才算达到事故原因分析的目的，避免今后类似事故的发生。

2. 事故责任人未受到处理不放过

这是安全事故责任追究制的具体体现，对事故责任者要严格按照安全事故责任追究的法律法规的规定进行严肃处理；不仅要追究事故直接责任人的责任，同时要追究有关负责人的领导责任。当然，处理事故责任者必须谨慎，避免事故责任追究的扩大化。

3. 事故责任人和周围群众没有受到教育不放过

使事故责任者和广大群众了解事故发生的原因及所造成的危害，并深刻认识到搞好安全生产的重要性，从事故中吸取教训，提高安全意识，改进安全管理工作。

4. 事故没有制定切实可行的整改措施不放过

必须针对事故发生的原因，提出防止相同或类似事故发生的切实可行的预防措施，并督促事故发生单位加以实施。只有这样，才算达到了事故调查和处理的最终目的。

（二）工程安全事故处理

1. 迅速抢救伤员并保护事故现场

事故发生后，事故现场有关人员应当立即向本单位负责人报告；单位负责人接到报告后，应当于1h内向事故发生地县级以上人民政府安全生产监督管理部门和负有安全生产监督管理职责的有关部门报告。并有组织、有指挥地抢救伤员、排除险情；防止人为或自然原因的破坏，便于事故原因的调查。

由于建设行政主管部门是建设安全生产的监督管理部门，对建设安全生产实行的是统一的监督管理，因此，各个行业的建设施工中出现了安全事故，都应当向建设行政主管部门报告。对于专业工程的施工中出现生产事故的，由于有关的专业主管部门也承担着对建设安全生产的监督管理职能，因此，专业工程出现安全事故，还需要向有关行业主管部门报告。

（1）情况紧急时，事故现场有关人员可以直接向事故发生地县级以上人民政府安全生产监督管理部门和负有安全监督管理职责的有关部门报告。

（2）安全生产监督管理部门和负有安全生产监督管理职责的有关部门接到事故报告后，应当依照下列规定上报事故情况，并通知公安机关、劳动保障行政部门、工会和人民检察院。

1）特别重大事故、重大事故逐级上报至国务院安全生产监督管理部门和负有安全生产监督管理职责的有关部门。

2）较大事故逐级上报至省、自治区、直辖市人民政府安全生产监督管理部门和负有安全生产监督管理职责的有关部门。

3）一般事故上报至社区的市级人民政府安全生产监督管理部门和负有安全生产监督管理职责的有关部门。

安全生产监督管理部门和负有关安全生产监督管理职责的有关部门依照前款规定上报事故情况，应当同时报告本级人民政府。国务院安全生产监督管理职责的有关部门以及省级人民政府接到发生特别重大事故、重大事故的报告后，应当立即报告国务院。必要时，安全生产监督管理部门和负有安全生产监督管理职责的有关部门可以越级上报事故情况。

安全生产监督管理部门和负有安全生产监督管理职责的有关部门逐级上报事故情况，每级上报的时间不得超过 2h。事故报告后出现新情况的，应当及时补报。

2. 组织调查组，展开事故调查

（1）特别重大事故由国务院或者国务院授权有关部门组织事故调查组进行调查。重大事故、较大事故、一般事故分别由事故发生地省级人民政府、设区的市级人民政府、县级人民政府负责调查。省级人民政府、设区的市级人民政府、县级人民政府可以直接组织事故调查组进行调查，也可以授权或者委托有关部门组织事故调查组进行调查。未造成人员伤亡的一般事故，县级人民政府也可以委托事故发生单位组织事故调查组进行调查。

（2）事故调查组有权向有关单位和有关个人了解与事故有关的情况，并要求其提供相关文件、资料，有关单位和个人不得拒绝。事故发生单位的负责人和有关人员在事故调查期间不得擅离职守，并应当随时接受事故调查组的询问，如实提供有关情况。事故调查中发现涉嫌犯罪的，事故调查组应当及时将有关材料或者其复印件移交司法机关处理。

3. 现场勘查

事故发生后，调查组应迅速到现场进行及时、全面、准确和客观的勘察，包括现场笔录、现场拍照和现场绘图。

4. 事故分析原因

通过调查分析，查明事故经过，按受伤部位、受伤性质、起因物、致害物、伤害方法、不安全状态、不安全行为等，查清事故原因，包括人、物、生产管理和技术管理等方面引起的原因。通过直接和间接地分析，确定事故的直接责任者、间接责任者和主要责任者。

5. 制定预防措施

根据事故原因分析，制定防止类似事故再次发生的预防措施。根据事故后果和事故责任者应负的责任提出处理意见。

6. 提交事故调查报告

事故调查组应当自事故发生之日起 60 日内提交事故调查报告；特殊情况下，经负责事故调查的人民政府批准，提交事故调查报告的期限可以适当延长，但延长的期限最长不超过 60 日。事故调查报告应当包括以下内容：

（1）事故发生单位概况。

（2）事故发生经过和事故救援情况。

（3）事故造成的人员伤亡和直接经济损失。

（4）事故发生的原因和事故性质。

（5）事故责任认定以及对事故责任者的处理建议。

（6）事故防范和整改措施。

7. 事故的审判和结案

重大事故、较大事故、一般事故，负责事故调查的人民政府应当自收到事故调查报告之日起 15 日内作出批复；特别重大事故，30 日内作出批复，特殊情况下，批复时间可以适当延长，但延长时间最长不超过 30 日。

有关机关应当按照人民政府的批复，依照法律、行政法规规定的权限和程序，对事故发生单位和有关人员进行行政处罚，对负有事故责任的国家工作人员进行处分。事故发生单位应当按照负责事故调查的人民政府的批复，对本单位负有事故责任的人员进行处理。

负有事故责任人的人员涉嫌犯罪的，依法追究刑事责任。

事故处理的情况由负责事故调查的人民政府或其授权的有关部门、机构向社会公布，依法应当保密的除外。事故调查处理的文件记录应长期完整的保存。

第四节 施工项目现场管理

一、工程项目施工现场环境保护的要求

建设工程项目必须满足有关环境保护法律法规的要求，在施工过程中注意环境保护，对企业发展、员工健康和社会文明有重要意义。

环境保护是按照法律法规、各级主管部门和企业要求，保护和改善作业现场的环境，控制现场的各种粉尘、废水、废气、固体废弃物、噪声、振动等对环境的污染和危害。环境保护也是文明施工的重要内容之一。

建设工程施工现场环境保护的要求：

（1）根据《中华人民共和国环境保护法》和《中华人民共和国环境评价法》的有关规定，建设工程项目对环境保护的基本要求如下。

1）涉及依法划定的自认保护区、风景名胜区、生活饮用水水源保护区及其他需要特别保护的区域时，应当符合国家有关法律法规及该区域内建设工程项目环境管理的规定，不得建设污染环境的工业生产设施；建设的工程项目设施的污染物排放不得超过规定的排放标准。

2）开发利用自然资源的项目。必须采取措施保护生态环境。

3）建设工程项目选址、选线、布局应当符合区域、流域规划城市总体规划。

4）应满足项目所在区域环境质量、相应环境功能区划和生态功能区划标准或要求。

5）拟采取的污染防治措施应该确保污染物排放达到国家和地方规定的排放标准，满足污染物总量控制要求；涉及可能产生放射性污染的，应采取有效预防和控制放射性污染措施。

6）建设工程应当采用节能、节水等有利于环境与资源保护的建筑设计方案、建筑材料、装饰材料、建筑构配件及设备。建筑材料和装修材料必须符合国家标准。禁止生产、销售和使用有毒、有害物质超过国家标准的建筑材料和装修材料。

7）尽量减少建设工程施工中所产生的干扰周围生活环境噪声。

8）应采取生态保护措施，有效预防和控制生态控制。

9）对环境可能造成重大影响、应当编制环境影响报告书的建设工程项目、可能严重

影响项目所在地居民生活环境质量的建设工程项目，以及存在重大意见分歧的建设项目，环保部门可以举行听证会，听取有关单位、专家和公众的意见，并公开听证结果，说明对有关意见采纳和不采纳的理由。

10）建设工程项目中防治污染的设施，必须与主体工程同时设计、同时施工、同时投产使用，防治污染的设施必须经原审批环境影响报告书的环境保护行政主管部门验收合格后，该建设项目方能投入生产或者使用。

11）禁止引进不符合我国环境保护规定要求的技术和设备。

12）任何单位不得将产生严重污染的生产设备转移给没有污染防治能力的单位使用。

（2）《中华人民共和国海洋环境保护法》规定在进行海岸工程建设和海洋石油勘探开发时，必须依照法律律规定，防止对海洋环境的污染损害。

二、建设工程施工现场环境保护的措施

工程建设过程中的污染主要包括对施工现场界内的污染和对周围环境的污染。对施工现场界内的污染防治属于职业健康问题，而对周围环境的污染防治是环境保护问题。

建设工程环境保护措施主要包括大气污染的防治、水污染的防治、噪声污染的防治、固体废弃物的处理以及文明施工措施等。

（一）大气污染的防治

1. 大气污染的分类

大气污染物的种类有数千种，已发现有危害作用的有 100 多种，其中大部分是有机物。大气污染物通常以气体状态和粒子状态存在空气中。

2. 施工现场空气污染的防治措施

（1）施工现场垃圾渣土要及时清理出现场。

（2）高大建筑物清理施工垃圾时，要使用封闭式的容器或者其他措施处理高空废弃物，严禁凌空随意抛撒。

（3）施工现场道路应指定专人定期洒水清扫，形成制度，防止道路扬尘。

（4）对于细颗粒散体材料（如水泥、粉煤灰、白灰等）的运输、储存要注意遮盖、密封，防治和减少飞扬。

（5）车辆开出工地要做到不带泥沙，基本做到不洒土、不扬尘，减少对周围环境污染。

（6）除设有符合规定的装置外，禁止在施工现场焚烧油毡、橡胶、塑料、皮革、树叶、枯草各种包装物等废弃物品以及其他会产生有毒、有害烟尘和恶臭气体的物质。

（7）机动车都要安装减少尾气排放的装置，确保符合国家标准。

（8）工地茶炉应尽量采用电热水器。若只能使用烧煤茶炉和锅炉时，应选用消烟除尘型茶炉和锅炉，大灶应选用消烟节能回风炉灶，使烟尘降至允许排放范围为止。

（9）大城市区的建设工程已不容许搅拌混凝土。在容许设置搅拌站的工地，应将搅拌站封闭严密，并在进仓上方安装除尘装置，采用可靠措施控制工地粉尘污染。

（10）拆除旧建筑物时，应适当洒水，防治扬尘。

（二）施工过程水污染的防治措施

（1）禁止将有毒有害废弃物作土方回填。

（2）施工现场搅拌站废水，现制水磨石的污水，电石（碳化钙）的污水必须经沉淀池沉淀合格后再排放，最好是将沉淀水用于工地洒水降尘或采取措施回收利用。

（3）现场存放油料，必须对库房地面进行防渗处理，如采用防渗混凝土地面、铺油毡等措施。使用时，要采取防治油料跑、冒、滴、漏的措施，以免污染水体。

（4）施工现场100人以上的临时食堂，污水排放时可设置简易有效的隔油池，定期清理，防止污染。

（5）工地临时厕所、化粪池应采取防渗漏措施。中心城市施工现场的临时厕所可采用水冲式厕所，并有防蝇灭蛆措施，防治污染水体和环境。

（6）化学用品、外加剂等要妥善保管，库内存放，防止污染环境。

（三）噪声污染的防治

1. 噪声的分类与危害

按噪声来源可分为交通噪声（如汽车、火车、飞机等）、工业噪声（如鼓风机、汽轮机、冲压设备等）、建筑施工的噪声（如打桩机、推土机、混凝土搅拌机等发出的声音）、社会生活噪声（如高音喇叭、收音机等）。为噪声扰民，应控制认为强噪声。

根据国家标准《建筑施工场界噪声限值》（GB 12523—1990）的要求，对不同施工作业的噪声限值见表8-1。在工程施工中，要特别注意不得超过国家标准的限值，尤其是夜间禁止打桩作业。

表8-1　　　　　　　　　　建筑施工场界噪声限值表

施工阶段	主要噪声源	噪声限值/［dB（A）］	
		昼间	夜间
土石方	推土机、挖掘机、装载机等	75	55
打桩	各种打桩机械等	85	禁止施工
结构	混凝土搅拌机、振动棒、电锯等	70	55
装修	吊车、升降机等	65	55

2. 施工现场噪声的控制措施

噪声控制技术可以从声源、传播途径、接受者防护等方面来考虑。

（1）声源控制。①声源上降低噪声，这是防止噪声污染的最根本措施。②尽量采用低噪声的设备和加工工艺代替高噪声设备与加工工艺，如低噪声振捣器、风机、电动空压机、电锯等。③在声源处安装消声器消声，即在通风机、鼓风机、压缩机、燃气机、内燃机及各类排气放空装置等进出风管的适当位置设置消声器。

（2）传播途径的控制。①吸声：利用吸声材料（大多有多孔材料制）或由吸声结构形成的共振结构（金属或木质薄板钻孔制成的空腔体）吸收声能，降低噪声。②隔声：应用隔声结构，阻碍噪声向空间传播，将接受者与噪声声源分隔。隔声结构包括隔声室、隔声罩、隔声屏障、隔声墙等。③消声：利用消声器阻止传播。允许气流通过的消声降噪是防治空气动力性噪声的主要装置。如对空气压缩机、内燃机产生的噪声等。④减振降噪：对来自振动引起的噪声，通过降低机械振动减小噪声，如将阻尼材料涂在振动源上，或者改变振动源与其他刚性结构的连接方式等。

（3）接受者的防护。让出于噪声环境下的人员使用耳塞、耳罩等防护用品，减少相关人员在噪声环境中的暴露时间，以减轻噪声对人体的危害。

（4）严格控制人为噪声。①进入施工现场不得高声喊叫、无故摔打模板、乱吹口哨、限制高音喇叭的使用，最大限度地减少噪声扰民。②凡在人口稠密区进行强噪声作业时，必须严格控制作业时间，一般晚10点到次日早6点之间停止强噪声作业，确保特殊情况必须昼夜施工的，尽量采取降低噪声措施，并会同建设单位找当地居委会、村委会或当地居民协调，出安民告示，求得群众谅解。

（四）固体废物的处理

1. 建设工程施工工地上常见的固体废物

（1）建筑渣土：包括砖瓦、碎石、渣土、混凝土碎块、废钢铁、碎玻璃、废屑、废弃装饰材料等。

（2）废弃的散装大宗建筑材料：包括水泥、石灰等。

（3）生活垃圾：包括炊厨废物、丢弃食品、废纸、生活用具、玻璃、陶瓷碎片、废电池、废日用品、废塑料制品、煤灰渣、废交通工具等。

（4）设备、材料等的包装材料。

（5）粪便。

2. 固体废弃物的处理和处置

固体废弃物处理的基本思想是：采取资源化、减量化和无害化处理，对固体废弃物产生的全过程进行控制。固体废弃物的主要处理方法如下。

（1）回收利用。回收利用是对固体废弃物进行资源化、减量化的重要手段之一。粉煤灰在建设工程领域的广泛应用就是对固体废弃物进行资源化利用的典型范例。又如发达国家炼钢原料中有70%是利用回收的废钢铁，所以，钢材可以看成是可再生利用的建筑材料。

（2）减量化处理。减量化是对已经产生的固体废弃物进行分选、破碎、压实浓缩、脱水等减少其最终处理量，见地处理成本，减少对环境的污染。在减量化处理的过程中，也包括和其他处理技术相关的工艺方法，如焚烧、热解、堆肥等。

（3）焚烧。焚烧用于不适合再生利用且不宜直接予以填埋处理的废物，除有符合规定的装置外，不得在施工现场熔化沥青和焚烧处理，应使用符合环境要求的处理装置，避免对大气的二次污染。

（4）稳定和固化。利用水泥、沥青等胶凝材料、将松散的废物胶结包裹起来，减少有害物质从废物中向外迁移、扩散，使得废物对环境的污染减少。

（5）填埋。填埋是固体废弃物经过无害化、减量化处理的废弃物残渣集中到填埋场进行处置。禁止将有毒有害废弃物现场填埋，填埋场应利用天然或人工屏障。尽量是需要处置的废物与环境隔离，并注意废物的稳定性和长期安全性。

三、建设工程现场文明施工的管理

文明施工是指保持施工现场良好的作业环境、卫生环境和工作程序。因此，文明施工也是保护环境的一项重要措施。文明施工主要包括：规范施工现场的场容，保持作业环境的整洁卫生；科学组织施工、使生产有序进行；减少施工对周围居民和环境的影响；遵守施工现场文明施工的规定和要求，保证职工的安全和身体健康。

文明施工可以适应现代化施工的客观要求，有利于员工的身心健康，有利于培养和提高队伍的整体素质，促进企业综合管理水平的提高，提高企业的知名度和市场竞争力。

（一）建设工程现场文明施工的要求

依据我国相关标准，文明施工的要求主要包括现场围挡、封闭管理、施工场地、材料堆放、现场住宿、现场防火、治安综合治理、施工现场标牌、生活设施、保健急救、社区服务 11 项内容。总体上应符合以下要求：

（1）有整套的施工组织设计或施工方案，施工总平面布置紧凑，施工场地规划合理，符合环保、市容、卫生的要求。

（2）有健全的施工组织管理机构和指挥系统；岗位分工明确；工序交叉合理，交接责任明确。

（3）有严格的成品保护措施和制度，大小临时设施和各种材料构件、半成品按平面堆放整齐。

（4）施工场地平整，道路畅通，排水设施得当，水电线路整齐，机具设备状况良好，使用合理。施工作业要求符合消防和安全要求。

（5）搞好环境卫生管理，包括施工区、生活区环境卫生和食堂卫生管理。

（6）文明施工应贯穿施工结束后的清场。

实现文明施工，不仅要抓好现场的场容管理，而且还要做好现场材料、机械、安全、技术、保卫、消防和生活卫生等方面的工作。

（二）建设工程现场文明施工的措施

1. 加强现场文明施工的管理组织

（1）建立文明施工的管理组织。应确立项目经理为现场文明施工的第一责任人，一个专业工程师、施工质量、安全、材料、保卫、后勤等现场项目经理部人员为成员的施工现场文明管理组织，共同负责本工程现场文明施工工作。

（2）健全文明施工的管理制度。包括建立各级文明施工岗位责任制、将文明施工工作考核列入经济责任制，建立定期的检查制度，实行自检、互检、交接检制度，奖励奖惩制度，开展文明施工立功竞赛，加强文明施工教育培训等。

2. 落实文明施工的各项管理措施

针对现场文明施工的各项要求，落实相应的各项管理措施。

（1）施工平面布置。施工总平面图是现场管理、实现文明施工的依据。施工总平面图应对施工机械设备设置、材料和构配件的堆场、现场加工场地，以及现场临时运输道路、临时供水供电和其他临时设施进行合理布置，并随工程实施的不同阶段进行场地布置和调整。

（2）现场围挡、标牌。①施工现场必须实行封闭管理，设置进出口大门，制定门卫制度，严格执行外来人员进场登记制度。沿工地四周连续设置围挡，市区主要路段和其他涉及市容景观路段的工地设置围挡的高度不低于 2.5m，其他工地的围挡高度不低于 1.8m，围挡材料要求坚固、稳定、统一、整洁、美观。②施工现场必须设有"五牌一图"，即工程概况牌、管理人员名单及监督电话牌、消防保卫（防火责任）牌、安全生产牌、文明施工牌和施工现场平面图。③施工现场应合理悬挂安全宣传和警示牌，标牌悬挂牢固可靠，特别是主要施工部位、作业点和危险区域以及主要通道口都必须有针对性地悬挂醒目的安全警示牌。

（3）施工场地。①施工现场应积极推行硬地坪施工，作业区、生活区主干道地面必须用一定厚度的混凝土硬化，场内其他次道路地面也应硬化处理；②施工现场道路通畅、平坦、整洁，无散落物；③施工现场设置排水系统，排水通畅，不积水；④严禁泥浆、污水、废水外流或堵塞下水道和排水河道；⑤在施工现场适当地方设置吸烟处，作业区内禁止随意吸烟；⑥积极美化施工现场环境，根据季节变化，适当进行绿化布置。

（4）材料堆放、周转设备管理。①建筑材料、构配件、料具必须按施工现场总平面布置图布置合理、堆放。②建筑材料、构配件及其他料具等必须做到安全、整齐堆放（存放），不得超高；分门别类，悬挂标牌，标牌应统一制作，标明名称、品种、规格数量等。③建立材料收发管理制度，仓库、工具间材料堆放整齐，易燃易爆物品分类堆放，专人负责，确保安全。④施工现场建立清扫制度，落实到人，做到工完料尽场地清，车辆进出场应有防泥带出措施；建筑垃圾及时清运，临时存放现场的也应集中堆放整齐、悬挂标牌。不用的施工器具和设备应及时出场。⑤施工设施、大模、砖夹等，集中堆放整齐，大模板成对放稳，角度正确。钢模及零配件、脚手架扣件分类分规格，集中存放。竹木杂料，分类堆放、规则成方，不散不乱，不作他用。

（5）现场生活设施。①施工现场作业区与办公、生活区必须明显划分，确因场地狭窄不能划分的，要有可靠的隔离栏防护措施。②宿舍内应确保主体结构安全，设施完好；宿舍周围环境应保持整洁、安全。③宿舍内应由保暖、消暑、防煤气中毒、防蚊虫叮咬等措施。严禁使用煤气灶、煤油炉、电饭煲、热得快、电炒锅、电炉等器具。④食堂应有良好的通风和洁卫措施，保持卫生整洁，炊事员持健康证上岗。⑤建立现场卫生责任制，设卫生保洁员。⑥施工现场应设固定的男、女淋浴室和厕所，并要保证结构稳定、牢固和防风雨。并实行专人管理、及时清扫，保证清洁，要有灭蚊蝇滋生措施。

（6）现场消防、防火管理。①现场建立消防管理制度，建立消防领导小组，落实消防责任制和责任人员，做到思想重视、措施跟上、管理到位。②定期对有关人员进行消防教育，落实消防措施。③现场必须有消防平面布置图，临时设施按消防条例有关规定搭设，做到标准规范。④易燃易爆物品堆放间、油漆间、木工间、总配电室等消防重点部位要按规定设置灭火器和消防沙箱，并由专人负责，对违反消防条例的有关人员进行严肃处理。⑤施工现场用明火做到严格按动用明火规定执行，审批手续齐全。

（7）医疗急救的管理。展开卫生防病教育，准备必要的医疗设施，配备经过培训的急救人员，有急救措施、急救器材和保健医药箱。在现场办公室的显著位置张贴急救车和有关医院的电话号码等。

（8）社区服务的管理。建立施工不扰民的措施，现场不得焚烧有毒、有害物质等。

（9）治安管理。①建立现场治安保卫领导小组，有专人管理。②新入场的人员做到及时登记，做到合法用工。③按照治安管理条例和施工现场的治安管理规定搞好各项管理工作。④建立门卫值班管理制度，严禁无证人员和其他闲杂人员进入施工现场。

对于建设工程文明施工，国家和各地大多制定了标准和规定，也有比较成熟的经验。在实际工作中，项目应结合相关标准和规定建立文明施工考核制度，推进各项文明施工措施的落实。

3. 抓好文明施工建设工作

（1）建立宣传教育制度。现场宣传安全生产、文明施工、国家大事、社会形势、企业精神、好人好事等。

（2）坚持以人为本，加强管理人员和班组文明建设。教育职工遵纪守法，提高企业整体管理水平和文明素质。

（3）主动与有关单位配合，积极开展共建文明活动，树立企业良好的社会形象。

案例：

[案例背景]

某工程项目施工地点位于市中心地区。施工过程中出现了如下事件：

事件1：两名焊工焊接顶层上的钢板制成的水箱，当天下午即在箱内外刷上了防锈漆。第二天油漆未干，为了加快工期，工长要求两名焊工进水箱内部焊接水管。焊接时焊渣引燃未干的防锈漆使二人烧伤。

事件2：一名来自农村的民工（培训合格，未取得特种作业证）从事楼外避雷金属线焊接作业，完成第8层作业后，应从楼内到第9层继续作业。该民工从楼外脚手架攀登，攀登时身体探出脚手架外部拉动电焊线用力过猛，摔出落地，当场致死。

事件3：施工期间为赶工期采取24小时连续作业，7月6日夜（高考前夕）12时周围居民因施工噪声影响学生复习为由冲进现场阻止施工，现场工人以领导由不停止施工，造成冲突被迫停工。

事件4：该项工程基坑开挖粉尘量大，施工现场临时道路没有硬化处理，现场出口下水管道被运土车辆碾坏，污水横流，进出场车辆考虑卸土地点较近，没有采取封盖措施。现场附近居民向环境管理机构举报，有关部门对项目经理部罚款，责令整改。

问题：

1. 分析事件1、2造成伤亡事故的原因，说明项目经理部应采取的措施。

2. 结合事件4说明建筑企业施工经常出现的环境因素和控制污染的措施。

3. 结合事件3、4，说明文明施工主要包括哪些内容？文明施工现场周围环境有什么要求？

[案例解析]

问题1：

事件1：工长应负责任，施工没有进行技术交底，由于危险的操作环境没有采取相应措施，安全管理制度执行混乱。两名焊工安全意识淡薄，缺乏自我保护意识。

事件2：高处坠落原因是作业人员违章、冒险、蛮干。作业过程缺乏相互监督，无人制止违章行为，无证上岗，安全教育培训工作不落实。

项目经理首先应将伤亡人员送往医院抢救，保护现场，及时上报。以事故为借鉴，进行全面安全检查，对安全管理体系的运行全面检查落实情况，对施工中可能出现的安全隐患加强控制，制订纠正和预防措施。进行安全教育，强化安全纪律，做到四不放过。

问题2：

事件4的出现属项目经理责任，有关部门进行罚款处理限期整改是正确的。建筑业常见的重要环境因素有噪声、粉尘废弃物、废水、废气、化学品等。

建筑垃圾及粉尘控制措施有：

（1）对施工现场场地进行硬化和绿化，并经常洒水和浇水，以减少粉尘污染。

（2）装卸有粉尘的材料时，要洒水润湿或在仓库内进行。

（3）建筑物脚手架全封闭，以防粉尘外漏。

（4）严禁向建筑物外抛掷垃圾，所有垃圾装袋运出。

（5）严格执行工程所在地有关运输车辆管理的规定。

噪声控制的技术措施：

（1）施工中采用低噪声的工艺和施工方法。

（2）建立定期噪声监测制度，发现噪声超标，立即查找原因，及时进行整改。

（3）建筑施工作业的噪声可能超过建筑施工场地的噪声限制值时，应在开工前向建设行政主管部门和环保部门申报，核准后在施工。

（4）调整作业时间，混凝土搅拌及浇筑等噪声较大的工序禁止夜晚作业。

问题3：

事件3是噪声对周围环境的污染影响了居民生活；事件4是粉尘污染形成扰民和环境破坏。居民的要求是正当的，施工人员的做法是错误的。

文明施工是保持施工现场良好的作业环境、卫生环境和工作秩序。

文明施工内容：在施工过程中，严格要求各作业班组做到工完场清，以保证施工楼层面没有多余的材料和垃圾。项目经理部应派专人对各楼层进行打扫，检查，使每个已施工完的结构面清洁；运入各楼层的材料堆放整齐，保证整个楼层整齐划一。

周围居民和现场环境的要求：施工过程中积极地对现场周围的环境进行保护。在整个工程的施工过程中特别是土方工程施工阶段对进出现场的车辆进行冲洗，严防污染路面。施工现场若有古树、文物等施工时，应立即采取隔离措施，报有关单位治理后在恢复施工。

复 习 思 考 题

1. 简述建设工程职业健康安全与环境管理的特点。

2. 简述建设工程职业健康、安全与环境管理的要求。

3. 简述施工项目安全教育的内容有哪些。

4. 简述施工项目安全检查的形式和内容。

5. 简述安全事故处理的程序。

6. 简述安全事故处理的原则（"四不放过"处理原则）。

7. 简述建设工程现场文明施工的意义和措施。

第九章 工程项目信息管理

本章学习目标

通过本章的学习，读者应能：

（1）了解信息管理的目的，了解信息的分类、项目信息处理的方法。

（2）掌握信息管理的内容。

（3）了解工程项目信息编码。

（4）了解信息管理系统，了解项目管理信息系统的主要功能。

（5）理解工程建设各参建单位档案资料管理、建设工程档案验收与移交。

（6）了解项目管理相关软件。

我国从发达国家引进项目管理的概念、理论、组织、方法和手段，在工程生产实践中取得了一定的成绩。但是，至今仍有许多的业主方和施工方的信息管理水平还比较落后，因此可以认为，工程项目管理中最薄弱的环节是信息管理。

应用先进的信息管理技术提高工程项目建设生产效率，提升工程项目建设管理和管理水平和能力，是21世纪建筑业发展的重要课题。信息管理的目的就是通过有效的信息流通，使决策者能及时、准确的获得相应的信息，以便为工程项目全过程或各个建设阶段提供决策所需要的可靠信息。

第一节 概　　述

一、信息

1. 信息

信息指的是经过加工处理后形成的对人们各种生产活动有价值的数据形式。数字、文字、口头语言、图像等都是信息表达的形式。

2. 信息的分类

在工程项目建设过程中，信息量非常大，这些信息来源于方方面面，大致可划分为以下几类：

（1）根据信息的来源，信息可划分为内部信息和外部信息。

1）项目内部信息。项目内部信息的收集取自工程项目本身。包括工程项目概况、可行性研究报告、合同信息、技术信息、工程验收信息等。

2）项目外部信息。来自项目外部环境的信息，与项目本身有关。如国家有关的政策及法规、物价指数、工程项目周围环境、有关管理部门等。

（2）按管理目标划分为成本控制信息、质量控制信息、进度控制信息、安全控制信息。

1）成本控制信息。成本控制信息是指与成本控制有关的各种信息，如工程、物价指数、概预算定额、工程项目的投资估算、合同价格、运费等。

2）质量控制信息。质量控制信息包括国家质量标准、项目建设标准、质量保证体系、质量控制措施、质量控制风险分析、项目实施工艺、机械设备质量、工程材料质量等。

3）进度控制信息。进度控制信息有项目进度计划、进度控制制度、进度记录、环境气候条件、项目参与人员、物资、设备情况、意外风险等。

4）安全控制信息。安全控制信息包括现场安全管理、材料安全管理等。

（3）按信息稳定程度分为固定信息和流动信息。

1）固定信息。在一定时期内不变，具有相对稳定性的信息属固定信息，如定额标准信息、技术指标体系、工作制度、施工组织设计、管理规划、国家标准，规范等。

2）流动信息。指在不断变化，随着工程项目的进展而不断更新的信息，如项目实施阶段的质量、投资、进度控制的有关信息等。

为了满足生产实践的需要，可以按上述方法对工程项目信息同时进行综合分类。

（4）按管理层信息分为决策层信息、管理层信息和实施层信息。

（5）按生产要素分为劳动力管理信息、材料管理信息、机械设备管理信息、技术管理信息和资金管理信息。

（6）按管理工作流程分计划信息、执行信息、检查信息和反馈信息。

3．信息的基本特征

（1）客观性。信息是客观存在的。

（2）加工性。信息能根据人们不同的需求来进行加工处理。

（3）可储存性。信息可以凭借某一种介质保存下来。

（4）可共享性。信息作为一种资源，可以在项目中共享。

4．项目信息处理

（1）信息处理的工作内容。信息处理主要包括信息的收集、加工整理、储存等工作。

（2）工程项目信息处理的方法。

1）信息处理平台。信息处理平台的基础是网络，主要由数据处理设备（计算机、打印机、扫描仪、绘图仪等）、数据通讯网络（含形成网络的硬件设备和软件）、软件系统（操作系统和信息处理软件）等一系列硬件和软件构成。

2）数据通讯网络。主要有三种类型：局域网（LAN）、城域网（MAN）、广域网（WAN）。

3）工程项目数据通讯方式。工程项目数据通讯方式主要由以下组成：通过电子邮件收集信息和发布信息；召开网络会议；基于互联网的远程教育和培训；基于互联网的项目专用网站实现各方信息交流、协同工作和文档管理；通过互联网的项目信息门户为众多项目服务的公用信息平台。

二、信息管理

1．信息管理的概念

信息管理是通过对各个系统、各项工作和各种数据的管理，使项目的信息能方便和有效地获取、储存、加工处理和交流，项目的信息管理的目的旨在通过有效地项目信息传输的组织和控制为项目建设的增值服务。

2. 信息管理的任务

信息管理的任务主要有：

（1）负责编制、修改和补充信息管理手册，并检查和督促信息管理手册的执行。

（2）负责协调和组织项目管理相关各个工作部门的信息处理工作。

（3）负责信息处理工作平台的建立和运行维护。

（4）组织加工、收集、整理信息和形成反映项目进展状况的各种报表。

3. 信息管理的内容

信息管理的内容主要有以下五点：

（1）工程项目管理信息的建立和信息流的组织。

（2）工程项目信息的收集。通过各种信息渠道来收集和工程项目相关的信息。

（3）工程项目信息的传递。有效地信息传递可以保证决策者获得信息的全面准确性。

（4）工程项目信息的加工与处理。

（5）工程项目信息的储存。

三、工程项目信息编码

为了有效地存储信息，方便进行信息的检索和信息的加工整理，必须对项目信息进行编码。编码是信息处理的一项重要基础工作，编码由一系列符号（如文字）和数字组成。常用的编码方法有顺序编码、成批编码、多面码、十进制码、文字数字码。

1. 编码的原则

（1）编码应与项目分解的原则和体系相一致。

（2）编码要便于识别和记忆，方便查询、检索、汇总和使用。

（3）编码应反映项目的特点和需求。

（4）编码的代码与所代表的实体具有唯一性。

（5）代码应尽量短小、等长，能较好地适应项目、环境的变化，长时间内也不需要修改。

2. 编码的内容

项目信息编码的内容包括：项目的结构编码；项目管理组织结构编码；项目的政府主管部门和各参与单位编码；项目实施的工作项编码；项目投资项编码或成本项编码；项目进度项编码；项目进展报告和各类报表编码；合同编码；函件编码；工资档案编码等。

3. 编码的要求

（1）项目的结构编码依据项目结构图，对项目结构的每一个组成部分进行编码。

（2）项目管理组织结构编码依据项目组织结构图，对每一个工作部门进行编码。

（3）项目实施的工作项编码应覆盖项目实施的工作任务目录的全部内容。

（4）项目的投资项编码并不是概预算定额确定的分部分项工程的编码，它应综合考虑概算、预算、标底、合同价和工程款的支付等因素，建立统一的编码，以服务于项目成本目标的动态控制。

（5）项目的进度项编码应综合考虑不同层次、不同深度和不同用途的进度计划工作项的需要，建立统一的编码，服务于项目进度目标的动态控制。

（6）项目进展报告和各类报表编码应包括项目管理形成的各种报告和报表的编码。

（7）合同编码应参考项目的合同结构和合同的分类，应反映合同的类型、相应的项目结构和合同签订的时间等特征。

（8）函件编码应反映发函者、收函者、函件内容所涉及的分类和时间等，以便函件的检查和整理。

（9）工程档案的编码应根据有关工程档案的规定、项目的特点和项目实施单位的需求而建立。

第二节　工程项目管理信息系统

一、信息管理系统

1. 系统的概念

系统是一个有相互关联的多个要素，按照特定的规律集合起来，具有特定功能的有机整体。

2. 信息系统的概念

信息系统是将各种管理职能和管理组织沟通起来并协调一致的系统，由人和计算机等组成，利用计算机速度快的特点，能够高速、准确地加工和提供工程项目所需的信息，项目经理可以充分利用计算机来处理各种报表和分析报告，加强对投资、质量、进度的目标控制。

国际上对工程项目管理信息系统（Project Management Informtem System，PMIS）的定义是处理工程项目信息的人—机系统。它通过收集、存储及分析 项目实施过程中的有关数据，辅助工程项目的管理人员和决策者规划、决策和检查，其核心是对项目目标的控制，即针对建设工程项目中的投资、进度、质量目标的规划与控制。

3. 信息系统的意义

（1）实现项目管理数据的集中存储。

（2）有利于项目管理数据的检索和存储。

（3）提高项目管理数据处理的效率。

（4）确保项目管理数据处理的准确性。

（5）可方便地形成各种项目管理需要的报表。

（6）实现项目运行中的动态控制，利于项目目标的实现。

4. 信息系统的作用

（1）为各相关部门的项目管理人员收集、加工、整理、储存各类数据和提供信息服务。

（2）为高层的项目管理人员提供决策所需的信息、方法、模型和决策支持。

（3）为中层的项目管理人员提供必要的办公自动化手段。

（4）为项目计划编制人员提供人、财、物等要素的综合性数据，为合理编制和修改计划、实现有效调控提供科学手段。

5. 建立项目管理信息系统的内部前提

建立起科学、合理的项目管理组织，建立科学的管理制度，是建立项目管理信息系统的根本前提之一。

6. 对工程项目管理信息系统的要求

（1）项目管理信息系统的设计，应考虑项目组织和项目启动的需要，包括信息的收集、标识、分类、编目、更新、归档和检索等。

（2）应目录完整、层次清晰、结构严密，能够自动生成表格。

（3）应方便目录信息输入、整理与存储，并利于用户随时提取信息。

（4）应能及时调整数据、表格与文档，能灵活补充、修改与删除数据。

（5）系统内含信息种类与数量应能满足项目管理的全部需要。

（6）应能使设计信息、施工准备阶段的管理信息、施工过程项目管理各专业的信息、项目结算信息、项目统计信息等有良好的接口。

（7）应能连接项目经理部内部各职能部门之间以及项目经理部与各职能部门、作业层、企业各职能部门、企业法定代表人、发包人和分包人、监理机构法人等，使项目管理层与企业管理层及作业层信息收集渠道畅通、信息资源共享。

（8）应能在局域网上或基于互联网的信息平台上运行。

二、项目管理信息系统的主要功能

项目管理信息系统由多个模块构成其子系统。

1. 项目管理信息系统的主要功能模块

工程项目管理是以投资、进度、质量三大控制为目标，以合同管理为核心的动态控制系统。因而，项目管理线性系统至少应具有处理三大目标控制及合同管理任务的功能。

2. 项目管理信息系统各子系统的功能

（1）投资控制子系统。①项目的估算、概算、预算、标底、合同价、投资使用计划和实际投资的数据计算和分析；②进行项目的估算、概算、预算、标底、合同价、投资使用计划和实际投资的动态比较，并形成各种比较报表；③计划资金的投入和实际资金的投入的比较分析；④根据工程的进展进行投资预测等。

（2）成本控制子系统。①投资估算的数据计算和分析；②计划施工成本；③计算实际成本；④计划成本与实际成本的比较分析；⑤根据工程的进展进行施工成本预测等。

（3）进度控制子系统。①计算工程网络计划的时间参数、并确定关键工作和关键线路；②绘制网络图和计划横道图；③编制资源需求量计划；④进度计划执行情况的比较分析；⑤根据工程的进展进行工程进度预测等。

（4）质量控制子系统。①设计质量控制；②施工质量控制；③材料质量跟踪；④设备质量管理；⑤工程质量事故处理；⑥质量活动档案；⑦质量法规标准。

（5）合同管理子系统。①合同基本数据查询；②合同执行情况的查询和统计分析；③标准合同文件查询和合同辅助起草等。

三、工程项目信息系统建设

工程项目信息管理系统的目标是为实现工程项目信息的系统管理，并为项目管理的决策者提供必要的支持，及时为工程项目的管理者及工程师提供的预测、决策所需的数据等相关信息、并为管理者及工程师提供多个可供选择的方案。

工程项目管理信息系统是针对工程项目中的投资、进度、质量三大目标的规划与控制，以工程项目管理系统为基础而建立的管理信息系统。工程项目信息管理系统的建设，最主要交几个方面包括信息管理系统的开发、设备配置、人员培训、应用等，信息管理系统的开发应用，企业可以通过以下三种途径来实现。

1. 自主开发

企业可以聘请专业咨询公司或软件公司结合企业自身的管理需求和目标设计开发、并承担系统的维护工作。

2. 直接购买

企业可以直接从软件公司购买项目管理软件，安装在服务器上后供项目成员方共同使用。

3. 租用服务

即应用服务供应商（Application Service Provider，ASP）模式。用户只需提供自己的业务数据，支付一定的租金，就可以通过浏览器或者客户计算机连接集中式服务器（云服务器）上的应用程序，然后在本地处理应用程序计算产生的结果。面向项目管理的应用服务供应商一般提供图纸数据文件及文档管理、工作流程自动化、在线讨论、项目视频、进度管理、成本管理、在线采购和招标投标、权限管理等功能。服务供应商甚至可以为客户提供专有的需求服务。

第三节　工程项目技术文件档案管理

一、概述

1. 工程项目文件档案资料概念

（1）工程项目文件：在工程项目建设过程中形成的各种形式的信息记录。

（2）工程项目档案：在工程项目建设活动中直接形成的具有归档保存价值的文字、图表、声像等各种形式的历史记录。

（3）工程项目文件档案资料：工程项目文件和档案组成工程项目文件档案资料，其载体可为纸张、微缩胶卷、光盘、磁带、磁盘。

2. 文件档案资料归档

与工程项目建设有关的重要活动、记载工程项目建设主要过程和现状、具有保存价值的各种载体的文件均应收集齐全，整理立卷后归档。

二、工程项目建设各参建单位档案资料管理

1. 通用规定

（1）各单位填写的档案应以规范、合同、设计文件、质量验收统一标准为依据。

（2）档案资料应随工程进度及时收集、整理，并应按专业归类，认真书写，字迹清楚，项目齐全、准确、真实、无未了事项，并应采用统一表格。

（3）档案资料进行分级管理，各单位技术负责人负责本单位工程档案资料的全过程组织工作并负责审核，各相关单位档案管理员负责档案资料的收集、整理工作。

（4）对档案资料进行涂改、伪造、随意抽撤或损毁、丢失等应以处罚，情节严重的应依法追究法律责任。

2．建设单位

（1）在招标及与各参建单位签订合同时，应对工程文件的套数、费用、质量、移交时间提出明确要求。

（2）收集和整理工程准备阶段、竣工验收阶段形成的文件，并立卷归档。

（3）组织、监督、检查各参建单位的工程文件的形成、积累和立卷归档工作，收集和汇总各参建单位立卷归档的工程档案。

（4）可委托承包单位组织工程档案编制工作。

（5）负责组织绘制竣工图，也可委托承包单位、设计单位或监理单位完成。

（6）在组织竣工验收前，应请当地城建档案管理部门对工程档案验收；未取得工程档案认可文件，不得组织竣工验收。

（7）对列入当地城建档案管理部门验收范围的工程，竣工验收3个月内向该部门移交符合规定的工程文件。

3．监理单位

（1）设专人负责监理资料收集、整理和归档。

（2）按监理合同约定，受建设单位委托，对勘察、测绘、设计、施工单位的工程文件的形成、积累和立卷归档进行监督检查。

（3）监理文件的套数、提交内容及时间按 GB/T 50328—2001 的要求，编制移交清单，双方签字盖章后及时移交建设单位。

4．施工单位

（1）实行技术负责人负责制，逐级建立、健全施工文件管理岗位责任制，配备专人负责施工资料管理。

（2）总承包单位负责收集、汇总各分包单位形成的工程档案。

（3）可按合同约定，接受建设单位委托进行工程档案的组织、编制工作。

（4）按要求在竣工前将施工文件整理汇总完毕，再移交建设单位进行竣工验收。

三、建设工程档案编制质量要求与组卷方法

（一）质量要求

（1）归档文件一般为原件，其内容及深度必须符合国家有关技术规范、标准和规程。内容必须真实、准确，与工程实际相符合。

（2）工程文件应字迹清楚、图样清晰、图表整洁，签字盖章、手续齐备。文字材料宜用 A4 纸，书写材料和纸张要耐久性好。

（3）图纸宜采用国家标准图幅，一般采用蓝晒图。计算机绘图必须清晰，不得用复印件。

（4）竣工图应是最后完工图，加盖竣工图章。

（二）组卷方法

1．组卷原则

（1）遵循工程文件的自然形成规律，保持卷内文件的有机联系，便于档案保管和

利用。

（2）一个项目由多个单位工程组成时，工程文件应按单位工程组卷。

2. 组卷方法

工程文件按建设程序划分为工程准备阶段文件、监理文件、施工文件、竣工图、竣工验收文件5个部分。

（1）工程准备阶段文件可按单位工程、分部工程、专业、形成单位等组卷。

（2）监理文件可按单位工程、分部工程、专业、阶段等组卷。

（3）施工文件可按单位工程、分部工程、专业、阶段等组卷。

（4）竣工图可按单位工程、专业等组卷。

（5）竣工验收文件可按单位工程、专业等组卷。

四、建设工程档案验收与移交

1. 验收

（1）为确保工程档案质量，各编制单位、地方城建档案管理部门、建设行政管理部门要对档案进行严格检查验收。

（2）工程档案由建设单位验收。

（3）国家、省市重点工程项目或一些特大型、大型工程项目的预验收和验收，必须有地方城建档案管理部门参加。

（4）地方城建档案管理部门进行档案预验收时，重点验收内容如下：① 分类齐全、系统完整、内容真实，准确地反映工程建设活动和工程实际情况；② 文件的形成、来源符合实际，文章签章手续完备；③ 文件材质、幅面、书写、绘图、用墨等符合要求；④ 工程档案已整理立卷，立卷符合规范规定；⑤ 竣工图绘制方法、图式及规格等符合专业技术要求，图面整洁，盖有竣工图章。

2. 移交

（1）施工单位、监理单位等有关单位应在竣工前将工程档案按合同规定的时间、套数移交给建设单位，并办理移交手续。

（2）列入当地城建档案管理部门验收范围的工程，竣工验收3个月内向该部门移交符合规定的工程档案。移交时应办理移交手续，填写移交记录，双方签字盖章后交接。

（3）停建、缓建工程的工程档案暂由建设单位保管。

第四节 项目管理软件

一、Microsoft Project 软件

Microsoft Project 是 Microsoft 公司开发的项目管理系统，它是应用最普遍的项目管理软件之一，可适用各种规模的项目。它利用项目管理的理论，建立了一套控制项目的时间性、资源和成本的系统。其界面易懂，图形直观，还可以在该系统使用 VBA（Visual Basic for Application），通过 Excel、Access 或各种 ODBC 数据库、CSV 和制表符分隔的文本文件兼容数据库存取项目文件等。

1. Project 主要功能

（1）组织信息。

（2）方案选择。

（3）信息共享。

（4）拓展功能。

（5）跟踪任务功能。

2. Project 的特点

（1）充足的任务节点处理数量。

（2）强大的群体项目处理能力。

二、Primavera Project Planner（P3）软件

P3 工程项目管理软件是美国 Primavera 公司的产品，是国际上最为流行的项目管理软件之一，适用于任何工程类项目，对大型复杂项目可以非常有效地控制，并可以同时管理多个项目。P3 软件在国内应用较为普遍，如三峡工程、秦山三期核电工程、阳城电厂大型火电工程、京沪高速公路、上海通用汽车厂、深圳地铁等工程。

P3 工程项目管理软件的主要功能特点：

（1）在多用户环境中管理多个项目。

（2）可以对实际资源消耗曲线及工程延期情况进行模拟。

（3）利用网络进行信息交换，可以使各个部门之间进行局部或 Internet 网络的信息交换，便于用户了解项目发展。

（4）P3 处理单个项目的最大工序数达到 10 万道，资源数不受限制，每道工序上可使用的资源数也不受限制。P3 可以自动解决资源不足的问题。

（5）P3 还可以对计划进行优化，并作为目标进行保存。

（6）P3 可以根据工程的属性对工作进行筛选、分组、排序和汇总。

三、清华斯维尔智能项目管理软件

该软件将网络软件技术、网络优化技术应用于工程项目的进度管理中，以国内建设行业普遍采用的双代号时标网络图作为项目进度管理及控制的主要工具。

该软件的主要特点：

（1）操作流程符合项目管理的国际标准流程。首先通过项目的范围管理，在横道图界面中建立任务大纲结构，从而实现项目计划的分级控制与管理。

（2）系统实时计算项目的各类网络时间参数，并对项目资源、成本进行精确分析，以此作为网络计划优化与项目追踪管理的依据。

（3）除支持常规的标准横道图建模方式外，为方便用户操作也提供了双代号网络图、单代号网络图等多种建模方式。

（4）支持搭接网络计划技术，同时可以处理工作任务的延迟、搭接等情况，从而全面反映工程现场实现工作的特性。

四、梦龙智能项目管理软件（PERT）

MR2000 平台集成系统是梦龙集团开发的新系统，它由"快速投标""项目管理控制"和"企事业办公管理"三大系统组成。具有以下特点：

（1）高级的安全机制。

（2）对数据进行加密传输，安全可靠。

（3）采用高效的压缩算法，实现高速的数据传输。

（4）提供 Server 运行方式，软件管理系统可在服务器后台运行。

（5）含先进的软件管理单元，可以对各种应用软件进行有机管理。

（6）具有良好的开放性，允许客户在它的基础上进行二次开发。

（7）可实现多级多层链接与分布管理，适用于大、中、小不同类型的企业。

（8）系统内所有单元都采用了梦龙公司的自防病毒技术，保证网络安全。

（9）用物理链接层、软件通讯层与应用层构成先进的三层软件体系结构。

五、GH PMIS 项目管理信息系统

GH PMIS 项目管理信息系统是中软金马在参与工程建设类企业的信息化工作过程中，研发出的一套符合管理提升要求以及工程建设类企业特点的信息系统平台。它适用于国内各行业的具有大中型项目管理的企业。

六、其他软件

目前市场上广泛应用的项目管理软件还有：维新项目管理系统，双代号转换绘图系统 AonAPlot，风险分析系统 PriskA 等，具体可参考相关资料。

第五节 建筑信息模型技术（BIM）

一、建筑信息模型（BIM）的概念

1. 建筑信息模型（BIM）的概念

建筑信息模型（Building Information Modeling，BIM），BIM 是指基于最先进的三维数字设计和工程软件所构建的"可视化"的数字建筑模型，三维可视化是其主要特点之一。BIM 技术的出现为建筑企业精细化（智慧建造）建造提供了基础。

BIM 能够应用于工程项目规划、勘察、设计、施工、运营维护等各阶段，实现建筑工程项目全生命期各参与方在同一多维建筑信息模型基础上的数据共享，为产业链贯通、工业化建造和低成本的运维管理提供技术保障；支持对工程环境、能耗、经济、质量、安全等方面的分析、检查和模拟，为项目全过程的方案优化和科学决策提供依据；支持各专业协同工作、项目的虚拟建造和精细化管理，为建筑业的提质增效、节能环保创造条件。

住建部《关于印发 2011—2015 年建筑业信息化发展纲要的通知》（建质〔2011〕67号）和《住房城乡建设部关于推进建筑业发展和改革的若干意见》（建市〔2014〕92 号）中指出 BIM 技术是建筑产业现代化的主要特征之一，BIM 应用作为建筑业信息化的重要组成部分，必将极大地促进建筑领域生产方式的变革。

《2011—2015 建筑业信息化发展纲要》中明确指出：在施工阶段开展 BIM 技术的研究与应用，推进 BIM 技术从设计阶段向施工阶段的应用延伸，降低信息传递过程中的衰减；研究基于 BIM 技术的 4D（ND）项目管理信息系统在大型复杂工程施工过程中的应用，实现对建筑工程有效的可视化管理等。可以说，《2011～2015 建筑业信息化发展纲要》的颁布，拉开了 BIM 技术在我国施工企业全面推进的序幕。

建筑工程信息模型是创建并利用数字模型对项目进行设计、建造及运营管理的过程。它正在引发工程建设行业一次史无前例的彻底变革，并给采用该模型的建筑企业带来极大的新增价值。

BIM 自 2003 年被引入我国建筑业后，在很多重大项目中得实践，如上海世博会场馆、昆明长水机场、广州新电视塔、上海中心大厦等大型项目都应用了 BIM 技术。

2.BIM 技术及相关软件

BIM 是一个系统工程，它是一种技术，一种方法，一种理念，一种模式，一种平台，软件只是 BIM 技术的工具，BIM 的内涵和外延很大，它不只是指软件。目前 BIM 在使用的软件有：在概念设计阶段，主要有 Rhino、SketchUp（还有 Autodesk 的 Dynamo）；在扩初阶段，主要有 Revit，MicroStation，ArchiCAD，MagicCAD，Catia and Tekla；在分析阶段，有 Ecotect；在算量及建造阶段，有 Navisworks，Luban，Glodon；在后期运营阶段，主要有 EcoDomus，ArchiFM 等软件。

二、BIM 技术的应用优势

建筑信息模型（BIM）技术的应用将会使企业产生许多新的变化：

（1）提升竞争力：使用建筑信息模型技术的企业，改变了与其他企业的竞争基础，它将用全新的服务、生产方式来为客户服务，而且效果更好、成本更低，给企业带来更大的经济和社会效益。

（2）企业革新的来源：建筑信息模型带来了新的机遇，促进建造师用新的思维，去改进企业服务、生产方法；将改变过去传统的设计、建造模式。

（3）高效率：以模拟的方式表示现实的物体和情景，能最便捷的进行沟通、发现问题。实现成本的动态控制，成本控制更加准确、费用更低。将每一个构件与进度联系在一起，就可以实现建筑成本的动态控制。

（4）为客户提供更为个性化的虚拟样板间，通过可视化、给用户展示真实的建筑，降低销售成本；为实现项目决策阶段确定的目标提供了保障。

三、BIM 在工程项目实施阶段的应用

（一）BIM 技术引发项目实施的变革

信息模型在制造业在多年前就开始使用 3D 计算机辅助设计了。比如飞机设计制造，在计算机完成 3D 模型后，便可知道产品的很多特性，能发现并修改设计中存在的大量问题。3D 计算机辅助设计的应用已经扩展到其他业界以及规模不大的小型公司。现在建筑信息模型已经可以运用到建筑工程项目全生命周期的各个阶段，正在引发了建筑业设计、建造等阶段各个方面的变革。

BIM 在实施阶段的应用，首先是设计阶段、它使建筑设计表现的形式不在是传统的图纸，而是数字化的模型，而设计者、业主、管理者通过"真实的建筑"了解建筑；设计者实现可视化设计、可视化设计分析和优化、协同设计、设计评审等功能，使建筑工程设计更加准确、高效，提高了项目设计质量和效率；在设计时，就可以模拟施工，确保了建筑的易建性。

在施工阶段，施工前就可以反复模拟施工，颠覆了建筑工程项目的一次性特性。"真实的冲突"检查，可事先发现建筑、结构和水暖电的几何冲突，通过虚拟方法加以解决，

而不必到施工时才发现，减少了后续施工期间的变更和返工，有利于实现"零变更""零等待"的零缺陷管理目标，同时保障了施工工期，降低了建设成本。

（二）设计阶段 BIM 的应用

整合设计，使各专业的协作在设计开始就"自然"地通过中心数据库实现，无须具体人员的参与、组织、管理，设计中的交流、沟通效果显而易见，且基本上不需要任何成本。BIM 在设计阶段的主要应用点有三维建模、方案比选、性能分析、漫游展示、碰撞检查、管线综合、疏散模拟、协同设计、施工图深化、优化设计标准、优化设计流程、参与方协同等，根据具体需求、BIM 团队情况以及设计周期等情况的不同，可以在以下几个方面实施应用 BIM 技术。

（1）可视化：BIM 借助数字模型将抽象的二维平面设计图纸形成直观的三维可视化展示，方便设计阶段各参与方（不仅限于专业设计师，也包括非专业人员）对项目的需求是否获得满足进行直观评判，增加准确性。

（2）协调：BIM 提供一个协同设计平台，使得在传统的设计进程中各参与方之间原本各自独立进行的设计过程能够在协同环境下完成，有助于避免因误解或沟通不及时而造成的不必要设计错误，从而提高设计质量和效率。

（3）模拟：BIM 通过虚拟仿真将原本需要在真实场景中才能实现的建造过程与结果预先模拟展现，有助于提前发现建设项目实施过程中可能会出现的问题与挑战，提前做好对策，最大限度地减少和避免设计遗憾。

（4）优化：应用 BIM，对设计方案进行一系列的性能分析，从而进行设计方案的优化，进一步保障设计成果的质量。

（5）出图：形成基于 BIM 成果的三维工程施工图及统计表，从而最大限度地保障工程设计最终产品直观地展现出来，确保准确性以及高质量。

（三）项目实施阶段 BIM 的应用

BIM 所提供的技术功能一般包括协同设计、形象可视化、冲突检测、施工模拟、基于模型的估价、空间验证、数字化建造、环境分析、设备管理等。

1. 施工准备阶段 BIM 技术的应用

施工准备阶段 BIM 技术应用主要体现在以下几个方面：

（1）可视化技术交底：BIM 技术可视化的三维模型可以帮助施工作业人员进行施工方案、质量关键点、危险区域及安全可视化、三维管线方案的优化和安装方案的施工模拟、为各专业、各岗位的人员提供所需数据，为施工提供指导，实现可视化技术交底，帮助员工提升了学习力，以实操代替教学，快速引导员工从掌握到熟练，从熟练到精通。BIM 三维模型所带来的好处是可对施工重点、难点、工艺复杂的施工区域进行可视化预演，通过多角度全方位对模型的查看使交底过程效率更高，也更便于工人理解。从而减少设计变更，减少施工事故，提高施工质量，实现施工过程"零变更""零事故""零返工"。

（2）先试后建，虚拟施工，优化施工方案：BIM 模型加上时间维度之后能够进行施工方案的虚拟，而通过进行虚拟施工可以直观地帮助施工方、监理方、建设方工作人员随时了解和熟悉工程项目的各种情况和问题，反复的模拟直到找到最优的施工方案。

（3）各参与方协同管理：BIM 是包含项目全生命周期中大量重要信息的数据库，而数据库中各类信息随着工程的建设会不断变化。运用 BIM 技术一方面可以对数据库信息进行动态调整，另一方面还能够帮助工程人员在信息变化时及时、准确地调用数据库中的相关数据，有效提升决策速度、提高决策质量，实现施工过程中各参与方"零等待"。

（4）快速算量，精度提升：通过创建 BIM 数据库，并与建立的 6D 数据库相关联，BIM 技术能够实现工程量的快速计算，有效提升施工预算的精度与效率。由于 BIM 数据库中的数据粒度可以达到构件级，因此能够为各个项目管理工作提供必要的信息支持，从而大大提升项目管理效率，实现施工过程中资源算量"零偏差"。

（5）精确计划，减少浪费：运用 BIM 技术能够帮助各个范围的管理人员及时、准确地获得工程基础数据，帮助企业实现精细化的人、材、机计划的制定，实现施工过程中资源消耗"零浪费"。

（6）多算对比，有效管控。BIM 数据库可以实现任一时点上工程基础信息的快速获取，通过合同、计划与实际施工的消耗量、分项单价、分项合价等数据的多算对比，工程管理人员可以有效地了解项目运行情况，消耗量有无超标，进货分包单价有无失控等问题，实现对项目成本风险的有效管控。

2. 施工阶段 BIM 技术的应用

在施工阶段 BIM 技术的应用可以为施工技术人员提供具有建筑空间、临时设施空间、交叉作业空间的工程项目施工方案可视化的模型，包括施工场地布置的优化、施工进度偏差的优化、施工作业空间布置的优化等；利用 BIM 技术，实现了施工全过程的虚拟施工和方案优选，支持了施工进度控制和施工交底服务，有效地保证了施工的顺利进行。

其带来生产方式的转变包括：

（1）有效管控并降低成本，大幅提高利润。BIM 数据库可以实现工程基础信息的快速获取，通过合同、计划与实际施工的消耗量、分项单价、分项合价等数据的多算对比，工程管理人员可以实现对项目成本风险的有效管控。通过施工阶段的 BIM 应用，能帮助项目经理从容指挥控制生产，大幅提升精细化的管理水平，降低成本，大幅提高利润。

（2）动画、立体而非平面的安排施工组织及进度控制。利用 BIM 技术，通过碰撞检查功能、精确定位预留洞、净高检查、快速资源计算、可视化交底等功能；得到施工计划与实际进度之间的差别，帮助项目及时找出各专业冲突、减少返工、快速协同施工，以加快工期。

（3）工作流控制。实时模拟不同地方的人流、交通流、物资流。施工现场虚拟三维全真模型可以非常直观、便利的协助计划者分析现场的限制，便于计划人员重点研究解决施工现场整体规划、现场进场位置、卸货区的位置、塔吊的位置及其危险区域等问题，找出潜在的问题，制定可行的施工方法。极大地提高了效率，有效地减少传统施工现场布置审查会议的次数，及早发现施工图设计和施工方案的问题，提高现场生产率和施工安全性。

（4）减少安全隐患。利用 BIM 技术，及时识别危险源、方案模拟、可视化安全交底等应用，提升项目安全控制能力。通过将 BIM 技术与施工方案、现场视频监测、施工模拟等结合应用，安全问题将得到明显改善，实现施工过程"零事故"。

（5）提升协同能力。基于云计算、互联网，实现了远程高效协同，减少协同错误。项目经理从远程核查数据，进行管理决策；项目管理人员利用统一、准确的模型数据和可视化的沟通，实现高效项目沟通。

（6）向客户实时展示工程的进程，及今后使用的情景。

3. 虚拟施工的作用

虚拟施工就是基于虚拟模型技术而提出的用于建筑项目设计与施工过程模拟与分析的数字化、可视化技术，其扩展了 4D（3D＋时间）技术，即不仅考虑了时间维，还考虑了其他维数，如材料、机械、人力、空间、安全等，因此可称之为"ND"技术。虚拟施工技术的主导思想是"先试后建"，即基于一个虚拟平台，在真实工程开工之前，对建筑项目的设计方案进行检测分析，对项目施工方案进行模拟、分析与优化，以便提前发现问题、解决问题，直至获得最佳的设计和施工方案，从而指导真实的施工、从而实现"零质量事故""零缺陷"。

虚拟原型技术能在模拟系统里全真运行整个施工过程，项目管理和计划人员可以了解每一步施工活动。如果发现问题，施工计划人员可以提出新的方法，并对新的方法进行模拟来验证其是否可行，这在虚拟施工中叫做施工试误过程，它能够做到在建筑工程施工前绝大多数施工风险和问题能被识别，并有效的解决。

模拟发现的许多问题，例如，台模板没有为柱的施工预留工作面；塔式起重机和爬模之间有冲突 。发现这些问题后，承包商在施工之前及时地做出了调整，这样在施工前承包商对自己的施工方法已经胸有成竹。

虚拟施工技术的作用"先试后建"是虚拟施工技术实施的指导思想，也是虚拟施工技术作用的集中体现，其可对建筑工程中的任何需要进行检测、模拟和分析，主要体现在减少碰撞、冲突，减少返工；优化施工过程几个方面。

（1）减少碰撞、冲突，减少返工。BIM 最直观的特点在于三维可视化，利用 BIM 的三维技术在前期可以进行碰撞检查，优化工程设计，减少在建筑施工阶段可能存在的错误损失和返工，而且优化净空，优化管线排布方案。最后施工人员可以利用碰撞优化后的三维管线方案，进行施工交底、施工模拟，提高施工质量，同时也提高了与业主沟通的能力。

（2）虚拟施工，有效协同三维可视化功能再加上时间维度，可以进行虚拟施工。随时随地直观快速地将施工计划与实际进展进行对比，同时进行有效协同，施工方、监理方、甚至非工程行业出身的业主领导都对工程项目的各种问题和情况了如指掌。这样通过 BIM 技术结合施工方案、施工模拟和现场视频监测，大大减少施工质量问题、安全问题，减少返工和整改。

（3）优化施工方案。虚拟施工技术不仅可以测试和比较不同的施工方案，还可以优化施工方案。基于上述建立的 3D 模型，采用虚拟施工技术可模拟和分析相关施工方案。整个模拟过程包括了施工程序、设备调用、资源（包括建筑材料及人员等）配置等。通过模拟，可发现不合理的施工程序、设备调用程度与冲突、资源的不合理利用、安全隐患（如碰撞等）、作业空间不充足等问题，也可以及时更新施工方案，以解决相关问题。施工过程优化也是一个重复的过程，即"初步方案－模拟－更新方案"，直至在真实施工之前找到一个最佳的施工方案。尽最大可能实现"零碰撞、零冲突、零返工"。

同时，虚拟施工技术也为总承建商、分承建商、设计单位及业主提供了一个沟通与协作平台，帮助各方及时、快捷地解决各种问题，从而大大提高了工作效率，节省了大量的时间。最大限度地避免时间浪费、有效地减少质量风险，精确地控制建设成本，这个是BIM起到的最重要的作用。

四、运维阶段 BIM 的应用

工程项目的设计、施工一般在数年之内完成，但是项目的运维则是几十年甚至更长，因此，运营和维护才是全生命周期中耗时最长，花费巨大的阶段。

在建筑物使用寿命期间，建筑物结构设施（如墙、楼板、屋顶等）和设备设施（如机电设备、管道等）都需要不断得到维护，建筑物使用寿命越长，运维阶段的维护成本也就越高。BIM 是一个囊括各种数据、智能化、数字化的信息模型，该模型具有空间定位和数据记录的优势，在运维阶段运用 BIM 模型的优势可以制定合理的维护方案计划、协助维护人员进行维护管理、模拟突发情况生成应急预案、对重要设备进行跟踪维护工作记录等，从而对各种设备或构件进行有效的保护，降低运维成本。

以 BIM 竣工模型为媒介，将各种零碎、分散、割裂的信息数据以及建筑运维阶段所需的各种机电设备参数整合，确保运维信息"零误差"；利用 BIM 模型可视化 3D 空间展现技术，提升设备维护管理水平，实现运行"零故障"；从而降低运维成本、提高运维工作效率。BIM 在运维阶段的应用主要体现在以下三个方面。

1. 数据集成与共享

BIM 集成了从设计、施工、运维直至使用周期终结的全生命周期内建设项目的各种相关信息，包含项目基本信息、规划设计信息、合同信息、采购信息等数据信息以及建筑物几何图形、结构尺寸、管道布置等图形信息。简单说，就是将规划、设计、施工阶段涉及的与建设项目相关的所有数据全部集中于 BIM 模型中，为运维管理系统提供完整、准确的信息数据集成平台，同时各参与方都可以借助 BIM 模型共享所有信息数据资源，从而使运维人员可以很方便地搜索到某个构件或者设备的采购信息、安装信息等，并借助这些信息更好地进行运维管理。

2. 可视化定位

传统的运维管理方式下，现场运维管理人员都是依赖纸质图纸或者其实践经验，靠直觉和辨别力来确定空调系统、电力、煤气以及水管等建筑设备的位置，存在极大的误差；特别是当遇到紧急情况或没有了解项目情况的人员在场时，定位工作变得尤其困难。运用三维 BIM 模型则可以准确确定机电、暖通、给排水和强弱电等建筑设施设备在建筑物中的位置，使得运维现场定位准确、效率高，减少了寻找故障点的时间，同时能够传送及显示运维管理所需的全部内客。

3. 应急管理决策与模拟

BIM 可以协助应急响应人员定位和识别潜在的突发事件，并且通过其模型界面准确确定危险发生的位置。此外，BIM 中的空间信息也可以用于识别疏散线路和环境危险之间的隐藏关系，从而提高应急决策的准确性，形成行之有效的应急方案。另外，BIM 可以在应急人员到达之前，向其提供详细的相关信息，以便其在处理突发事件之前对事件有一定的了解，从而保证应急处理工作的准确性。在应急响应方面，BIM 不仅可以用来培养紧急情况下运维管理人员的应急响应能力，也可以作为一个模拟工具，来评估突发事件导致的损失，并且对响应计划进行模拟和测试。

五、基于 BIM 的档案资料及信息管理

1. 基于 BIM 技术的设施设备档案资料管理

传统的设备运维信息主要来源于纸质的竣工资料，在设备属性查询、维修方案和检测计划的确定，以及对紧急事件的应急处理时，往往需要从海量纸质的图纸和文档中寻找所需的信息，这一过程无疑是费时费力的。而且在建筑设计阶段会有一些隐蔽的管线信息是施工单位所不关注的，或者说这些资料信息由于不常用而沉淀在角落里，只有少数人知道。特别是随着建筑物使用年限的增加，人员变更，存在较大的安全隐患。通过 BIM 模型能方便地生成工程所需的各种存档资料，并记载从方案设计到施工图设计及施工的所有过程及数据信息，形成完整的工程历史数据，用于维护运营。

2. 基于 BIM 技术的设施管理信息系统

基于 BIM 技术的运维管理信息系统可以管理复杂的地下管网，如污水管、排水管、网线、电线以及相关管井，并且可以在图上直接获得相对位置关系。当改建、二次装修或管网维修时，可以有效地避开原有管网，进行定位和设备更换。管理人员可以共享这些信息，有变化可随时更新，保证信息的完整性和准确性，实现"零误差"。基于 BIM 技术的设施管理信息系统主要包括：

（1）集成交付模型：将项目竣工模型与相关设备三维模型及信息导入后的系统模型。

（2）设备信息：这部分信息是指设备和系统的尺寸规格、操作参数、质量保证书，检查和维护计划，维护和清洁用的产品、工具、备件等物理信息，以及包括设备的供应商、出租方等来源信息，运营收入，折旧计划，运维成本等财务信息。

（3）维护维修信息：包括设备维护管理信息，类似于何设备应于何时进行何种维护，或何种设备需要更换为何种型号的新设备等，同时还包括维护、维修日志和备忘录等。

（4）运维知识库：提供包括操作规程、培训资料和模拟操作等在内的运维知识，运维人员可根据自己的需要，在遇到运维难题时快速查找和学习。

（5）应急预案信息：模拟潜在危险发生时的状况，并据此形成相应的应急预案的信息，为运维管理人员提供设备故障发生后的应急管理查询平台。基于知识库智能提示，使得一旦发生任何故障，我们都可以采取相应措施来解决这些问题。

此外，BIM 还可以对重要设备进行远程控制，充分了解设备的运行状况，能更好地为建设方进行运维管理提供良好条件。设施维护管理主要包括设施维护计划、设施维护操作和突发情况应急方案等。基于 BIM 的可视化设施管理，完成了在 BIM 三维模型中设施信息库的构建，能够实现设施的智能化、可视化维护和维修，并支持手机终端信息接收和传输，形成了一套完善的数字化设施管理应用系统。

案例：

[背景材料]

某工程在组织工程竣工验收并验收合格之后，施工单位向当地城建档案管理部门提请对工程档案进行预验收。在竣工验收后 3 个月内，施工单位将工程档案移交给了城建档案管理部门。

问题：

1. 该工程的工程档案预验收和移交工作有何不妥之处？正确的做法是什么？

2. 城建档案管理部门在进行工程档案预验收时，应当重点验收的内容包括什么？

[案例解析]

问题1：该工程的工程档案预验收和移交工作的不妥之处有：

（1）在组织工程竣工验收并验收合格之后提请工程档案预验收的做法不妥。

工程档案预验收应当在工程竣工验收前提请。未取得城建档案管理部门出具的工程档案预验收认可文件的工程，不得组织工程竣工验收。

（2）施工单位提请工程档案预验收的做法不妥。此工作应当由建设单位来做。

（3）施工单位向城建档案管理部门移交工程档案的做法不妥。此工作应当由建设单位来做。

问题2：城建档案管理部门在进行工程档案预验收时，应当重点验收的内容包括：

（1）工程档案分类齐全、系统完整；

（2）工程档案的内容真实、准确地反应工程建设活动和工程实际状况；

（3）工程档案已整理立卷，立卷符合现行《建设工程文件归档整理规范》的规定；

（4）竣工图绘制方法、图式和规格等符合专业技术要求，图面整洁，盖有竣工图章；

（5）文件的形成、来源符合实际，要求单位或个人签章的文件，签章手续齐全；

（6）文件材质、幅面、书写、绘图、用墨等符合要求。

复 习 思 考 题

1. 常见的工程项目信息有哪些？

2. 信息有哪些基本特征？

3. 信息管理有哪些主要内容？

4. 信息编码的要求主要有哪些？

5. 简述信息系统的要求。

6. 简述信息系统的功能。

7. 简述工程建设各参建单位的档案资料管理。

8. 简述建设工程档案验收内容。

9. BIM技术在项目管理应用中虚拟施工的作用有哪些？

第十章 工程项目后期管理

本章学习目标

通过本章的学习，读者应该能够：

（1）了解竣工验收过程；熟悉竣工验收程序和内容；掌握竣工验收范围、依据、条件。

（2）了解工程项目竣工结算的规定；掌握工程竣工结算的程序和内容。

（3）了解工程项目的回访与保修的含义；熟悉保修的范围和期限；掌握保修的内容和要求；了解保修费的处理办法。

（4）了解工程项目总结评价的作用和主要内容；了解工程项目后评价的作用，熟悉工程项目后评价的内容和方法。

第一节 工程项目竣工验收

一、工程项目竣工验收定义

工程竣工验收是指建设工程依照国家有关法律、法规及工程建设规范、标准的规定，完成工程设计文件要求和合同约定的各项内容，建设单位已取得政府有关主管部门（或其委托机构）出具的工程施工质量、消防、规划、环保、城建等验收文件或准许使用文件后，组织验收并编制完成《建设工程竣工验收报告》。

工程项目的竣工验收是施工全过程的最后一道程序，也是工程项目管理的最后一项工作。它是建设投资成果转入生产或使用的标志，也是全面考核投资效益、检验设计和施工质量的重要环节。

二、工程竣工验收范围

凡新建、扩建、改建的基本建设项目（工程）和技术改造项目，按批准的设计文件所规定的内容建成，符合验收标准的，必须及时组织验收，办理固定资产移交手续。

三、工程竣工验收依据

批准的设计任务书、初步设计或扩大初步设计、施工图和设备技术说明书以及现行施工技术验收规范以及主管部门（公司）有关审批、修改、调整文件等。

从国外引进新技术或成套设备的项目以及中外合资建设项目，还应按照签订的合同和国外提供的设计文件等资料，进行验收。

四、工程竣工验收的条件

建设单位在收到施工单位提交的工程竣工报告，并具备以下条件后，方可组织勘察、设计、施工、监理等单位有关人员进行竣工验收：

（1）完成了工程设计和合同约定的各项内容。

（2）施工单位对竣工工程质量进行了检查，确认工程质量符合有关法律、法规和工程建设强制性标准，符合设计文件及合同要求，并提出工程竣工报告。该报告应经总监理工程师（针对委托监理的项目）、项目经理和施工单位有关负责人审核签字。

（3）有完整的技术档案和施工管理资料。

（4）建设行政主管部门及委托的工程质量监督机构等有关部门责令整改的问题全部整改完毕。

（5）对于委托监理的工程项目，具有完整的监理资料，监理单位提出工程质量评估报告，该报告应经总监理工程师和监理单位有关负责人审核签字。未委托监理的工程项目，工程质量评估报告由建设单位完成。

（6）勘察、设计单位对勘察、设计文件及施工过程中由设计单位签署的设计变更通知书进行检查，并提出质量检查报告。该报告应经该项目勘察、设计负责人和各自单位有关负责人审核签字。

（7）有规划、消防、环保等部门出具的验收认可文件。

（8）有建设单位与施工单位签署的工程质量保修书。

不符合上述条件的工程，建设单位不得组织工程的竣工验收。

五、工程竣工验收分类

1. 单位工程（或专业工程）竣工验收

以单位工程或某专业工程内容为对象，独立签订建设工程施工合同的，达到竣工条件后，承包人可单独进行交工，发包人根据竣工验收的依据和标准，按施工合同约定的工程内容组织竣工验收，比较灵活地适应了工程承包的普遍性。

按照现行建设工程项目划分标准，单位工程是单项工程的组成部分，有独立的施工图纸，承包人施工完毕，征得发包人同意，或原施工合同已有约定的，可进行分阶段验收。这种验收方式，在一些较大型的、群体式的、技术较复杂的建设工程中比较普遍地存在。分段验收或中间验收的做法可以有效控制分项、分部和单位工程的质量，保证建设工程项目系统目标的实现。

在施工合同"专用条款"中，双方一旦约定了中间交工工程的范围和竣工时间，如群体工程中，哪个（些）单位工程先行交工，再如公路工程的哪个合同段先行交工等，则应按合同约定的程序进行分阶段的竣工验收。

2. 单项工程竣工验收

指在一个总体建设项目中，一个单项工程或一个车间，已按设计图纸规定的工程内容完成，能满足生产要求或具备使用条件，承包人向监理工程师提交"工程竣工报告"和"工程竣工报验单"，经签认后，应向发包人发出"交付竣工验收通知书"，说明工程完工情况，竣工验收准备情况，设备无负荷单机试车情况，具体约定交付竣工验收的有关事宜。

对于投标竞争承包的单项工程施工项目，则根据施工合同的约定，仍由承包人向发包人发出交工通知书，请予组织验收。竣工验收前，承包人要按照国家规定，整理好全部竣工资料并完成现场竣工验收的准备工作，明确提出交工要求，发包人应按约定的程序及时组织正式验收。对于工业设备安装工程的竣工验收，则要根据设备技术规范说明书和单机试车方案，逐级进行设备的试运行。验收合格后应签署设备安装工程的竣工验收报告。

3. 全部工程竣工验收

指整个建设项目已按设计要求全部建设完成，并已符合竣工验收标准，应由发包人组织设计、施工、监理等单位和档案部门进行全部工程的竣工验收。全部工程的竣工验收，一般是在单位工程、单项工程竣工验收的基础上进行。对已经交付竣工验收的单位工程（中间交工）或单项工程并已办理了移交手续的，原则上不再重复办理验收手续，但应将单位工程或单项工程竣工验收报告作为全部工程竣工验收的附件加以说明。

对一个建设项目的全部工程竣工验收而言，大量的竣工验收基础工作已在单位工程和单项工程竣工验收中进行。实际上，全部工程竣工验收的组织工作，大多由发包人负责，承包人主要是为竣工验收创造必要的条件。

全部工程竣工验收的主要任务是：负责审查建设工程的各个环节验收情况；听取各有关单位（设计、施工、监理等）的工作报告；审阅工程竣工档案资料的情况；实地察验工程并对设计、施工、监理等方面工作和工程质量、试车情况等做综合全面评价。承包人作为建设工程的承包（施工）主体，应全过程参加有关的工程竣工验收。

六、工程竣工验收程序

建设工程竣工验收应当按如下程序进行：

（1）承包人向监理工程师报送竣工验收申请报告，监理工程师应在收到竣工验收申请报告后 14 天内完成审查并报送发包人。监理工程师审查后认为尚不具备验收条件的，应通知承包人在竣工验收前承包人还需完成的工作内容，承包人应在完成监理工程师通知的全部工作内容后，再次提交竣工验收申请报告。

（2）监理工程师审查后认为已具备竣工验收条件的，应将竣工验收申请报告提交发包人，发包人应在收到经监理工程师审核的竣工验收申请报告后 28 天内审批完毕并组织监理工程师、承包人、设计人等相关单位完成竣工验收。

（3）竣工验收合格的，发包人应在验收合格后 14 天内向承包人签发工程接收证书。发包人无正当理由逾期不颁发工程接收证书的，自验收合格后第 15 天起视为已颁发工程接收证书。

（4）竣工验收不合格的，监理工程师应按照验收意见发出指示，要求承包人对不合格工程返工、修复或采取其他补救措施，由此增加的费用和（或）延误的工期由承包人承担。承包人在完成不合格工程的返工、修复或采取其他补救措施后，应重新提交竣工验收申请报告，并按本项约定的程序重新进行验收。

七、工程竣工验收人员

由建设单位负责组织竣工验收小组。验收组组长由建设单位法人代表或其委托的负责人担任。验收组副组长应至少有一名工程技术人员担任。验收组成员由建设单位上级主管部门、建设单位项目负责人、建设单位项目现场管理人员及勘察、设计、施工、监理单位与项目无直接关系的技术负责人或质量负责人组成，建设单位也可邀请有关专家参加验收小组。

验收委员会或验收组，负责审查工程建设的各个环节，听取各有关单位的工作报告，审阅工程档案资料并实地察验建筑工程和设备安装情况，并对工程设计、施工和设备质量等方面做出全面的评价。不合格的工程不予验收，对遗留问题提出具体解决意见，限期落实完成。

八、工程项目竣工验收的内容

（1）检查工程是否按批准的设计文件建成，配套、辅助工程是否与主体工程同步建成。

（2）检查工程质量是否符合国家和铁道部颁布的相关设计规范及工程施工质量验收标准。

（3）检查工程设备配套及设备安装、调试情况，国外引进设备合同完成情况。

（4）检查联调联试、动态检测、运行试验情况。

（5）检查环保、水保、劳动、安全、卫生、消防、防灾安全监控系统、安全防护、应急疏散通道、办公生产生活房屋等设施是否按批准的设计文件建成、合格，工机具、常备材料是否按设计配备到位，地质灾害整治及建筑抗震设防是否符合规定。

（6）检查工程竣工文件编制完成情况，竣工文件是否齐全、准确。

九、工程竣工验收过程

（1）由竣工验收小组组长主持竣工验收。

（2）建设、施工、监理、设计、勘察单位分别书面汇报工程项目建设质量状况、合同履约及执行国家法律、法规和工程建设强制性标准情况。

（3）验收组分为三部分分别进行检查验收：

1）检查工程实体质量。

2）检查工程建设参与各方提供的竣工资料。

3）对建筑工程的使用功能进行抽查、试验。例厕所、阳台泼水试验，浴缸、水盘、水池盛水试验，通水、通电试验，排污立管通球试验及绝缘电阻、接地电阻、漏电跳闸测试等。

4）对竣工验收情况进行汇总讨论，并听取质量监督机构对该工程质量监督情况。

5）形成竣工验收意见，填写《建设工程竣工验收备案表》和《建设工程竣工验收报告》，验收小组人员分别签字、建设单位盖章。

6）当在验收过程中发现严重问题，达不到竣工验收标准时，验收小组应责成责任单位立即整改，并宣布本次验收无效，重新确定时间组织竣工验收。

7）当在竣工验收过程中发现一般需整改质量问题，验收小组可形成初步验收意见，填写有关表格，有关人员签字，但建设单位不加盖公章。验收小组责成有关责任单位整改，可委托建设单位项目负责人组织复查，整改完毕符合要求后，加盖建设单位公章。

8）当竣工验收小组各方不能形成一致竣工验收意见时，应当协商提出解决办法，待意见一致后，重新组织工程竣工验收。当协商不成时，应报建设行政主管部门或质量监督机构进行协调裁决。

第二节　工程项目竣工结算

工程项目竣工结算是指一个建设项目或单项工程、单位工程全部竣工，发承包双方根据现场施工记录、设计变更通知书、现场变更鉴定、预算单价等资料，进行合同价款的增减或调整计算。经审查的工程竣工结算是核定建设工程造价的依据，也是建设项目竣工验收后编制竣工决算和核定新增固定资产价值的依据。

一、工程竣工结算的申请

承包人应在工程竣工验收合格后 28 天内向发包人和监理工程师提交竣工结算申请单，并提交完整的结算资料。竣工结算申请单应包括以下内容：

（1）竣工结算合同价格。

（2）发包人已支付承包人的款项。

（3）应扣留的质量保证金。

（4）发包人应支付承包人的合同价款。

二、工程竣工结算的内容

发包人、承包人通常应在合同条款中对涉及工程价款结算的下列事项进行约定：

（1）预付工程款的数额、支付时限及抵扣方式。

（2）工程进度款的支付方式、数额及时限。

（3）工程施工中发生变更时，工程价款的调整方法、索赔方式、时限要求及金额支付方式。

（4）发生工程价款纠纷的解决方法。

（5）约定承担风险的范围及幅度以及超出约定范围和幅度的调整办法。

（6）工程竣工价款的结算与支付方式、数额及时限。

（7）工程质量保证（保修）金的数额、预扣方式及时限。

（8）安全措施和意外伤害保险费用。

（9）工期及工期提前或延后的奖惩办法。

（10）与履行合同、支付价款相关的担保事项。

工程价款结算应按合同约定办理，合同未作约定或约定不明的，发、承包双方应依照下列规定与文件协商处理：

（1）国家有关法律、法规和规章制度。

（2）国务院建设行政主管部门、省、自治区、直辖市或有关部门发布的工程造价计价标准、计价办法等有关规定。

（3）建设项目的合同、补充协议、变更签证和现场签证，以及经发、承包人认可的其他有效文件。

（4）其他可依据的材料。

工程竣工结算以合同工期为准，实际施工工期比合同工期提前或延后，发、承包双方应按合同约定的奖惩办法执行。

三、工程竣工结算的审核

（1）监理工程师应在收到竣工结算申请单后 14 天内完成核查并报送发包人。发包人应在收到监理工程师提交的经审核的竣工结算申请单后 14 天内完成审批，并由监理工程师向承包人签发经发包人签认的竣工付款证书。监理工程师或发包人对竣工结算申请单有异议的，有权要求承包人进行修正和提供补充资料，承包人应提交修正后的竣工结算申请单。

发包人在收到承包人提交竣工结算申请书后 28 天内未完成审批且未提出异议的，视为发包人认可承包人提交的竣工结算申请单，并自发包人收到承包人提交的竣工结算申请单后第 29 天起视为已签发竣工付款证书。

（2）发包人应在签发竣工付款证书后的 14 天内，完成对承包人的竣工付款。发包人逾期支付的，按照中国人民银行发布的同期同类贷款基准利率支付违约金；逾期支付超过56 天的，按照中国人民银行发布的同期同类贷款基准利率的两倍支付违约金。

（3）承包人对发包人签认的竣工付款证书有异议的，对于有异议部分应在收到发包人签认的竣工付款证书后 7 天内提出异议，并由合同当事人按照专用合同条款约定的方式和程序进行复核，或按照合同中争议解决的约定处理。对于无异议部分，发包人应签发临时竣工付款证书，并完成付款。承包人逾期未提出异议的，视为认可发包人的审批结果。

第三节　工程项目回访与保修

一、工程项目的回访与保修

承包人在施工项目竣工验收后使用状况和质量问题向用户访问了解，并按照有关规定及"工程质量保修书"的约定，在保修期内对发生的质量问题进行修理并承担相应经济责任的过程。

回访保修的责任应由承包人承担，承包人应建立施工项目交工后的回访与保修制度，听取用户意见，提高服务质量，改进服务方式。承包人应建立与发包人及用户的服务联系网络，及时取得信息，并按计划、实施、验证、报告的程序，搞好回访与保修工作。保修工作必须履行施工合同的约定和"工程质量保修书"中的承诺。

二、回访

回访应纳入承包人的工作计划、服务控制程序和质量体系文件。

承包人应编制回访工作计划。工作计划应包括下列内容：

（1）主管回访保修业务的部门。

（2）回访保修的执行单位。

（3）回访的对象（发包人或使用人）及其工程名称。

（4）回访时间安排和主要内容。

（5）回访工程的保修期限。

执行单位在每次回访结束后应填写回访记录；在全部回访后，应编写"回访服务报告"。主管部门应依据回访记录对回访服务的实施效果进行验证。

回访一般采用三种形式：一是季节性回访。大多数是雨季回访屋面、墙面的防水情况，冬季回访采暖系统的情况，发现问题，采取有效措施及时加以解决。二是技术性回访。主要了解在工程施工过程中可采用的新材料、新技术、新工艺、新设备等的技术性能和使用后的效果，发现问题及时加以补救和解决，同时也便于总结经验，获取科学依据，为改进、完善和推广创造条件。三是保修期满前的回访。这种回访一般是在保修期即将结束之前进行回访。

三、保修

（一）保修责任

工程保修期从工程竣工验收合格之日起算，具体分部分项工程的保修期由合同当事人在专用合同条款中约定，但不得低于法定最低保修年限。在工程保修期内，承包人应当根据有关法律规定以及合同约定承担保修责任。

发包人未经竣工验收擅自使用工程的，保修期自转移占有之日起算。

（二）保修的范围和期限

建设部《房屋建筑工程质量保修办法》对房屋建筑工程作了最低保修期限的规定。在正常使用条件下，建设工程的保修范围和期限为：①基础设施工程、房屋建筑的地基、基础工程和主体结构工程，为设计文件中规定的该工程的合理使用年限；②屋面防水工程、有防水要求的卫生间、房间和外墙面的防渗漏，为5年；③供热与供冷系统，为2个采暖期、供冷期；④电气管线、给排水管道设备安装和装修工程，为2年；⑤其他项目的保修期限由建设单位与施工单位约定。如：对有地下室的工程其地下室的防渗漏，保修期规定为5年。建筑工程的保修期，自工程竣工验收合格之日算起。

（三）保修的内容和要求

在工程竣工验收的同时，由施工单位向建设单位发送《建筑安装工程保修证书》。保修证书虽然没有一定的统一格式，但一般大致有以下主要内容组成：①工程概况，房屋使用管理要求；②保修范围和内容；③保修时间；④保修说明；⑤保修情况记录；⑥保修单位（即施工单位）的名称、详细地址等。

保修期间内，建设单位或用户发现房屋的使用功能出现问题，是由施工质量而影响使用，可以用口头或书面通知施工单位的有关保修部门，说明情况，要求派人前往检查修理。施工单位必须尽快地派人检查，并会同建设单位共同做出鉴定，提出修理方案，尽快组织人力、物力进行修理。房屋建筑工程在保修期内出现质量缺陷，建设单位或房屋所有人应当向施工单位发出保修通知，施工单位接到保修通知后，应到现场检查情况，在规定的保修时间内予以修理。发生涉及结构安全或者严重影响使用功能的紧急抢修事故，施工单位接到保修通知后，立即到达现场抢修。对涉及结构安全的质量缺陷，建设单位或房屋产权人应立即向当地建设主管部门报告，由原设计单位或请有相应设计资质等级的设计单位提出修理方案，施工单位实施修理。保修项目修理完毕后，施工单位要在保修证书的"保修记录"栏内做好记录，并经建设单位验收签字认可后，才能算是修理工作完成。

（四）保修费用

1. 保修费用含义

保修费用是指在保修期内，针对保修范围内所发生的维修、返工等各项费用，保修费用应按合同和有关规定合理确定和控制，保修费用的计算一般参考建筑工程工程造价的确定程序和方法计取。保修费用不同于承包合同中所指的质量保修金（工程造价的5%），当保修责任由施工单位承担时，保修费用就从合同中规定的质量保修金中支出，它的金额可能小于保修金，又有可能大于保修金。而质量保修金，待保修期满后，若无质量问题，一般按合同约定的方式予以归还。

2. 保修费的处理

根据《中华人民共和国建筑法》规定：保修费的处理，必须根据修理项目的性质、内容及修理等多种因素的实际情况，各方按责任承担相关的保修费用。一般由建设单位和施工单位共同协商处理费用问题。常规的有以下几种处理办法：

（1）施工单位未按国家有关规定、规范、标准和设计要求施工，出现了质量和使用功能上的问题，施工单位负责修理并承担费用。

（2）因设计方面的原因，出现了质量和使用功能上的问题，由设计单位承担相应的经济责任，由施工单位负责修理，其费用按有关规定通过建设单位向设计单位索赔，再经建设单位付给施工方。

（3）因建筑材料设备等质量不合格引起的质量和使用上的问题，属于施工单位采购的或经其验收同意的，由施工单位承担经济责任；属于建设单位采购的，由建设单位承担经济责任。

（4）因使用单位使用不当造成的房屋损坏问题，由使用单位自行负责。

（5）因自然灾害和社会条件等不可抗拒原因造成的房屋损坏，不管是否在保修期内，修理所发生的费用均由建设单位承担。

（6）在保修期间，因工程质量不合格而给用户造成损失，受损者有权向责任者要求赔偿，责任者不仅要做好修理工作，而且应承担相应的赔偿责任。

建设工程质量保修制度是国家所确定的重要法规制度，它不仅能促进施工企业加强质量管理意识，而且对保护建设方或用户的合法权益能够起到重要作用。

第四节　工程项目考核评价

一、工程项目总结评价

（一）工程项目总结评价的含义

工程项目总结评价是项目建设完工投产后，由项目业主对项目建设情况进行的全面系统的总结和自我评价，并以《建设项目总结评价报告》的形式提出。工程项目业主在项目完成后，要及时进行总结评价，重要项目应在项目完工投产后6~18个月内完成"自评报告"。

（二）工程项目总结评价的作用

工程项目业主通过项目总结和自我评价，从项目建设过程中吸取经验和教训，作为出资人在今后新建项目投资决策时的参考，提高投资决策水平、管理水平和投资效益，更好地履行出资人职责；同时"自评报告"也是项目业主需要为项目后评价提供的重要基础资料。

（三）工程项目总结评价的主要内容

工程项目总结与评价的内容包括项目概况、实施过程总结、效果和效益评价、环境和社会效益评价、项目建设目标和可持续性评价、主要经验教训、结论和相关建议等八个方面。

1. 项目概况

（1）项目情况简述：项目名称、建设地点与位置、项目性质、项目主要技术特点、项目业主。

（2）项目决策要点：决策的目标和目的。

（3）项目建设规模与主要建设内容：建设规模（指决策生产能力，实际建成生产能力）；主要建设内容（指建筑物、装置和设施等）。

（4）项目实施进度：项目周期各主要阶段（立项、可研、评估、可研批复、初设、开工、竣工验收等）起止时间，工程进度表，建设工期。

（5）项目总投资：决策批复总投资、初步设计批复概算及调整概算、竣工决算和实际完成投资。

（6）项目资金来源及到位情况：资金计划来源和实际来源，资金到位情况。

（7）项目运行及效益简况：目前项目运行简况，生产能力实现简况，财务经济效益简况等。

2. 项目建设全过程总结

（1）项目前期决策总结。

1）项目立项：立项理由、依据和目标，立项上报与批复时间及文号。

2）可研报告：编制单位及资质，主要结论，完成与上报时间及文号。

3）可研评估：评估单位及资质，评估主要结论，完成时间及文号。

4）可研批复（或核准或备案）：批复单位及批复时间、文号；决策批复主要结论及主要指标（项目总规模、主要建设内容、建设方案、主要经济效益指标、总工期、总投资等）。

5）环保评价与报批：环评报告编制单位、时间；环评报告批复单位、时间，主要批复意见。

6）其他报批手续：项目规划、用地、水土保持等报批手续情况。

（2）项目实施准备工作总结。

1）勘察设计：勘察、设计单位选择方式（招标或直接委托）；中标单位名称、资质及分工、主体院；设计完成时间及主要设计指标；审批单位、审批时间及主要审批意见；施工图设计进度，设计管理方式。

2）资金筹措：资金计划（可研批复）融资方案；实际落实来源渠道及融资方式；融资担保及风险防范措施；资金结构变化及原因。

3）采购招标：招标方案报备手续；设计、施工、监理、设备、物资与咨询服务的招标方式（公开或邀请）；招标组织形式（自行招标或委托招标）；标段划分，主要中标单位；招标过程的监督机制；招标效果。

4）合同谈判与签订：谈判的程序，主要补充条款；合同签订的依据与程序；采用的合同文本格式。

5）征地拆迁：征地、拆迁数量，涉及地域和人数；安置方式及效果；赔付补偿标准，征地拆迁安置总费用等。

6）开工准备：法人组建情况；有关报批手续（用地规划、征地许可、施工许可、开工报告及批复等）；施工场地（四通一平）、施工组织设计、进度安排、资金计划准备情况等。

（3）项目建设实施总结。

1) 组织与管理：管理体制（项目法人建立情况）、管理模式（法人直接管理、交钥匙、总承包、代建）、管理机制（法人治理结构）、管理机构、管理规章制度、管理工作运转程序等。合同执行与管理：合同种类（设计、施工、设备、材料、监理、咨询等）；各类合同执行情况，重大违约原因、责任及处理结果；合同管理措施；有哪些成功的作法与失误等。

2) 四大控制与管理：分别就实施过程中工程进度、项目投资、工程质量、安卫环控制等方面的目标、为实现各目标所采取的控制措施（管理办法）、取得的效果以及存在的问题进行总结，从中得到的主要经验与教训。

3) 重大设计变更：有哪些重大设计变更，变更原因与变更手续，变更对项目投资、进度与功能的影响。

4) 资金使用管理：各实际来源渠道的资金到位情况；资金请领与支付管理制度；资金供应的适度性；支付签证程序。

5) 工程监理情况：监理履行职责的情况。

(4) 项目投产竣工总结。

1) 生产准备：做了哪些方面的生产准备；管理与生产人员对工艺设备的适应情况；试车调试、试运、生产考核情况。

2) 竣工验收：各单项工程交工验收情况；全面竣工验收的时间、组织形式；遗留尾工及处理情况。

3) 资料档案：工程资料归档情况；档案专项验收及管理制度。

(5) 项目运营情况总结。

1) 运营管理：运营管理体制、管理机制、机构、规章制度、企业发展规划等。

2) 生产运行状况：生产运行是否正常（稳定、长周期）。

3) 实际生产能力：设计能力实现程度；未达设计能力的原因（工艺设备还是市场需求）。

4) 技术改造：技改原因、目标、内容、投入、效果。

5) 原材料消耗指标：主要消耗指标是否达到设计要求。

6) 运营成本和财务状况：成本构成；盈亏状况等。

7) 产品方案与市场：主营产品，产品占有市场状况及竞争力。

8) 生产物资供应：原材料、燃料、动力等供应的可靠性。

3. 项目效果和效益评价

(1) 项目技术效果评价。

1) 工艺水平：工艺可靠性、流程合理性、对产品质量的保证性、对原材料的适应性。

2) 装备水平：各工序、工段设备能力是否符合设计；能力是否匹配；性能参数是否满足工艺要求；寿命是否经济。

3) 技术水平：先进性、适用性、经济性、安全性。

4) 国产化水平：设备国产化率、自主知识产权等。

(2) 项目财务和经济效益评价。

1) 财务效益：赢利性、清偿力、外汇平衡分析。

2）经济效益：国民经济赢利性指标。

（3）项目经营管理评价。管理体制与监控；组织结构与效率；激励机制与协调；规章制度与程序；人员结构与能力；领导水平与创新。

4．项目环境和社会效益评价

（1）项目环境效益评价。

1）环保设施与投资：主要环保设施建设内容及环保投入。

2）排污状况与指标：主要污染物及排放指标、环境控制标准

3）环保管理与监测：管理机构、人员、设备、制度；监测机构、手段、标准、制度（频率）。

4）项目环境影响：对地区环境质量的主要影响。

5）生态环境与影响：所在地生态指标、水土保持、植被保护等。

6）资源保护与利用：资源开发、保护与循环利用等。

（2）项目社会效益评价。

1）主要受益群体：全国性、地区性。

2）对经济发展的影响：宏观经济、区域经济、行业经济、当地经济。

3）就业机会：提供的固定就业岗位与季节性、临时性工作机会。

4）收入分配与生活水平：收入增加、生活条件改善情况。

5）财政税收：本项目为国家和当地增加的正常税收。

5．项目目标和可持续性评价

（1）项目目标评价。

1）工程目标：工程实体是否按设计内容全部实施完成。

2）技术目标：各项技术指标是否达到设计标准。

3）效益目标：财务和经济效益是否达到预期目标。

4）影响目标：环境和社会影响是否实现。（直接目标、宏观目标）

（2）项目可持续能力评价。

1）内部因素：财务、技术、环保、管理、机制等。

2）外部条件：资源、政策、市场、物流、生态、环境等。

6．项目存在的主要问题

7．项目建设的主要经验教训与结论

从项目实施过程的回顾与总结、项目效果和效益的评价、环境和社会效益评价、项目的目标实现程度及可持续性评价等几个方面进行综合分析，总结归纳项目建设的主要经验、教训与结论。

8．相关建议

结合经验教训，从改进建设项目管理、提高投资效益出发，提出改进工作的建议。

二、工程项目后评价

（一）工程项目后评价的含义

工程项目后评价是对已经完成项目的目的、执行过程、效益、作用和影响所进行的系

统的、客观的分析。通过对投资活动实践的检查总结，确定投资预期的目标是否达到、项目是否合理有效、项目的主要效益指标是否实现等，通过分析评价找出成败的原因，总结经验教训，并通过及时有效地反馈信息，为未来项目的决策和提高投资决策管理水平提出建议，同时也为被评项目使用过程中出现的问题提出改进建议，从而达到提高投资效益的目的。

（二）工程项目后评价的作用

项目后评价是项目建设周期中最后一个环节，是全面提高项目决策和项目管理水平的必要和有效手段。

首先，后评价是一个学习过程。后评价是在项目投资完成以后，通过对项目目的、执行过程、效益、作用和影响所进行的全面系统的分析，总结正反两方面的经验教训，使项目建设单位学习到更加科学合理的方法和策略，提高今后决策、管理和建设水平。

其次，后评价是增强投资活动工作者责任心的重要手段。由于后评价具有透明性和公开性特点，通过对投资活动成绩和失误的主客观原因分析，可以比较公正客观地确定项目建设单位工作中实际存在的问题，从而进一步提高他们的责任心和工作水平。

第三，后评价主要是为投资决策服务的。后评价对完善已建项目、改进在建项目和指导待建项目有重要的意义，但更重要的是为提高投资决策服务的，即通过后评价建议的反馈，完善和调整相关方针、政策和管理程序，提高项目建设单位的能力和水平，进而达到提高和改善投资效益的目的。

（三）工程项目后评价的内容

工程项目后评价通常在项目投运并进入正常生产阶段进行的。它的内容包括项目决策与建设过程评价、项目效益后评价、项目管理后评价、项目影响后评价。

项目决策与建设过程评价是项目竣工后对可研、立项、决策、勘测、设计、招投标、施工、竣工验收等不同阶段，从经历程序、遵循规范、执行标准等方面对项目进行评价；项目效益后评价主要是对应于项目前期而言的，是指项目竣工后对项目投资经济效果的再评价，它以项目建成运行后的实际数据资料为基础，重新计算项目的各项技术经济数据，得到相关的投资效果指标，然后将它们同项目立项决策时预测的有关的经济效果值（如净现值 NPV、内部收益率 IRR、投资回收期等）进行纵向对比，评价和分析其偏差情况及其原因，吸收经验教训，从而为提高项目的实际投资效果和制定有关的投资计划服务，为以后相关项目的决策提供借鉴和反馈信息；项目管理后评价是以项目竣工验收和项目效益后评价为基础，在结合其他相关资料的基础上，对项目整个生命周期中各阶段管理工作进行评价；环境效益后评价，是指对照建设工程项目前评估时批准的《环境影响报告书》重新审查建设工程项目环境影响的实际结果。

在项目管理后评价过程中，在竣工验收和项目效益评价的基础上，考察项目立项工作是否符合持续发展的需要，是否为重复或不必要的建设，考察项目建成的实际效果，是否具有适用性、先进性、经济性及与相关设施的配套性，以分析建设工程整体规划的前瞻性；考察项目计划下达情况，以分析工程管理工作的计划性；考察项目建设周期是否按初步设计如期完成，以分析对项目的建设管理过程是否到位；考察资金到位及使用情况，以分析资金运营能力和财务管理制度是否完善等。通过对项目管理的后评价，可以使我们了解项目管理的整体情况，并针对目前存在的问题，改进管理工作，提高项目决算水平。

实施环境影响评价的依据是国家环保法的规定、国家和地方环境质量标准、污染物排放标准以及相关产业部门的环保规定。在审核已实施的环境评价报告和评价环境影响现状的同时，要对未来进行预测。对有可能产生突发事故的项目，要有环境影响的风险分析。如果建设工程项目生产或使用对人类和生态有极大危害的剧毒物品，或建设工程项目位于环境高度敏感的地区，或建设工程项目已发生严重的污染事件，还需要提出一份单独的建设工程项目环境影响评价报告。环境影响后评价一般包括五部分内容：建设工程项目的污染控制、区域的环境质量、自然资源的利用、区域的生态平衡和环境管理能力。

实际上，项目后评价的目的是对已完成的项目的目的、执行过程、效益、作用和影响所进行的系统的、客观的分析，通过项目活动实践的检查总结，确定项目预期的目标是否达到，项目是否合理有效，项目的主要效益指标是否实现，通过分析评价找出成功失败的原因，总结经验教训，通过及时有效的信息反馈，为未来新项目的决策和提高完善投资决策管理水平提出建议，同时也为后评价项目实施运营中出现的问题提供改进意见，从而达到提高投资效益的目的。

（四）工程项目后评价的方法

一般而言，进行项目后评价的主要分析方法是定量分析和定性分析相结合的方法。

在项目后评价的实际过程中，最基本也是最重要的方法有三种。

1. 前后对比法

前后对比法是将项目实施前即项目可行性研究和评估时，所预测的效益和作用与项目竣工投产运行后的实际结果相比较，以找出变化和原因。这种对比是进行后评价的基础，特别是在对项目财务评价和工程技术的效益分析时是不可缺少的。

2. 有无对比法

有无对比法是将项目实际发生的情况与若无项目可能发生的情况进行比较。由于对项目区的影响不仅是项目本身的作用，因而对比的重点是要分清对项目作用的影响和项目以外（或非项目）作用的影响。这种对比方法在前期评价中常用于技术改造项目。在后评价中所不同的是，采用的基础数据是项目投产后的实际数据。

3. 目标树——逻辑框架法

目标树——逻辑框架法是目前在许多国家采用的一种行之有效的方法。这种方法从确定待解决的核心问题入手，向上逐级展开，得到其影响及后果，向下逐层推演找出其产生的原因，得到所谓的"问题树"。将问题树进行转换，即将问题树描述的因果关系转换为相应的手段——目标关系，得到所谓的目标树。目标树形成之后，进一步的工作要通过"规划矩阵"来完成。

投入、产出、目的和目标的四个层次：自左而右4列则分别为各层次目标文字叙述、定量化指标、指标的验证方法和实现该目标的必要外部条件。目标树对应于规划矩阵的第一列，进一步分析填满其他列后，可以使分析者对项目的全貌有一个非常清晰的认识。

（五）项目后评价的意义

可以看出，后评价首先是一个学习过程。后评价是在项目投资完成以后，运用科学的分析方法对项目目的、执行过程、经济效果和影响所进行的全面系统的总结，使项目的决策者、管理者和建设者深化对建设规律的认识，从而提高决策、管理和建设水平。其次，后评价是增强投资活动工作者责任心的重要手段。由于后评价的透明性和公开性特点，通过对投资活动成绩和失误的主客观原因分析，可以比较公正客观地确定投资决策者、管理者和建设者工作中实际存在的问题，从而进一步提高责任心和工作水平。后评价主要是为投资决策服务的。虽然后评价对完善已建项目、改进再建项目和指导待建项目有重要的意义，但更重要的是为提高投资决策水平，即通过后评价建议的反馈，完善和调整相关方针、政策和管理程序，提高决策者的能力和水平，进而达到提高投资效益的目的。

案例：

某工贸公司自建厂房，没有进行招投标，直接与某建筑公司签订建筑施工合同，合同价款为 320 万元。2006 年 9 月底工程竣工，建筑公司将竣工验收报告交于工贸公司，但工贸公司一直拖延验收，最终也没有办理验收手续，但却于 2006 年 10 月底擅自使用厂房并进行生产经营活动。工贸公司前后支付工程款 300 万元，尚欠 20 万元。建筑公司索要剩余工程款，工贸公司一直以工程存在质量问题以及建筑公司不具有施工资质等理由拒绝给付。

建筑公司的代理人经调查，了解到以下情况：建筑公司确实没有资质；工程确实存在一些细小的质量问题，但地基基础和主体结构均质量合格；双方没有办理竣工验收手续；工贸公司强制打开厂房擅自使用；工程已过质保期限。

鉴于以上事实情况，分析如下：

关于工程质量问题。根据《最高人民法院关于审理建设工程施工合同纠纷案件适用法律问题的解释》的有关规定，建设工程未经竣工验收，发包人擅自使用后，不得以使用部分质量不符合约定为由主张权利，换言之，该工程因工贸公司的擅自使用从而视为合格，再者，工程已过质保期限，并且地基基础工程和主体结构也不存在质量问题，所以工贸公司以工程质量问题作为拒付工程款的理由不成立。

关于建筑公司的资质问题。依据上述司法解释，建筑公司不具有相应的施工资质，与工贸公司所签订的建筑施工合同本来应确认为无效，但本案中建设工程虽未经竣工验收，却因工贸公司的擅自使用从而视为合格，作为承包人的建筑公司请求参照合同约定支付工程价款的，符合法律之规定。所以工贸公司以建筑公司的资质问题作为拒付工程款的理由也不成立。鉴于以上理由，建筑公司委托本律师代为诉讼，要求工贸公司支付剩余的 20 万元的工程款及其利息，法院最终判如所请。

复 习 思 考 题

1. 竣工验收的条件。
2. 竣工验收程序。

3. 竣工结算内容。

4. 工程价款结算应按合同约定办理，合同未作约定或约定不明的，应如何解决？

5. 工程项目回访的形式。

6. 建设工程的保修范围和期限。

7. 保修费的处理办法。

8. 工程项目总结评价的主要内容。

9. 工程项目后评价的内容。

参 考 文 献

［1］ 建设工程项目管理规范（GB/T 50326—2006）［S］. 北京：中国建筑工业出版社，2006.
［2］ 中国工程咨询协会. 工程项目管理导则［M］. 天津：天津大学出版社，2010.
［3］ 丁士昭. 工程项目管理［M］. 北京：中国建筑工业出版社，2006.
［4］ 臧秀平. 建设工程项目管［M］. 北京：中国建筑工业出版社，2011.
［5］ 全国一级建造师执业资格考试编写委员会. 建设工程项目管理［M］. 2版. 北京：中国建筑工业出版社，2010.
［6］ 成虎，陈群. 建设工程项目管理［M］. 北京：中国建筑工业出版社，2011.
［7］ 丛培经. 建设工程项目管理［M］. 北京：中国建筑工业出版社，2009.
［8］ 乌云娜，陈文君. 工程项目管理［M］. 北京：电子工业出版社，2009.
［9］ 叶枫，吴清，严小丽. 工程项目管理［M］. 北京：清华大学出版社，2009.
［10］ 吴浙文. 建设工程项目管理［M］. 武汉：武汉大学出版社，2013.
［11］ 王华. 工程项目管理［M］. 北京：北京大学出版社，2014
［12］ 戎贤，杨静，章慧蓉. 工程建设项目管理［M］. 2版. 北京：人民交通出版社，2014.
［13］ 刘伊生. 建设项目管理［M］. 3版. 北京：北京交通大学出版社，2014.
［14］ 中国建设监理协会. 建设工程合同管理［M］. 北京：知识产权出版社，2009.
［15］ 李佳升. 工程项目管理［M］. 北京：人民交通出版社，2009.
［16］ 蔺石柱，闫文周. 工程项目管理［M］. 北京：机械工业出版社，2007.
［17］ 李九林，等. 大型施工总承包工程 BIM 技术研究与应用［M］. 北京：中国建筑工业出版社，2014.